住房和城乡建设部"十四五"规划教材
高等学校建筑数字技术系列教材

GIS 技术应用教程

李渊 著

中国建筑工业出版社

图书在版编目（CIP）数据

GIS技术应用教程/李渊著.—北京：中国建筑工业出版社，2021.12

住房和城乡建设部"十四五"规划教材　高等学校建筑数字技术系列教材

ISBN 978-7-112-26609-8

Ⅰ.① G…　Ⅱ.①李…　Ⅲ.①地理信息系统—应用—城乡规划—高等学校—教材　Ⅳ.① TU984

中国版本图书馆 CIP 数据核字（2021）第 192333 号

责任编辑：陈　桦　杨　琪
责任校对：张惠雯

为了更好地支持相应课程的教学，我们向采用本书作为教材的教师提供课件，有需要者可与出版社联系。

建工书院：http：//edu. cabplink. com

邮箱：jckj@cabp. com. cn　电话：(010) 58337285

住房和城乡建设部"十四五"规划教材
高等学校建筑数字技术系列教材

GIS 技术应用教程

李渊　著

*

中国建筑工业出版社出版、发行（北京海淀三里河路 9 号）
各地新华书店、建筑书店经销
北京点击世代文化传媒有限公司制版
北京中科印刷有限公司印刷

*

开本：787 毫米 ×1092 毫米　1/16　印张：24　字数：501 千字
2021 年 12 月第一版　2021 年 12 月第一次印刷
定价：**66.00** 元（赠教师课件）
ISBN 978-7-112-26609-8
　　　(38158)

项目支持

首批国家级一流本科课程——城乡规划新技术 GIS 应用

教育部产学研合作协同育人项目（201802024052）

福建省本科高校教育教学改革研究项目（FBJG20200285）

厦门大学教学改革研究项目（JG20190141）

厦门大学新工科研究与实践项目（JG20200510）

出版说明

党和国家高度重视教材建设。2016 年，中办国办印发了《关于加强和改进新形势下大中小学教材建设的意见》，提出要健全国家教材制度。2019年 12 月，教育部牵头制定了《普通高等学校教材管理办法》和《职业院校教材管理办法》，旨在全面加强党的领导，切实提高教材建设的科学化水平，打造精品教材。住房和城乡建设部历来重视土建类学科专业教材建设，从"九五"开始组织部级规划教材立项工作，经过近 30 年的不断建设，规划教材提升了住房和城乡建设行业教材质量和认可度，出版了一系列精品教材，有效促进了行业部门引导专业教育，推动了行业高质量发展。

为进一步加强高等教育、职业教育住房和城乡建设领域学科专业教材建设工作，提高住房和城乡建设行业人才培养质量，2020 年 12 月，住房和城乡建设部办公厅印发《关于申报高等教育职业教育住房和城乡建设领域学科专业"十四五"规划教材的通知》(建办人函〔2020〕656 号)，开展了住房和城乡建设部"十四五"规划教材选题的申报工作。经过专家评审和部人事司审核，512 项选题列入住房和城乡建设领域学科专业"十四五"规划教材（简称规划教材）。2021 年 9 月，住房和城乡建设部印发了《高等教育职业教育住房和城乡建设领域学科专业"十四五"规划教材选题的通知》(建人函〔2021〕36 号)。为做好"十四五"规划教材的编写、审核、出版等工作，《通知》要求：(1) 规划教材的编著者应依据《住房和城乡建设领域学科专业"十四五"规划教材申请书》(简称《申请书》) 中的立项目标、申报依据、工作安排及进度，按时编写出高质量的教材；(2) 规划教材编著者所在单位应履行《申请书》中的学校保证计划实施的主要条件，支持编著者按计划完成书稿编写工作；(3) 高等学校土建类专业课程教材与教学资源专家委员会、全国住房和城乡建设职业教育教学指导委员会、住房和城乡建设部中等职业教育专业指导委员会应做好规划教材的指导、协调和审稿等工作，保证编写质量；(4) 规划教材出版单位应积极配合，做好编辑、出版、发行等工作；(5) 规划教材封面和书脊应标注"住房和城乡建设部'十四五'规划教材"字样和统一标识；(6) 规划教材应在"十四五"期间完成出版，逾期不能完成的，不再作为《住房和城乡建设领域学科专业"十四五"规划教材》。

住房和城乡建设领域学科专业"十四五"规划教材的特点：一是重点以修订教育部、住房和城乡建设部"十二五""十三五"规划教材为主；二是严格按照专业标准规范要求编写，体现新发展理念；三是系列教材具有明显特点，满足不同层次和类型的学校专业教学要求；四是配备了数字资源，适应现代化教学的要求。规划教材的出版凝聚了作者、主审及编辑的心血，得到了有关院校、出版单位的大力支持，教材建设管理过程有严格保障。希望广大院校及各专业师生在选用、使用过程中，对规划教材的编写、出版质量进行反馈，以促进规划教材建设质量不断提高。

住房和城乡建设部"十四五"规划教材办公室

2021 年 11 月

序 一

关于本书特点的说明

GIS 的学习是一个多方位、综合性的过程，既包括 GIS 理论和思维、GIS 软件操作，还包括 GIS 实践案例，每个部分侧重点各有不同，需要形成系统性的教学体系。鉴于此，本书构建了"MOOC 思想启发——软件应用指导——科研成果产出"三位一体的学习体系，通过本教材和"城乡规划新技术 GIS 应用"国家精品在线课程，《基于 GPS 的景区旅游者空间行为分析——以鼓浪屿为例》《基于 GIS 的景区环境量化分析——以鼓浪屿为例》《基于 RS 的城市环境量化分析——遥感技术厦门应用》三本专著的配合使用，能够实现全方面提升 GIS 空间思维、软件操作和科研创新的教学目标。

关于章节内容的说明

本书分为"GIS 基础和操作、GIS 实践"两个篇章。其中，上篇"GIS 基础和操作"除了介绍 GIS 概述，还介绍了 GIS 文献分析，以期让读者具备必须的基础理论和广阔的 GIS 应用视野，并围绕 GIS 常用的分析技术，按照工具书的写作风格，图文并茂，使读者能用最短的时间掌握 ArcGIS 工具的使用，易于上手。下篇"GIS 实践"围绕世界文化遗产鼓浪屿案例地，以科学研究为导向，通过论文解读的方式加深学习者对 GIS 解决实际问题的领悟。该模块围绕实践中常用的叠加分析、网络分析、句法分析、计量分析等关键技术，从问题缘起、技术解决思路、案例与分析结果等方面，概括性地介绍 GIS 技术在鼓浪屿案例地中的实践过程，希望读者能在思路上有所借鉴，并可以以小见大扩展应用到其他案例地。

关于现有局限的说明

GIS 软件平台较多，限于篇幅本书仅仅介绍了 ArcGIS 相关软件的操作过程。在国产化趋势背景下，读者可以同步关注超图（SuperMap）等国产软件平台。

GIS 技术发展迅猛，限于常规应用功能的选择，本书仅仅介绍了叠加分析、网络分析、三维分析等常用 GIS 功能，读者可以在研究层面关注大数据 GIS、人工智能 GIS、新一代三维 GIS、分布式 GIS、跨平台 GIS 等未来新技术。

GIS 应用范围宽广，限于作者对鼓浪屿探索有限，本书仅仅介绍了记忆场所、公厕配置、街道形态、行为选择的 GIS 解决方案，读者可以自主探索更多的案例地的 GIS 解决方案。

　　本书写作过程中提供帮助的还有黄竞雄、郭晶、赵龙、杨骏、王鑫、彭晟嘉等，黄竞雄参与了全程校核工作，在此表示感谢，是他们的默默支持才有了本书的顺利出版。由于作者水平有限，可能存在疏漏和不当之处，恳请读者批评指正，以便今后修改、完善。

李渊

2021 年 3 月 31 日

序 二

地理信息系统（GIS）是空间信息技术的核心之一，在文化遗产保护、智慧城市建设、国土空间规划、国家治理现代化等领域都有着重要的应用价值。在数字中国、智慧社会发展战略背景下，GIS 与高精定位、物联网、5G 通信、云计算、区块链、人工智能等现代技术将深度融合，应用领域将不断扩大，其在社会经济中发挥的作用也将日益突显。

我与李渊博士的相识，源于我们对于以 GIS 为核心的空间信息技术应用研究和教学的热衷，十多年来我们从相识到相知，再到信任。先后开展的多层次的学术交流与教学合作让我对这位年轻的教授刮目相看，他聪颖、敏锐、活力、执着、勤奋！他对 GIS 等空间信息技术情有独钟，十多年如一日地坚守和探索空间信息技术的教学、科研和社会服务。

李渊教授在 GIS 技术应用方面经验丰富，他本、硕、博就读于武汉大学，2004 年获得了武汉大学—荷兰 ITC 联合授予的"城市规划 GIS 应用"方向双硕士学位，2007 年获得了武汉大学测绘遥感信息工程国家重点实验室"三维 GIS"方向博士学位，2016 年获得"高校 GIS 新锐"奖项，2016 ~ 2019 年先后出版基于 3S 技术的三部鼓浪屿应用案例专著，2020 年主持的在线课程"城乡规划新技术 GIS 应用"获得国家精品在线课程和首批国家级一流本科课程认定，2017 年和 2020 年两次挂职鼓浪屿管委会参与鼓浪屿的申遗和文化遗产保护工作，结合鼓浪屿实际需求持续不断地推动 GIS 技术的应用。

得知李渊教授的新作《GIS 技术应用教程》即将面世，我很高兴先睹为快。本书的定位目标是和《城乡规划新技术 GIS 应用》国家精品在线课程及先前出版的三部鼓浪屿应用案例专著配合使用，以构建"MOOC 思想启发——软件应用指南——科研成果产出"集成性的学习体系。本书内容分为上下两篇，覆盖了 GIS 基础和操作、GIS 实践，具有很强的系统性。特别是以世界遗产地鼓浪屿作为 GIS 操作和实践的案例，搭建了空间信息技术和遗产保护、城乡规划、风景园林等学科之间的桥梁，具有极强的案例借鉴性。

选择本书作为 GIS 实践教材或者自学读本，不仅可以使读者在较短时间内掌握 GIS 核心功能，包括地图配准分析、地理可视分析、缓冲叠加分析、密度等时分析、三维地形分析、三维视觉分析、水文流域分析、影像提取分析、网络可达分析、空间句法分析、空间统计分析、建模流程分析等。而且还可以学习到 GIS 空间思维、技术流程、解决方案等，兼具有启发性。

本书还是空间信息技术在文化遗产保护中的应用研究国家文物局重点

科研基地（清华大学）厦门站的一个标志性成果。我作为科研基地的负责人，欣然写序，期待并相信本书能够在文化遗产保护、智慧城市建设、国土空间规划等领域发挥实质性作用。

党安荣 于 清华园
清华大学建筑学院教授
清华大学人居环境信息实验室主任
清华大学国家文物局重点科研基地主任
2021 年 3 月 20 日

前　言

关于 GIS 的认识

地理信息系统（Geographic Information System，简称 GIS）核心功能表现为空间相关数据的输入、存储、查询、分析和显示。随着 GIS 学科的发展和人们认知的更新，GIS 被延伸理解为"地理信息科学"（Geographic Information Science）、"地理信息服务"（Geographic Information Service）、"地理信息社会化"（Geographic Information Society），体现出 GIS 的多学科交叉和社会服务转型趋势。

实际上，GIS 包含了原理和算法实现、软件和工具开发、思维和实践应用三个方面的内容，面向的对象和目标不同。对于测绘科学与技术一级学科而言，其下二级学科设有地图制图学与地理信息工程学科方向（工科）。对于地理学一级学科而言，其下二级学科设有地图学与地理信息系统学科方向（理科），这两个学科方向主要解决 GIS 的原理和算法实现、软件和工具开发等理论和技术问题。对于实践应用而言，GIS 可以应用在城市、区域、资源、环境、交通、海洋、地质、土地、基础设施、规划管理、人口、住房、历史人文、社会科学、旅游等多个领域，也以不同的课程形式支持以上学科的发展。比如，对于城乡规划学一级学科而言，其下二级学科设有城乡规划技术科学学科方向（工科），该方向的一个核心课程就包括了"新技术在城乡规划中的应用"。而"新技术"一词的内涵，对城乡规划专业而言，早期指的是 CAD（Computer Aided Design）技术。目前来看，特别是自然资源部的组建和国土空间规划新时代背景下，主要是指 GIS 技术。除了城乡规划学科对 GIS 有着较强的"思维和应用实践"需求，其他学科也有着相似的需求，并出版了相关的教材，比如海洋地理信息系统、城市地理信息系统、交通地理信息系统、旅游地理信息系统等，使得 GIS 逐渐成为一门普适性、基础性、通识性较强的应用课程。

关于 GIS 教学改革

针对 GIS 教学改革的文献资料近年来不断涌现，利用中国知网（CNKI），指定来源类别（SCI 来源、EI 来源期刊、核心期刊、CSSCI、CSCD），以"GIS""教学"为主题，时间跨度为 2015 年至 2021 年（检索时间为 2021 年 3 月 21 日），根据检索条件共得到文献 114 篇。为了聚焦探索中国大学 GIS 教学的相关特征，剔除"中学地理"等弱相关或者无关文献，得到 68 篇核心文献。从时间分布来看，2015 年 16 篇，2016 年 12 篇，2017 年 13 篇，2018 年 6 篇，2019 年 11 篇，2020 年 9 篇，

2021 年 1 篇。涉及的主要期刊包括综合教育类，比如《中国大学教学》（1 篇）、《中国教育学刊》（1 篇）、《中国科技论文》（1 篇）、《现代教育技术》（1 篇）、《继续教育研究》（2 篇）、《教学与管理》（2 篇）等，地理测绘类比如《地理学报》（1 篇）、《测绘工程》（18 篇）、《测绘通报》（18 篇）、《测绘科学》（5 篇），实验技术类比如《实验室研究与探索》（7 篇）、《实验技术与管理》（5 篇），其他专业类比如《城市规划》（1 篇）。作者来源单位主要包括：武汉大学、中国地质大学、河南理工大学、中国石油大学、同济大学、哈尔滨师范大学、辽宁工程技术大学等。

为了更广泛的了解 GIS 教学文献呈现的发展趋势，再次利用中国知网，不指定来源类别和文献时间，以"地理信息系统""教学改革"为主题，共得到文献 353 篇。从时间分布来看，1998 年到 2020 年文献呈现持续增长趋势；其中，自 2015 年至 2021 年 3 月份，发文量呈现集中增长趋势。涉及的主要期刊，除了上述的中文核心期刊外，综合教育类还包括：《教育教学论坛》《课程教育研究》《中国地质教育》《中国林业教育》《中国电力教育》《高等建筑教育》《教书育人》《大学教育》《现代职业教育》《中国建筑教育》《中国教育学刊》《高教论坛》《高等农业教育》《高等教育研究学报》《高教学刊》等，地理测绘类还包括《地理空间信息》《测绘与空间地理信息》《地理信息世界》《测绘地理信息》《地理教育》等，实验技术类还包括《实验科学与技术》《实验室科学》等，其他专业类还包括《山西建筑》《规划师》《南方建筑》《城市建筑》等。通过关键词共现分析可以发现，该主题的高频关键词为地理信息系统（GIS）、教学改革、实践教学、人才培养、教学方法、实验教学、课程改革、教学模式、教学设计、教学内容等。GIS 教学改革跟地理信息科学、地图学、测量学、城市规划、遥感、测绘工程等专业具有比较强的关联性，一定程度上体现出 GIS 教学的跨学科发展方向。

我们从 GIS 教学文献中可以分析出传统 GIS 教学存在的问题，归纳如下：

（1）教学模式传统。传统 GIS 课堂教学模式仍以讲授理论知识为主，学生动手操作能力以及解决实际问题的能力往往被忽略。虽然部分高校开设了 GIS 的实践课程，但仍以认知性实践为主，其主要目的是提升学生对 GIS 概念的理解，操作性和实践性偏弱。

（2）学生学习的主动性不高。学生往往死记硬背教材知识，缺乏知识迁移的能力，不能通过所学的专业知识解决实际问题，表现出学习的能动性和主动性不高，课程研究成果缺乏深度。

（3）课程考核体系不健全。传统 GIS 课程考核主要针对书面知识点的考核为主，评价方式相对单一，对教学过程的考核容易缺失，学生课堂表现难量化。在这种体系下，"学"与"做"存在脱节。

（4）课程设置体系性不强。传统 GIS 教材大多集中在原理类，而技术、方法、实验及实践类教学模块设计不是很理想，课程设置的关联性和体系性也不强。

（5）对非 GIS 专业（人文地理与城乡规划、自然地理与资源环境、城乡规划、土木工程、地质工程、环境科学等）的教学，存在一些特有问题。比如，非 GIS 专业学生对 GIS 技术重要性认知过迟、重理论而轻实践、实习方式僵化。以城乡规划专业为例，从世界发达国家城市规划专业教育经验来看，有不少世界知名建筑院校，比如英国卡迪夫大学规划系、美国伊利诺伊大学规划系等，均把 GIS 的重要性置于 CAD 之前，普遍认为 GIS 是未来城乡规划的主流技术平台，而传统上城乡规划专业学生对 GIS 的重要性认识还未达到这个高度。

（6）师资力量不足，理论教学和实践教学安排不够合理。有些 GIS 教师虽然理论知识扎实，但动手能力较弱，导致学生的理论知识和实践能力不能同步发展。相反，有些老师动手能力、科研能力强，但教学上存在不足，导致学生不能学到扎实的理论知识。

（7）大类招生对 GIS 课程带来的影响。当前很多高校实行大类招生，由原来面向某个专业的专业课变成面向不同专业的大类平台课，授课对象也由原来的中高年级变为大一新生或低年级学生。因此，对于承担该门课的老师来说，面临一系列问题：①学生的学习动机不同。对于新进校的大一学生，学习动机往往是单一而且被动的，他们对专业没有太多了解，加之 GIS 一部分内容专业性较强，难以理解，低年级学生刚接触时会产生畏惧感。②学生的学习能力不同。GIS 是一门专业性很强的课程，需要具有地理学、地图学、数据库、数据结构等课程的先修知识，大一学生学科基础薄弱，自主学习能力也有限，造成学习上的困难。

我们从 GIS 教学文献中分析当前 GIS 教学改革的路径和手段，归纳如下：

（1）自媒体的利用。①自媒体可以实现个性化教学，学生可借助自媒体平台获得海量的信息，并根据专业需求选择相应的知识点进行学习，适用于非 GIS 专业开设的 GIS 课程。②自媒体可以提升教学效率。比如课堂教学前，教师可以将重点难点分享到自媒体平台上，并通过平台提供的学生反馈信息对某些知识进行重点备课；课程中，教师通过自媒体平台可以查看学生回答问题情况，及时了解学生对知识点的掌握，开展对症下药式的教学模式；课程后，由教师推送 GIS 应用案例，加强 GIS 课程内容与实际问题的联系。③自媒体可以激发学生学习兴趣，及时推送新功能，可使学生随时随地获得课程内容以及课外补充材料，便于碎片化学习，促使学生有效利用课余时间，高效掌握课程相关内容，保持对 GIS 课程学习的兴趣。

（2）一体化建设路径。课程与教材要坚持"一体化设计、一体化建设、一体化应用、一体化推广"的思路与方法,达到教改的目标。具体措施包括:1)教学团队的一体化布局;2)课程体系一体化设置;3)精品课程的一体化建设;4)系列教材的一体化编写;5)实验环节的一体化实施;6)科研教学的一体化推进;7)教学成果的一体化推广。

（3）雨课堂模式。为了提高学生 GIS 实践技能应用水平,采用雨课堂和小组实验模式的课程教学实践,根据课堂后台数据、在线问卷调查对课堂学习效果和课程考核进行评价。雨课堂模式下,教师及时获取课堂反馈,师生互动交流增多,打破课堂学习的时空限制,实现从"教为中心"向"学为中心"的转变。通过课堂互动、随机点名等方式,提高学生课堂注意力,课后推送的 PPT 等资料可以让学生随时学习,有助于提高学生自学能力。具体措施为:①课前环节:推送视频、语音、预习 PPT 等材料;知识点回顾;线下教学资料;预习监测;课前答疑;②课中环节:扫描签到;实时接收幻灯片;弹幕互动;疑问投稿;课堂测试;随时限时测验;答题统计分析;③课后环节:课堂后台数据分析;难点和错误汇总分析;课程 PPT 回顾;批改作业与答疑;课后练习巩固;专题任务小组。

（4）翻转课堂教学改革。翻转课堂的核心是"翻转",即颠倒知识的习得过程和知识的内化过程。因此,利用翻转课堂将学生的自主学习分为导学模块和单元模块两大部分,每个模块的每个环节均设置任务,让学生带着任务去完成每一步学习。具体措施包括五个部分:①教师设计问题,采用教学任务驱动教学;②学生尝试解决问题;③微课视频学习;④理论和实践结合;⑤总结汇报。

（5）提升学生创新能力的改革。在创新、创业、创意的时代背景下,探索提升学生创新能力的 GIS 教学改革实施路径,包括以下措施:①注重方法论课程,积极主动完善人才培养方案;在保证传统设计课程基本功训练的同时,应积极纳入方法论相关课程,如社会调研方法、空间认知、统计分析等;在维持和延续传统设计课的前提下,加强创新创业类课程建设、前沿动态专题讲座等。②理论与实践结合,重视课堂教学创新思维的培养;引导学生积极主动展开相关思维训练,结合大数据时代的新特点,学生自己采集数据和处理数据,并注重数据分析的逻辑,分模块学习核心技能,学以致用,逐步提升学生的创新能力。③鼓励学生参加课外科研活动,培养创新精神;引导学生了解 GIS 并逐步领略 GIS 空间分析的强大功能,从而引发学生学习兴趣,调动其主观能动性,结合课外科研课题或工程实践活学活用,全方位培养学生的创新精神。

（6）技能 - 创新 - 实践"三位一体"教学改革。增强传统 GIS 课程与创新教育、实践教育结合的教学内容,侧重培养学生的创新意识和综合应用的实践能力,并促进教学成果转化,培养创新复合型人才。具体措施包括:①采用分组和翻转课堂教学模式,将课程与本科生创新创业训练项目结合,发挥本科生课内课外的衔接和能动性。②围绕"大数据""空间行为""全数字城市设计""人本规划"等新方向开展创新实践,提升 GIS 综合实践的前沿性。③为提升成果导向型的教学品质和效果，将本科生 GIS 创新选题与指导的研究生课题进行关联，实行研究生与本科生分组的一对一帮扶，建立起本科生与研究生的创新交流微环境。④结合地方需求和实践基地建设，引导学生参与工程实践，在实际项目中检验和提升 GIS 的掌握水平，并促成良好的社会效益。⑤指导学生利用 GIS 技术参与行业竞赛，增强对专业的认同，在全国性的竞赛中深入了解学界新技术发展态势及新技术应用现状，开阔学术视野。

关于厦门大学的 GIS 教学改革

厦门大学的城乡规划专业 GIS 课程建设于 2009 年，是城市规划专业学科通修类课程。笔者在负责厦门大学城乡规划专业 GIS 课程的 12 年教学实践中，不断跟踪学科前沿，将专业教育与创新创业教育结合，以促进素质教育为主题、以提高人才培养质量为核心，丰富课程体系、改革教学方法与手段，推进教学、科研、实践相互融合。

（1）教学改革的三个阶段

厦门大学的城乡规划专业 GIS 课程教学改革主要经历三个阶段，2009年至 2012 年为第一阶段，2013 年至 2019 为第二阶段，2019 至今为第三阶段，其中在第三阶段，为适应城乡规划学科的国土空间规划转型，课程名称由《城乡规划新技术 GIS 应用》（3 学分，48 学时）调整为《国土空间规划数字技术实践》（1 学分，16 学时）和《国土空间规划信息技术》（2 学分，32 学时）。从第一阶段到第三阶段的课程改革主要包括以下三个方面：

1）教学思想上：从关注"教"到关注"学"，再到"创新实践"；从关注 GIS 技能掌握，到 GIS 思维传授，再到 GIS 能力和科研素质培养。教师教授 GIS 技能和专业知识的同时，培养学生研究思维和独立思考问题、解决问题的能力。

2）教学内容上：从第一阶段的 GIS 软件教学，到第二阶段增加行为调研，再到第三阶段引导学生开展人地关系分析，逐渐体现出教学内容的"高阶性"和"挑战度"。

3）教学手段上：每个阶段的主要教学手段不同，从第一阶段的课堂上讲授软件和上机操作，到第二阶段的课堂上教师与学生对话交流激发 GIS思维，到第三阶段的课堂上教师组织学生们之间辩论和互评以激发内生创新潜力，促进了传统操作手册学习、MOOC 学习、翻转课堂学习、慕课堂学习等不同手段的交融和互补。

4）教学资源上：从第一阶段的应用实验指导书，到第二阶段的专著论文讲解，到第三阶段的"MOOC+ 软件应用指南 + 专著"一体化学习资源，不断丰富多层次的教学需求（表 1）。

	教学内容	教学手段	教学资源
第一阶段 2009-2012	GIS 软件	以软件讲授和上机操作为主	《GIS 软件应用实验指导书》(杨克诚，2006)
第二阶段 2013-2019	GIS 软件 + 行为调研	翻转课堂，课堂上教师与学生对话交流激发 GIS 思维	《基于 GPS 的景区旅游者空间行为分析》(李渊，2016)《城市规划 GIS 技术应用指南》(牛强，2012)
第三阶段 2019 至今	GIS 软件 + 行为调研 + 人地关系	翻转课堂与慕课堂，课堂上教师组织学生们之间辩论和互评以激发内生创新潜力	《城乡规划新技术 GIS 应用》MOOC (李渊，2018)《城乡规划量化分析》MOOC (李渊，2021)《GIS 技术应用教程》(李渊，2021)《基于 GPS 的景区旅游者空间行为分析》(李渊，2016)《基于 GIS 的景观环境量化研究》(李渊，2017)

（2）GIS 课程教学定位

　　厦门大学 GIS 课程的教学理念是面向国土空间规划需求的 GIS 创新实践能力培养，实际上包括相互关联的两门课程，即《国土空间规划数字技术实践》(1 学分，16 学时) 和《国土空间规划信息技术》(2 学分，32 学时)，定位分别在于软件操作和 GIS 创新实践。从整个课程定位来看，GIS 课程需要融合到城乡规划教学体系中，实现理论与技能融合、创新与实践融合、课程与设计融合三个方面。其中，在软件操作环节，教学定位体现为规划思想和软件功能的融合，引导学生们在学习软件过程中，回顾和联想《城市规划原理》《城市地理》等基础知识；在 GIS 创新实践环节，教学定位体现为 GIS+ 思维、GIS+ 数据、GIS+ 模型、GIS+ 实践，并以城市量化体检的模式，对《国土空间总体规划》《国土空间详细规划》等后续设计课程进行衔接（图 1）。

图 1　GIS 课程教学理念

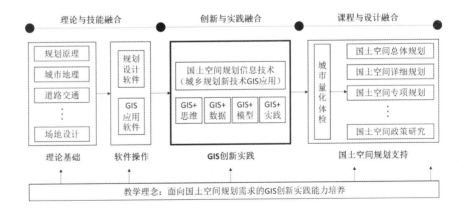

（3）GIS 课程教学内容

　　根据《国土空间规划数字技术实践》(1 学分，16 学时) 和《国土空间规划信息技术》(2 学分，32 学时) 两门课的教学计划，GIS 课程教学内容做了整体设计，一共包括 15 个教学周，其中前 5 周内容为 GIS 操作，中间 6 周内容为 GIS 思维，后 4 周内容为 GIS 实践。教学形式包括课堂线下教学和 MOOC 线上教学，综合采用上机实习、PPT 前沿思想讲座和翻转课堂汇报结合的方式。另外，为了体现教学的循序渐进性、多层次性和高阶性，配套了实验教学人员参与实验教学环节，搭建了《城乡规划新技术 GIS 应用》和《城乡规划量化分析》两门 MOOC，以供学生根据需要进行研修。为了对整个教学过程进行质量把控，成绩构成包括三个部分：MOOC 考核得分、慕课堂考核得分、创新实践 PPT 汇报和论文得分。其中，MOOC 考核和慕课堂考核对象为学生个人，引导学生们利用中国大学 MOOC 学习平台开展自主学习；创新实践 PPT 汇报和论文考核为分组完成，每组 4 人左右，组间考核由老师完成，组内考核由小组长完成（表 2）。

GIS 课程教学内容

表 2

教学周		课堂线下主要内容	MOOC 线上主要内容	
1 ~ 5	GIS 操作	ArcGIS 软件实验	《城乡规划新技术 GIS 应用》 1）第 1 ~ 15 周内容 2）思政讲堂 1 ~ 10 内容	必学
6	GIS 思维	GIS 创新实践绪论		
7		空间思维启发		
8		ArcGIS 教学案例数据库		
9		空间句法与空间设计		
10		大数据与空间行为分析		
11		国土空间双评价		
12	GIS 实践	分组选题汇报	《城乡规划量化分析》 第 1 ~ 12 章内容	选学
13		分组数据汇报		
14		分组分析汇报		
15		分组答辩汇报		

成绩构成：
① MOOC 考核得分；② 慕课堂考核得分；③ 创新实践 PPT 汇报和论文得分

（4）GIS 课程教学实施

GIS 课程教学实施的总体目标是"一流课程建设背景下的城乡规划 GIS 教学改革"，既要满足当前一流课程建设的要求，又要满足城乡规划专业发展的新要求。首先，对于城乡规划专业的新要求，当前面临着国土空间规划的六大转变，即：①平台基础的转变，朝着以 GIS 为基础的智慧大平台发展；②关注重点的转变，朝着陆海统筹全覆盖方向发展；③发展模式的转变，更加注重以人为本和人民群众的需求；④管控手段的转变，朝着坐标、指标、目标统一的治理新体系发展；⑤编制成果的转变，朝着"多规合一"和"全国一张图"方向发展；⑥工作组织的转变，提升了国土空间规划的全维度协同方向发展。另外，对于一流课程本身的新要求，体现为"金课"建设目标，即高阶性、创高性和挑战度。当前，为了适应金课的建设新要求，相应的教学措施应运而生，包括：①国家级 MOOC 资源，实现优质教学资源的共享和支撑学习的自主性；②翻转课堂教学形式，从围绕教师的"教"向面向学生的"学"转型，增加交互性；③与课程思政有机融合，体现为创新创意选题与时代背景和民族文化自信的结合；④慕课堂教学全过程，实现教学和考核的全过程覆盖，提升考核的科学性和协同性（图2）。

图2　GIS 课程教学实施框架

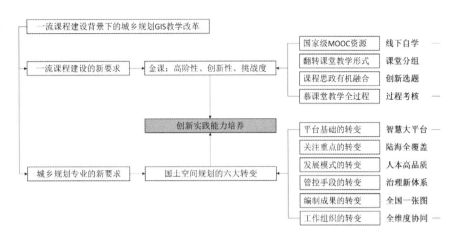

目　录

上篇　GIS 基础和操作

下篇　GIS 实践

上篇　GIS 基础和操作

　　本篇包括 13 章，主要介绍 GIS 概述、GIS 文献分析和 ArcGIS 桌面版本的 ArcMap 功能和技术操作。其中，GIS 概述简要介绍了 GIS 概念、GIS 的功能、GIS 与相关学科关系、GIS 的应用领域、GIS 的发展趋势。

　　本篇其余内容覆盖 ArcGIS 工具介绍与数据利用、地图配准分析、地理可视分析、缓冲叠加分析、密度等时分析、三维地形分析、三维视觉分析、水文流域分析、影像提取分析、网络可达分析、空间句法分析、空间统计分析、建模流程分析。

第 1 章　　GIS 概述

1.1　GIS 的概念

GIS（Geographic Information System，地理信息系统），是以地理空间数据库为基础，在计算机软硬件的支持下，对空间相关数据进行采集、管理、操作、分析、模拟和显示的工具，在科学研究和工程实践过程中具有信息管理和辅助决策的重要意义。

现有研究中，不同学派对 GIS 概念持有不同的观点，主要有以下三类：

（1）地图观：景观学派和制图学派认为 GIS 是一个地图处理和显示系统。在该系统中，每个数据集被看成是一张地图（Map）或一个图层（Layer）或一个专题（Theme）或覆盖（Coverage）。利用 GIS 的相关功能对数据集进行操作和运算，就可以得到新的地图。

（2）数据库观：计算机学派强调数据库理论和技术方法对 GIS 设计、操作的重要性。GIS 数据库是某区域内关于一定地理要素特征的数据集合，主要涉及对图形和属性数据的管理和组织。

（3）空间分析观：地理学派强调空间分析和模拟的重要性。实际上，GIS 的空间分析功能是它与 CAD（Computer Aided Design，计算机辅助设计）、MIS（Management Information System，管理信息系统）等的主要区别之一，也是 GIS 理论和技术方法发展的动力。

GIS 是一个不断发展的概念，随着学科的发展与人们的认知更新，GIS 概念的理解呈现多元化。最开始如前所述，在其英文全称"Geographic Information System"中可以看出，"S"代表的是系统（System），强调 GIS 是"由计算机硬件、软件和不同方法组成的系统"；近年来，特别是 GIS 学科交叉渗透和服务应用化转型的背景下，GIS 中的"S"被扩展理解为科学（Science）、服务（Service）、社会（Society）三个维度，使得 GIS 受到更为广泛的关注，重要性不言而喻。

1.2　GIS 的功能

通常，GIS 具备以下 5 个方面的功能：

（1）数据采集与编辑功能：作为 GIS 的基本功能，该功能涵盖图像图形数据采集与编辑和属性数据采集与编辑，并以此为基础建立图像图形和属性的关联。

（2）数据的存储和管理功能：包括数据库定义、数据库的建立与维护、数据库操作等。

（3）产品的制作与显示：核心为地图制图功能，可以根据用户需要分层输出各种专题地图，如行政区划图、土地利用图、道路交通图、地形高度图等等，还可以通过空间分析得到一些特殊的地学分析用图，比如：坡度图、坡向图、剖面图等。

（4）空间查询与分析功能：该功能基于地理坐标位置、空间拓扑关系、图形属性联动关系，以实现便捷高效的查询与分析，是 GIS 最具魅力的功能。常用的空间查询和分析功能包括：拓扑空间查询、缓冲区分析、叠加分析、网络分析、三维分析、空间统计分析。

（5）二次开发和编程功能：用户可以在自己的编程环境中调用 GIS 的命令和函数，或者 GIS 系统将某些功能做成专门的控件供用户开发使用。

1.3 GIS 与相关学科关系

GIS 与（计算机辅助设计（Computer Aided Design，简称"CAD"）、管理信息系统（Management Information System，简称"MIS"）遥感（Remote Sensing，简称"RS"）、计量地理学（Quantity Geography）4 项技术具有很强的相关性。

（1）计算机辅助设计偏重设计方案的表达与落实，通过绘制的二维、三维图形对设计方案进行表达，实现从想法到现实的精准过渡。确切地说，计算机辅助设计是在人的参与下，以计算机为中心的一整套系统完成对设计对象的最佳设计，使用计算机辅助设计的人员完成包括资料检索、计算、确定图形形状、自动绘图和打印等一系列设计过程。

（2）管理信息系统是以人为主导，利用计算机硬件、软件、网络通信设备以及其他办公设备，进行信息的收集、传输、加工、储存、更新和维护，以企业战略竞优、提高效益和效率为目的，支持企业的高层决策、中层控制、基层运作的集成化的人机系统。

（3）遥感技术是指不接触物体本身，用传感器收集目标物的电磁波信息，经处理、分析后，识别目标物，揭示其几何、物理性质和相互关系及其变化规律的现代科学技术。

（4）计量地理学关注于空间研究，其研究内容主要涉及地表事物的分布位置、成因及变化和地理区域的相似性和差异性等方面。

在实际应用中，GIS 可以与上述四种技术结合起来使用，增强研究的深度和科学性。例如，利用 CAD 绘制的数据源或者 RS 采集的影像数据，在 GIS 中开展矢量和栅格类型的空间分析；或者基于 GIS 框架开发面向政府、企业和个人应用的管理信息系统，实现对空间数据的集成管理；或者基于 GIS 计算各种空间指标，形成自变量或因变量，跟计量模型结合，探索顾及空间因素和空间约束的人地关系的作用机理。

1.4　GIS 的应用领域

GIS 的应用领域涵盖五大部分，分别为区域范围、专业领域、解决问题、服务支持、技术拓展与集成。

（1）区域范围：GIS 作为多尺度应用平台可以满足大到宇宙、全球、全国尺度，小到乡村、社区和景区尺度的多尺度空间分析。

（2）专业领域：GIS 与绝大部分学科都有很好的相容性，具体涉及资源调查、环境评估、灾害预测、国土管理、城乡规划、邮电通信、交通运输、军事公安、水利电力、公共设施管理、农林牧业、统计、商业金融、农业、林业、水利、环境生态、景区管理、历史人文等众多与地学相关的领域。

（3）解决问题：GIS 涉及管理、评价、规划决策、监测等各个环节，提高决策的科学性、可信度。

（4）服务支持：GIS 凭借其空间数据的可视化、空间数据管理和空间分析的技术优势备受业界青睐，形成完整的数据管理、空间分析、可视化的服务支持模式，可操作性强，功能强大。

（5）技术拓展与集成：GIS 平台保留有与其他技术对接的可能性，极大地拓展了该技术的应用领域，例如：GIS 与 GPS 对接、GIS 与大数据对接、GIS 与 BIM 对接、GIS 与 VR 对接、GIS 与 AI 对接等。此外，GIS 以其技术集成优势，可为数据库的建设和二次开发提供基础平台。

1.5　GIS 的应用选题

以景区旅游规划为例，使用 GIS 可进行如下几类应用选题：

（1）选址评价分析。GIS 在景区旅游规划中的典型应用选题建立在基于多因素评价的选址分析的基础之上，如：对旅游集散地、新增景点或旅游服务设施进行综合评估和新建选址的利弊权衡。

（2）空间格局分析。GIS 提供的网络分析功能适合解决景点可达性、景点间的结构关系、空间格局、空间分异等问题的量化描述。GIS 还可以与社会网络模型（如：UCINET 和 Gephi）、空间句法（如：sDNA，depthmapX）、景观格局（如：Fragstats）等插件或软件结合，精细化、量化表达景区的空间要素分布格局。

（3）旅游线路分析。通过融合旅游线路设计的新理念和 GIS 的网络分析算法，可以为景区的旅游线路设计提供计算机生成方案。

（4）服务配置分析。景区旅游环境需要考虑"吃、住、行、游、购、娱"等服务要素的配置，利用 GIS 的网络分析、供需平衡模型可以对服务要素布局进行量化评估和优化。

（5）景观结构分析。基于地形和 GIS 三维视线视域分析，可以开展景区的可视性分析，支撑景区旅游规划与景观设计内容，为视觉廊道和景点布局的合理决策提供可视化的参考。

（6）旅游区划分析。GIS 提供的网络分析和多因素叠加分析可以用来解析点、线、面要素的内在关系和主次关系，从而支持旅游区域划分，确定分区开发时序。

（7）驱动因素分析。借助于 GIS 的空间可视化表达、计量地理学方法和相关统计学方法，可以量化探索空间格局转变与演化的驱动因素及其作用机理。

（8）灾害危险分析。对于景区安全的考虑和决策支持，GIS 同样发挥着重要作用，为路径科学选择、地质状况调查、地质稳定性评估、堤岸坝渠布局与管理、洪水淹没、流域分析等方面提供决策依据。此外，还可以进行研究深度上的发掘，比如：景区内避难场所的选址要考虑人群疏散需求和避难场所容纳能力的供需平衡关系。

（9）行为模式分析。在以人为本的时代背景下，景区对人的行为关注日渐增强，借助 GIS 综合空间分析和可视化技术，可以有条件探索旅游者的行为模式，如：结合游客 GPS 分析不同类型游客的空间行为模式和类型。

（10）信息服务分析。GIS 除了在空间分析和决策应用层面发挥作用，在虚拟体验、信息集成、系统开发和建立智慧景区等方面也能有较好的应用。

1.6　GIS 的发展趋势

综合当下发展趋势，GIS 存在 5 个方面的发展潜力：

（1）地理信息标准化（Interoperable GIS）：地理信息的发展最重要的是数据标准化，在统一标准下可以减少操作的复杂性，有利于实现跨平台网络应用与对接，促进和加强各国家、机构、部门、学科的合作。

（2）数据多维化（3D & 4D GIS）。GIS 的数据来源是多维度的，既包含遥感数据，也包含常规的社会统计数据，同时数据还有二维（2D）到三维（3D）的动态特征（4D）。因此如何应对多维度的数据，也是 GIS 的一个发展趋势。

（3）系统集成化（Component GIS）。每个行业由于自身的业务流程不同，以及对工作内容的模块化需求有差异，因此 GIS 在支持不同行业需求时，需要有专门化的系统应对，如：针对社区规划和开发需求，在 ArcGIS 平台上集成开发了插件 CommunityViz 和 Index。

（4）GIS 网络化（Cybe GIS/Web GIS）：GIS 的工作平台逐步从单机转入网络工作环境，可以实现网上发布、浏览、下载，实现基于 Web 的 GIS 查询和分析。

（5）应用社会化（Society GIS）：GIS 通过 WWW 功能得以扩展，真正成为一种大众使用的工具，如：Google Earth、百度地图等产品。

此外，在应用需求和新一代信息技术的推动下，GIS 基础软件技术体系得到不断丰富和完善，以国产软件超图 SuperMap 为例，GIS 基础软件朝着 5 大技术体系方向发展，即：大数据 GIS 技术（Big Data GIS）、人工智能 GIS 技术（AI-GIS）、新一代三维 GIS 技术（New 3D GIS）、分布式 GIS 技术（Distributed GIS）、跨平台 GIS 技术（Cross-platform GIS）。

1.7　ArcGIS 工具介绍

ArcGIS 是由美国环境系统研究所公司（全名为 Environmental Systems Research Institute，Inc.，简称"Esri"）于 1999 年推出的一个地理信息系统系列软件的总称。根据不同应用平台，可以区分为：

（1）桌面版本：ArcGIS Desktop 分为两大产品：一是 ArcMap 及其子套件，二是 ArcGIS Pro。前者包括：ArcCatalog、ArcScene 和 ArcGlobe 等传统的产品，后者具有其独有的特色功能，例如：二三维融合、大数据、矢量切片制作及发布、任务工作流、时空立方体等。从功能来看，ArcGIS Desktop 包括：ArcReader，ArcView，ArcEditor 和 ArcInfo。

（2）服务器版本：包括 ArcIMS、ArcGIS Server 和 ArcGIS Image Server。

（3）移动版：ArcGIS Mobile 和 ArcPad。

本书将以 ArcGIS for Desktop 10.7.x 为例，主要基于 ArcMap 及其子套件进行空间思维和操作技能的讲解。下文若无特别说明，均以该版本软件为平台进行操作。

1.7.1　ArcGIS 软件模块

以官方发布的 ArcGIS for Desktop 10.7.x 版本为例，其应用程序组件包括：ArcMap、ArcCatalog、ArcGlobe 和 ArcScene。除此之外，ArcGIS for Desktop 安装包中还附带 Python 2.7 安装组件，软件支持使用 Python 语言进行地理数据处理与应用。

（1）ArcMap

ArcMap 是 ArcGIS for Desktop 软件中最基本的应用程序，主要用于制图、编辑、地图空间分析，处理二维空间地图。图 1-1 所示为 ArcMap 的操作界面。

ArcMap 提供两种类型的地图视图：数据视图和布局视图。在数据视图中，用户可以对地理图层进行符号化显示、分析和编辑 GIS 数据集。数据视图是任何一个数据集在选定的一个区域内的显示窗口。在布局视图中，用户可以处理地图的页面，包括：地理数据视图和其他数据元素，如：图例、比例尺、指北针等。

（2）ArcCatalog

ArcCatalog 是 ArcGIS for Desktop 软件中用于管理空间资料与基础数据的应用程序组件，进行数据库的简易设计，还可以用于记录、展示资料的 Metadata。用户可通过 ArcCatalog 来维护和创建地理信息数据库。如图 1-2 所示为 ArcCatalog 的操作界面。

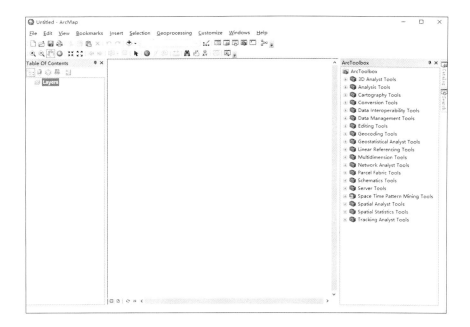

图 1-1　ArcMap 操作界面

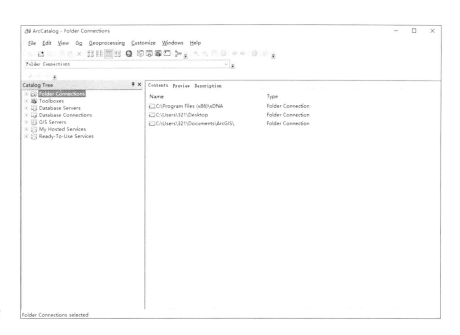

图 1-2　ArcCatalog 操作界面

在 ArcCatalog 中，最重要的是 Geodatabase 数据模型。该模型在 ArcGIS 中用于实现矢量数据和栅格数据的一体化存储，常见的有两种格式：一种是基于 Access 文件的格式（又称为【Personal Geodatabase】），文件名后缀为 .mdb；另一种是基于 Oracle 或 SQL Server 等 RDBMS 关系型数据库管理系统的数据模型（又称为【File Geodatabase】），文件名后缀为 .gdb；在应用中，个人地理数据库可以存储不超过 2GB 的文件，只能在 Windows 系统下应用，保存为一个文件；文件地理数据库可以存储超过 2GB 的文件，但采用多文件形式保存。

（3）ArcScene

ArcScene 是一个用于展示、编辑、分析三维空间地图的平台。如图 1-3 所示为 ArcScene 的操作界面。

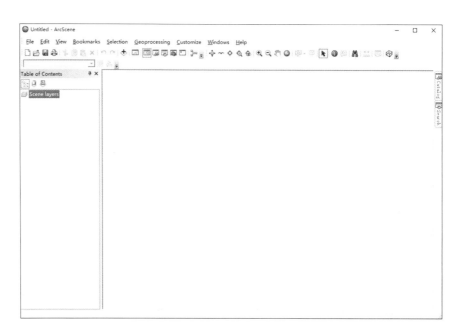

图 1-3　ArcScene 操作界面

ArcScene 软件可以在三维场景中漫游，并与三维矢量和栅格数据进行交互表达。ArcScene 支持 TIN 数据的三维显示，显示场景时 ArcScene 会将所有数据预加载到场景中，矢量数据以矢量形式显示，栅格数据将采用默认降低分辨率的方式来提升可视化效率。

1.7.2　ArcMap 交互式工具条

ArcMap 中提供了丰富的交互式工具条选择，用户可以在工具栏中选择合适的工具进行地图分析和操作，以下介绍了几个常用的交互式工具条。

（1）3D Analyst

3D Analyst 工具条包含针对 3D Analyst 工具箱分析过程中的参数设置，可以使用其中的工具在 3D 表面上进行插入高度、创建等值线或创建最陡路径等操作，也可进行视线 / 视域分析。主要处理对象为 TIN、栅格数据、Terrain 数据集或 LAS 数据及表面（图 1-4）。

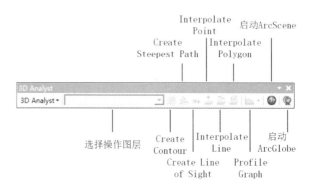

图 1-4　3D Analyst 工具条

其中：

【3D Analyst 下拉菜单】用于调整 3D Analyst 选项，可以指定图标模板，应用现有图表文件将设计元素应用到新图表中；也可以调整插值方法与剖面采样方法。

【Create Contour】工具用于创建数据表面的等值线。

【Create Steepest Path】工具用于在三维表面数据上创建最陡路径。

【Interpolate Point\Line\Polygon】工具用于在三维表面数据上插入点 / 线 / 面。

【Profile Graph】工具可创建剖面。

（2）ArcScan

ArcScan 工具条提供了相关工具，用于将扫描图像转换为矢量要素图层。将栅格数据转换为矢量要素的过程称为矢量化。该过程可通过交互追踪栅格像元来手动执行，也可以自动模式进行图像矢量化。这一工具大大简化了一些古旧地图、测绘结果等的矢量化过程（图 1-5）。

注：仅当 ArcMap 中添加了至少一个经过二值化处理的栅格数据以及至少一个对应的矢量数据层，且启动编辑状态时，ArcScan 工具条才可使用。

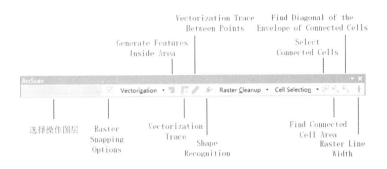

图 1-5　ArcScan 工具条

其中：

【Raster Snapping Options】用于设置栅格捕捉至要素过程的相关参数，将影响到后续的栅格捕捉以及自动跟踪过程。

【Vectorization 下拉菜单】用于设置矢量化过程中的相关参数，如：交点解决方案、最大线宽等，可以预览矢量化成果，并生成最终的矢量化结果。

【Generate Feature Inside Area】工具可生成所定义区域内的矢量化要素。

【Vectorization Trace（Between Points）】工具用于栅格像元的跟踪操作，可以自动对矢量化的要素进行描边操作。

【Shape Recognition】工具用于识别矢量化栅格形状，如：圆形、正方形、三角形等。

【Raster Cleanup 下拉菜单】用于清理有瑕疵的栅格数据，可以通过栅格绘画工具条进行细部清理。

【Cell Selection 下拉菜单】用于选择像元及调整自动选择像元的相关参数。

【Select Connected Cells】工具可批量选择已连接的像元，可以配合栅格清理工具进行批量清理操作。

【Find Connected Cell Area】工具可以查找已连接单元的总面积。启用该工具后,使用光标指针放在已连接单元上,地图提示中会显示单元总面积。单击可查看所选单元的空间信息。

【Find Diagonal of the Envelope of Connected Cells】工具可以查找从单元范围的一角到另一角的对角线距离。启用该工具后，使用光标指针放在已连接单元上，地图提示中会显示包络矩形的对角线长度。单击可查看所选单元的空间信息。

【Raster Line Width】工具可用于查看栅格数据线要素的宽度信息。

（3）Draw

Draw 工具条用于绘制地图注记、设置注记样式。可以调整注记文字、图像、符号，对已生成的注记组进行管理与调整（图 1-6）。

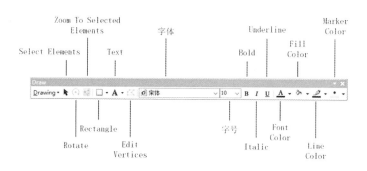

图 1-6　Draw 工具条

其中：

【Drawing 下拉菜单】可以调整新建注记组，或对现有注记、注记组进行管理。

【Select Elements】工具可选择、移动和调整放置在地图上的文字、图案或其他符号。

【Rotate】工具可旋转所选注记文字或图像，不可操作地图要素。

【Zoom To Selected Elements】选项用于缩放到所选注记要素。

【Rectangle】及其下拉菜单内的工具可用于绘制几何图形。

【Text】及其下拉菜单内的工具可用于插入不同样式的文本注记。

【Edit Vertices】工具可编辑所选线、面或曲线的折点。

【Bold\Italic\Underline】工具用于设置字体样式，分别对应加粗、斜体和下划线。

【Font\Fill\Line\Marker Color】工具用于设置字体、填充、划线与标记的颜色。

（4）Editor

Editor 工具条是 ArcGIS 中使用频率较高的工具条之一，大部分涉及地图要素与数据的操作均需要在 Editor 工具栏中启用编辑模式，方可进行其他操作。Editor 工具栏中也提供了许多用于编辑地图要素的工具（图 1-7）。

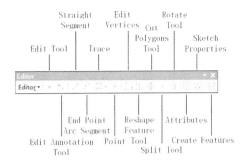

图 1-7 Editor 工具条

其中：

【Editor 下拉菜单】可以开启 / 关闭编辑模式，以及提供更多的要素编辑工具。每一次编辑都需要使用下拉菜单开启编辑会话，编辑结束后使用下拉菜单关闭编辑会话，并保存编辑好的要素数据。

【Edit（Annotation）Tool】工具可以在编辑模式中编辑地图要素或数据注记要素。

【Straight（End Point Arc）Segment】工具可以绘制直线或者弧线。

【Trace】工具可以追踪现有要素，创建新的线段。

【Point Tool】用于向编辑草图增加点。

【Edit Vertices】工具用于查看、修改、编辑选定的可编辑要素形状的折点或线段。

【Reshape Feature Tool】用于在现有要素上构造草图，以修改现有要素的形状。

【Cut Polygons（Split）Tool】用于根据绘制的线裁剪面要素或者线要素。

【Rotate Tool】用于旋转所选要素。

【Attributes】可打开"属性"窗口查看或修改所选要素的属性。

【Sketch Properties】可查看、修改或填充组成草图要素的属性。

【Create Features】可打开"创建要素"窗口，以创建新的要素数据。

（5）Georeferencing

Georeferencing 工具条主要用于地理配准操作，可将导入的地图数据、栅格数据、矢量数据进行配准操作，使其拥有正确的地理坐标（图 1-8）。

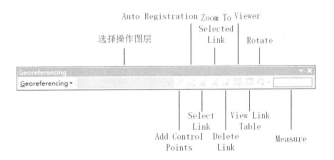

图 1-8 Georeferencing 工具条

其中：

【Georeferencing 下拉菜单】用于设置地图配准方法、调整地图配准参数，并确认最终的配准方案以及保存配准结果。

【Add Control Points】工具可选择未配准图层到被参考地图坐标图层的控制点，建立两者之间的链接。

【Auto Registration】用于自动创建地图控制点链接。

【Select Link】工具可选择控制点之间的链接。

【Zoom To Selected Link】工具可缩放地图到所选的链接。

【Delete Link】工具可删除控制点之间的链接。

【Viewer】可查看要进行配准的栅格图层。

【View Link Table】可打开控制点链接表，以查看和编辑控制点链接、查看配准残差值、修改链接方式等。

【Rotate】和【Measure】可输入旋转角度、缩放因子、平移 XY 值等。

（6）Image Classification

Image Classification 工具条提供了将图像中的像元划分为不同类别的工具，以方便用户从图像中获取不同类型的信息。影像分类区分为监督分类和非监督分类，ArcGIS 对这两类分类方式均给予了良好的支持（图 1-9）。

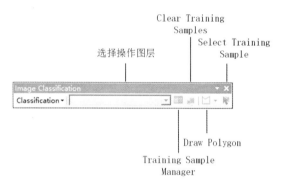

图 1-9　Image Classification
工具条

其中：

【Classification 下拉菜单】可选择不同的分类算法，ArcGIS for Desktop 10.7.x 中提供了 4 种无监督分类算法。

【Training Sample Manager】用于创建训练样本，并对训练样本进行分类和命名，以及评估分类效果。

【Clear Training Samples】工具可清除所有当前的训练样本。

【Draw Polygon】工具可绘制多边形新建训练样本。

【Select Training Sample】工具可在显示区选择训练样本。

（7）Network Analyst

Network Analyst 工具条提供了进行网络分析所需要的工具，以及建立和修改网络分析数据集常用的工具，通过网络分析，可以对位置分配、最短路径、服务范围等具体问题进行求解（图 1-10）。

其中：

【Network Analyst 下拉菜单】提供了多种网络分析的模式可供选择，也提供了网络分析选项的供用户调整。在下拉菜单中，用户可以新建路径、

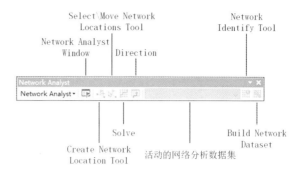

图 1-10 Network Analyst
工具条

服务区、最近设施点、OD 成本矩阵、车辆配送、位置分配等多种网络分析模式。

【Network Analyst Window】可以帮助用户快速管理网络分析图层的输入和输出。

【Create Network Location Tool】可以向活动网络数据类添加位置信息，如：停靠点、阻碍点、设施点等。

【Select\Move Network Locations Tool】可以选择或移动网络位置。

【Solve】工具可用于根据设置的分析条件生成网络分析结果。

【Direction】工具可用于打开沿路径前进的转向说明。

【Network Identify Tool】可以检查地图上各网络元素的属性。

【Build Network Dataset】可用于构建活动网络数据集，或重新构建经过编辑的活动网络数据集。

（8）Spatial Adjustment

Spatial Adjustment 工具条与 Georeferencing 工具栏类似，都适用于空间配准。区别在于 Spatial Adjustment 可用于配准矢量数据坐标，校正要素的位置，也可以将低精度的数据匹配到高精度的数据（图 1-11）。

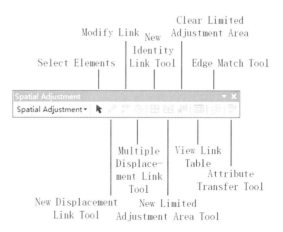

图 1-11 Spatial Adjustment
工具条

其中：

【Spatial Adjustment 下拉菜单】中可以设置待校准的数据图层、调整数据校准方法以及查看校准效果，并最终确认校准结果。

【Select Elements】工具可选择、移动和调整放置在地图上的文字、图案或其他元素。

【New\Multiple Displacement Link Tool】用于创建位移链接来定义空间校准的源点的目标点。

【Modify Link】工具可用于移动位移链接的源点和目标点。

【New Identity Link Tool】可创建标识链接将要素固定到某一位置，防止在矫正过程中移动，该工具适用于橡皮页变换校正方法。

【New Limited Adjustment Area Tool】可创建新的定义区域，将校正操作限制在定义的区域内，适用于橡皮页变换校正方法。

【Clear Limited Adjustment Area】工具可删除受限校正区域，以便校正所有链接，该工具适用于橡皮页变换校正方法。

【View Link Table】可打开位移链接表，以便编辑链接并查看其他变换错误。

【Edge Match Tool】可拖出一个框，当前范围内的源图层和目标图层的要素之间创建边匹配位移链接。

【Attribute Transfer Tool】可将属性值从一个要素传递到另一个要素。

（9）Tools

Tools 工具条是 ArcGIS 的默认工具条，其中提供了一系列针对地图缩放、移动、选择以及寻找地理要素、查看地理属性的工具（图 1-12）。

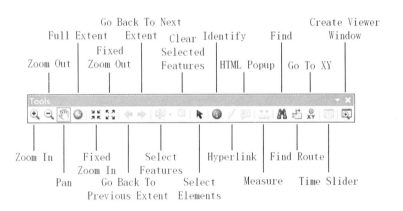

图 1-12　Tools 工具条

其中：

【Zoom In\Out】工具通过在地图上单击以此或拖拽目标框的方式，对地图进行放大 / 缩小操作，以方便查看。

【Pan】工具可通过拖动的方式平移地图。

【Full Extent】可缩放地图至全图范围。

【Fixed Zoom In\Out】工具可在地图中心进行地图缩放。

【Go Back To Previous/Next Extent】工具可返回到上一个或前进到下一个视图。

【Select\Clear Selected Features】工具可选择 / 取消选择当前视窗内的要素。

【Select Elements】工具可选择、移动和调整放置在地图上的文字、图案或其他元素。

【Identify】工具可通过单击或拖拽选择框的方式选中要素，并查看要素属性。

【Hyperlink】工具可创建连接到文档、网站等的超链接。

【HTML Popup】工具可单击要素启动到一个 HTML 弹出窗口。

【Measure】工具可测量地图上的距离和面积。

【Find】工具可查找图形要素、地址或地点。

【Find Route】工具可查找指定的停靠点之间的路径。

【Go To XY】工具可根据给定的 XY 坐标查找目标要素。

【Time Slider】工具可打开时间滑块控制此地图中数据的时间段。

【Create Viewer Window】工具可通过拖拽一个新的矩形，创建新的查看器窗口。

（10）Topology

Topology 工具条用于处理与地图拓扑相关的操作，并可查看当前地图中存在的拓扑错误，以修正拓扑。在 GIS 中，拓扑是定义点要素、线要素以及面要素共享重叠几何的方式的排列布置，在处理数据时，具备地图拓扑思想能达到事半功倍的效果（图 1-13）。

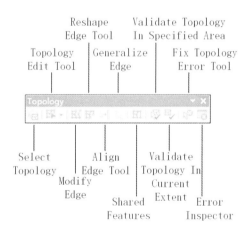

图 1-13　Topology 工具条

其中：

【Select Topology】工具可选择或创建一个拓扑，操作一个或多个地图内的重合要素，或指定要使用的地理数据库拓扑结构。

【Topology Edit Tool】可选中并编辑地理数据库或地图要素中拓扑关系的点和边。

【Modify Edge】工具可查看、选择和修改组成拓扑边形状的节点和线段。

【Reshape Edge Tool】可以在选定边上通过构建草图对边进行整形。

【Align Edge Tool】工具可将一边与另一边进行匹配对齐。

【Generalize Edge】工具可以简化拓扑边的形状。

【Shared Features】工具可打开查看器，查看共享选定边或拓扑结点的要素列表。

【Validate Topology In Specified Area\Current Extent】工具可通过拖动选框，验证选框内地图的地理数据库拓扑关系，也可直接验证当前视图内全部地图的地理数据库拓扑关系。

【Fix Topology Error Tool】可选择并修复当前地理数据库中存在的拓扑错误。

【Error Inspector】可打开错误查看器，查看和修复当前地理数据库中存在的拓扑错误。

1.7.3 ArcGIS 数据管理方法

地理数据是 ArcGIS 的核心，具体指地理位置的相关信息，可存储在数据库、地理数据库、Shapefile、Coverage、栅格影像、dbf 表或者 Excel 电子表格中。本书主要介绍 ArcGIS 的地理数据库、Shapefile、栅格影像 3 种类型的数据。

（1）地理数据库

地理数据库（Geodatabase）是一种面向对象的空间数据模型。在 ArcGIS 中，地理数据库包含 3 种类型，分别是文件地理数据库、个人地理数据库和企业级地理数据库。

1）文件地理数据库（.gdb）：在文件系统中以文件夹形式存储。每个数据集都以文件形式保存，每个文件大小最多可扩展至 1 TB。多数情况下，Esri 推荐使用文件地理数据库以实现数据库大小的可扩展性，这样可大幅度提高性能并可跨平台使用。

2）个人地理数据库（.mdb）：所有的数据集都存储于 Microsoft Access 数据文件内，该数据文件的大小最大为 2 GB，仅限于 Windows 平台使用。

3）企业级地理数据库：也称作多用户地理数据库，在大小和用户数量方面没有限制。这种类型的数据库使用 Oracle、Microsoft SQL Server、IBM DB2、IBM Informix 或 PostgreSQL 存储于关系数据库中。

地理数据库按照层次型的数据对象来组织地理数据，包含要素类、栅格数据集和表 3 种主要数据集类型：

1）要素类（Feature Class）：是具有相同几何类型和属性的要素的集合，即同类空间要素的集合。在 GIS 中，创建要素类之前需要定义要素类的空间数据类型，如：线要素、点要素、面要素或注记要素等，同一空间要素中不能存储多种类别的要素数据。要素类之间可以独立存在，也可以具有某种关系。若要素类之间存在关联，可以考虑将其组织到一个要素数据集中。

2）栅格数据集（Raster Dataset）：栅格数据集通过将世界分割成在格网上布局的离散方形或矩形像元来表示地理要素。每个像元都具有一个值，用于表示该位置的某个特征，如：温度、高程或光谱值。在地理数据库中，栅格数据集具有定义地理位置的特殊方法，其表达方式包括：所在坐标系；参考坐标或 XY 位置；像元大小与行列计数。

3）表（Table）：表数据结构主要用于地理数据库中的属性存储，基于一系列简单且必要的关系数据概念进行管理。表包含行，所有行都具有相同的列，每个列拥有一个数据类型，可使用关系函数和运算符对表及其数据元素进行计算。在 ArcGIS 中，不同的表可以通过空间位置或字段进行关联，实现不同数据集之间关系的建立，对于空间思维的建立和便捷数据计算具有重要的意义。

（2）Shapefile

Shapefile 是 Esri 开发的一种空间数据开放格式，目前已成为 GIS 数据交换的开放标准，是用于描述几何体位置与其属性信息的非拓扑简单格式。Shapefile 几何要素包括：点、折线与多边形。

Shapefile 文件格式是由多个文件组成的，要构成一组完整的 Shapefile 文件，其组成必须包含".shp"、".shx"与".dbf"文件，其文件名与存储路径应该是相同的。除了这三个文件之外，另外还有 9 类可选的文件扩展名，可以用于增强空间数据的表达能力。这些文件的主要作用如下：

.shp：用于存储元素几何实体的主文件。

.shx：用于记录每一个几何体在 shp 文件之中的位置，能够加快向前或向后搜索一个几何体的效率。

.dbf：用于以 dBase 的数据表格式存储每个几何形状的属性数据。几何与属性是一对一关系，这种关系基于记录编号。文件中的属性记录必须与主文件中的记录采用相同的顺序。

.prj：投帧式，用于保存地理坐标系统与投影信息，是一个存储 well-known text 投影描述符的文本文件。

.sbn 和 .sbx：用于存储要素空间索引的文件。

.fbn 和 .fbx：用于存储只读 Shapefile 的要素空间索引的文件。

.ain 和 .aih：用于存储某个表中或专题属性表中活动字段属性索引的文件。

.atx：针对在 ArcCatalog 中创建的各个 Shapefile 或 dBASE 属性索引而创建。

.ixs：读 / 写 Shapefile 的地理编码索引。

.mxs：读 / 写 Shapefile（ODB 格式）的地理编码索引。

.xml：ArcGIS 的元数据，用于存储 Shapefile 的相关信息。

.cpg：可选文件，指定用于标识要使用的字符集的代码页。

值得注意的是，Shapefile 并不支持拓扑结构存储。任意版本的 ArcGIS 均可以编辑 Shapefile 的内容，但如果要使用拓扑编辑功能，需要将 Shapefile 作为要素类导入到地理数据库中。在 ArcGIS 应用程序中查看 Shapefile 时，将仅能看到一个代表 Shapefile 的 .shp 文件；在用 Windows 资源管理器查看时，可以查询到与 Shapefile 相关联的所有文件。用户复制 Shapefile 数据时，建议在 ArcCatalog 中执行该操作，如果在文件夹中复制 Shapefile，应确保复制组成该 Shapefile 的所有文件。另外，Shapefile 不支持样条曲线，每个文件大小限制均为 2GB，使用中应注意不超过这个限制范围，否则应使用其他存储方式。

（3）栅格影像

栅格由行和列（或格网）组织的像元（或像素）矩阵组成，其中的每个像元都包含一个信息值（如：温度）。栅格可以是数字航空相片、卫星影像、数字图片或甚至扫描的地图。以栅格格式存储的数据可以表示各种地理要素和现象：

1）离散数据，如：土地利用、土壤数据等要素。

2）连续数据，如：温度、高程、光谱数据等现象。

栅格影像结构简单，在 GIS 中该类数据的使用主要分为 4 个类别：

1）将栅格影像用作底图

栅格数据通常用来作为其他要素图层的背景。如：正射影像作为一类栅格影像数据，既可以用于提供背景信息，还可以使地图用户明确地理信息要素在空间上所代表的意义。栅格底图主要有 3 种来源：正射航空摄影、正射卫星影像、正射扫描地图。

2）将栅格影像用作表面地图

栅格数据非常适合表示沿地表（表面）连续变化的数据，这是将连续数据存储为表面的有效方法，如：常见的数字高程模型（DEM）数据。

3）将栅格影像用作主题地图

表示主题数据的栅格可通过分析其他数据获得。一个常见的分析应用是按照土地覆盖类别来对卫星影像的内容进行分类。如：将遥感影像通过 ArcScan 工具分类，可将多光谱数据划分到各个类中并指定类别值。通过将矢量、栅格和 Terrain 数据等不同来源的各种数据进行组合也可得到主题地图。

4）将栅格影像用作要素属性

用作要素属性的栅格可以是与地理对象或位置相关的数字照片、扫描的文档或扫描的绘图。相较于地图表达，将栅格影像作为要素属性可以对地物等有更直观的认识。

1.7.4 ArcToolbox

ArcToolbox 是一个地理处理工具的集合，是 ArcGIS 应用的核心部分，功能强大。涵盖数据处理、转换、制图、地理分析等多方面的功能，拥有工具箱、工具集、工具 3 个层次。本书仅介绍 ArcToolbox 中系统自带的工具，用户可以根据自己的需求通过 Python 语言或 Model Builder 自定义地理处理工具。

（1）3D Analyst Tools

该工具箱主要用于三维分析，可以创建和修改不规则三角网（Triangulated Irregular Network，简称"TIN"）和栅格表面，并从中提取或抽象出相关信息和属性。此外，还可以实现表面分析、三维要素分析、三维数据转换等功能，并对 Esri 自有的三维 GIS 平台 CityEngine 提供了良好的数据转换支持（图 1-14）。

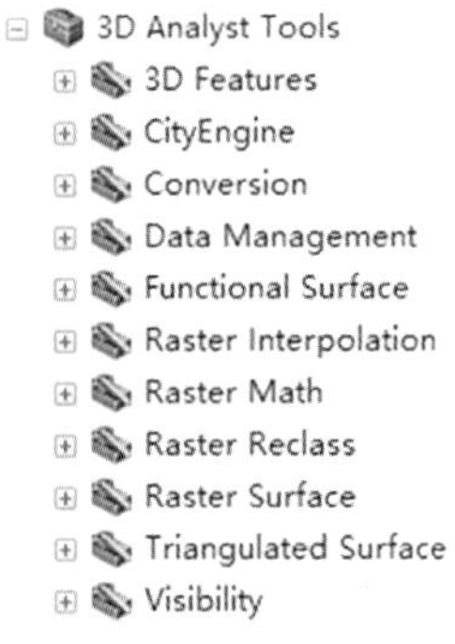

（2）Analysis Tools

该工具箱主要用于处理矢量数据的地理分析，包括：提取、叠加、近邻、统计等功能，可对矢量数据进行裁剪、相交、叠加、缓冲区计算、统计等处理（图 1-15）。

图 1-14 3D Analyst Tools 工具箱

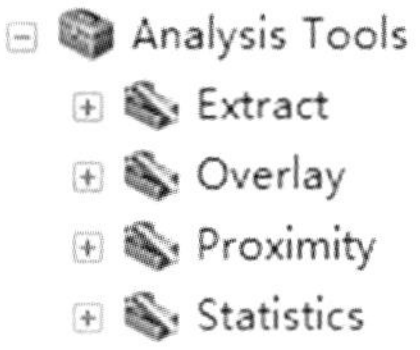

图 1-15 Analysis Tools 工具箱

图 1-16 Cartography Tools 工具箱

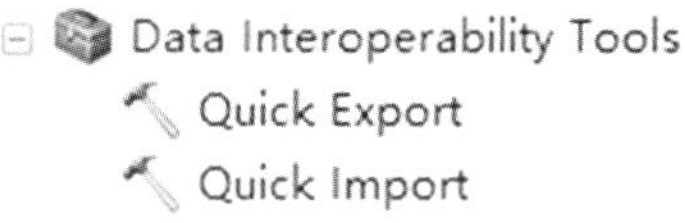

图 1-17 Data Interoperability Tools 工具箱

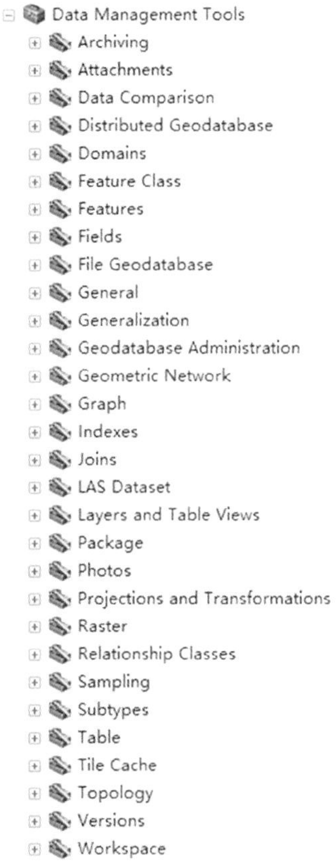

图 1-18 Data Management Tools 工具箱

（3）Cartography Tools

该工具箱主要服务于制图需求，可以对地图注记、掩膜、网格等进行符合制图标准的处理（图 1-16）。

（4）Data Interoperability Tools

该工具箱基于 Safe 公司的 FME 技术开发，可用于多种数据格式的转换和导入导出（图 1-17）。

（5）Data Management Tools

该工具箱主要用于管理和维护要素类、数据集、图层及栅格数据结构，大部分有关数据的转换、归档等操作均需要使用该工具箱（图 1-18）。

（6）Editing Tools

该工具箱可以批量编辑，并将该操作批量应用到要素类中的所有（或部分）要素。主要为要素清理类的工具（图 1-19）。

（7）Geostatistical Analyst Tools

该工具箱可以使用各种函数方法创建连续的表面，并对表面或地图进行采样、模拟等可视化分析和评价（图 1-20）。

（8）Network Analyst Tools

该工具箱为网络分析的专题工具箱，包含可执行网络分析和网络数据集维护的工具，可以用于构建网络模型、创建网络数据集，并进行基于网络的服务区、最近设施点、位置分配等分析操作（图 1-21）。

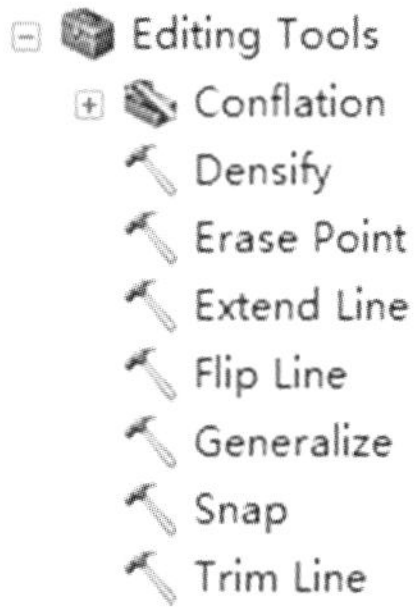

图 1-19 Editing Tools 工具箱

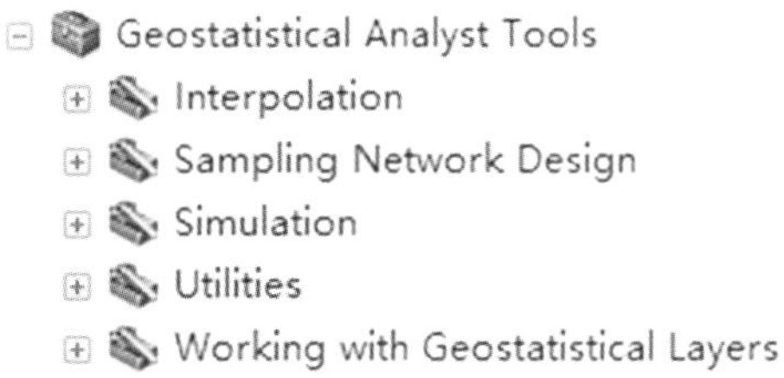

图 1-20 Geostatistical Analyst Tools 工具箱

图 1-21 Network Analyst Tools 工具箱

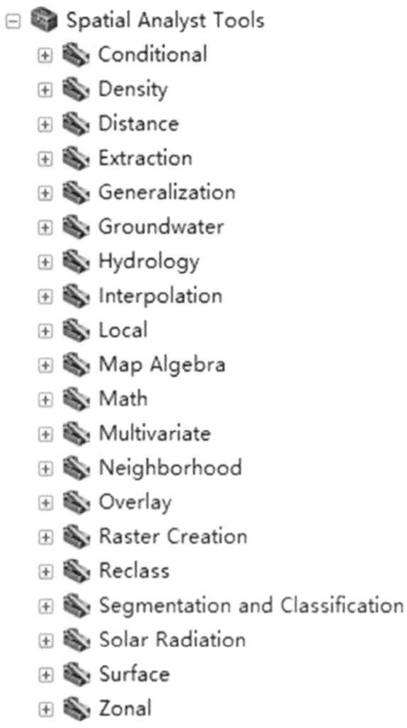

Spatial Analyst Tools
- Conditional
- Density
- Distance
- Extraction
- Generalization
- Groundwater
- Hydrology
- Interpolation
- Local
- Map Algebra
- Math
- Multivariate
- Neighborhood
- Overlay
- Raster Creation
- Reclass
- Segmentation and Classification
- Solar Radiation
- Surface
- Zonal

图 1-22　Spatial Analyst Tools 工具箱

Spatial Statistics Tools
- Analyzing Patterns
- Mapping Clusters
- Measuring Geographic Distributions
- Modeling Spatial Relationships
- Utilities

图 1-23　Spatial Statistics Tools 工具箱

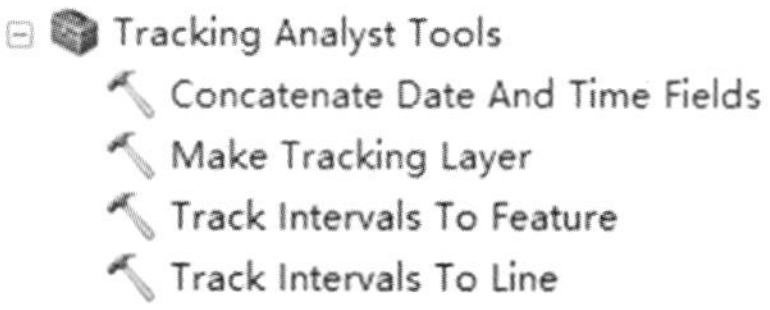

Tracking Analyst Tools
- Concatenate Date And Time Fields
- Make Tracking Layer
- Track Intervals To Feature
- Track Intervals To Line

图 1-24　Tracking Analyst Tools 工具箱

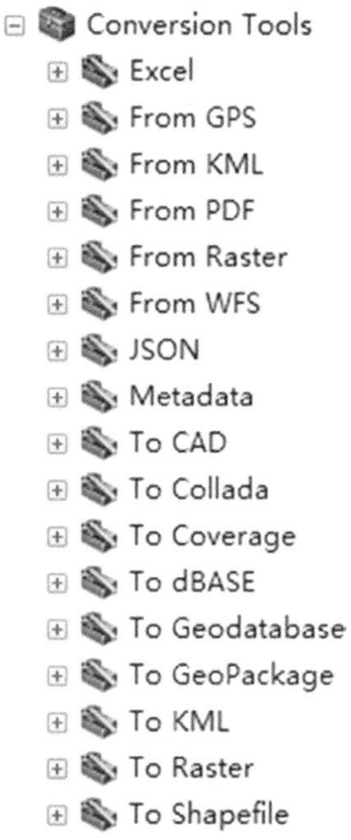

Conversion Tools
- Excel
- From GPS
- From KML
- From PDF
- From Raster
- From WFS
- JSON
- Metadata
- To CAD
- To Collada
- To Coverage
- To dBASE
- To Geodatabase
- To GeoPackage
- To KML
- To Raster
- To Shapefile

图 1-25　Conversion Tools 工具箱

（9）Spatial Analyst Tools

该工具箱主要用于栅格数据分析，包括：密度分析、水文分析、地图代数、重分类等工具（图 1-22）。

（10）Spatial Statistics Tools

该工具箱主要用于分析地理要素分布状态，包括地理自相关、地图聚类等工具（图 1-23）。

（11）Tracking Analyst Tools

该工具箱包含准备时间数据的工具，主要和 Tracking Analyst 扩展模块配合使用（图 1-24）。

（12）Conversion Tools

该工具箱主要用于处理不同文件格式之间的转换，包括：Shapefile、CAD、Excel、Geodatabase、GPX 等（图 1-25）。

1.8　CAD 数据利用

1.8.1　GIS 与 CAD 的主要异同

CAD 即计算机辅助设计（Computer Aided Design），利用计算机及其图形设备帮助设计人员进行设计工作，应用领域广泛，包括：建筑设计、水利工程设计、市政管线设计、交通工程设计、城市规划设计等，并产生大量的 CAD 矢量图成果，其中有的 CAD 成果跟坐标和地理位置密切相关，如：城乡规划 CAD 成果中的地形图、建筑和用地范围等，可以直接导入 GIS 中进行空间分析。因此，对于城乡规划专业，通常做法是利用 CAD 进行空间绘图、编辑，然后导入 GIS 进行空间分析和综合制图。

GIS 与 CAD 在应用中主要有以下区别：

（1）文件管理方式不同。CAD 中点、线、面都在一个 dwg 文件，可以通过图层、色调、线宽来进行控制调节。而在 GIS 中打开一个 dwg 文件可以发现里面包含很多潜在的子要素。

（2）要素承载信息量不同。在 CAD 中很少出现点要素，而同样一个点在 GIS 中可以赋予很多属性信息。

（3）制图灵活程度不同。CAD 的图形编辑功能强，并且极其灵活，可以很好地响应设计师的设计灵感。GIS 的制图功能偏弱，提供的制图工具比 CAD 少，灵活性差。随着版本的迭代，GIS 的绘图功能已有很大提高。

（4）制图规范性不同。GIS 制图的规范与 CAD 高度精准的制图规范有很大不同，GIS 对数据的管理十分严格，制图时必须遵守事先制定好的数据模型，因而数据的冗杂很小，质量非常高。CAD 关注的是图块的精细和准确度，对数据库的依赖相对较少，制图关键在于对尺寸的精准把握。

（5）数据管理难易程度不同。GIS 可以良好地管理非空间数据，而 CAD 在这方面较弱，如：对一块用地，GIS 可以储存这块用地的产权、面积、门牌号等多个关联属性信息，而 CAD 实现起来比较复杂。

（6）功能专长不同。GIS 有很强的空间分析功能，而 CAD 作为制图工具并不具备高度集成的分析功能。此外，GIS 还可以制作丰富的专题图志。原因在于 GIS 数据内容和数据的表达方式是分离的，对于同一份数据可以针对不同的目的制作不同的专题图纸（如：对于城市道路数据，可以制作道路网现状图、道路等级图、交通流量图等）。而 CAD 的数据内容与表达方式绑定，一份数据对应一份图纸。

1.8.2 GIS 与 CAD 的数据交互

ArcGIS 提供了对 dwg 文件的良好支持，用户可以在 GIS 系统中对 CAD 数据进行操作和应用。具体操作步骤如下：

（1）单击菜单栏【Add Data】，在【Add Data】对话框中单击【Connect To Folder】，将存储实验数据的文件夹链接到工作空间中。导入随书数据【GISData\Chapter1\Sample.dwg】（图 1-26）。

（2）单击【Add】，将数据导入 GIS。dwg 文件在 GIS 和 CAD 中的效果对比（图 1-27）所示。

1.8.3 GIS 与 CAD 的编辑交互

CAD 中面常用线条的闭合来表达，但是实际处理中常出现肉眼判断为闭合的线段实际上存在极小的缝隙，这样的线条在 GIS 中只能显示为线要素。此时，可以通过设置容差，将满足容差范围的 CAD 线转化成 GIS 中的面。具体操作步骤如下：

（1）在 AutoCAD 中打开随书数据【\GISData\Chapter 1\Sample_Polygon.dwg】，查看数据中的 2 个多边形的情况。在 ArcMap 中导入随书数据

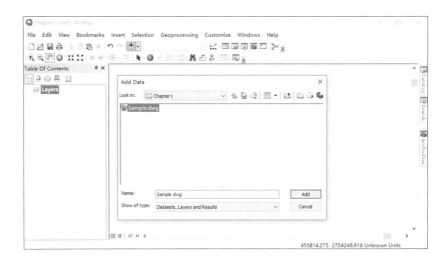

图 1-26　添加数据

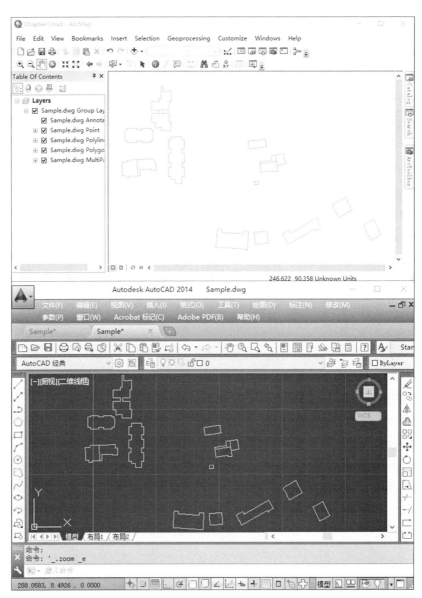

图 1-27　在 GIS 中导入 dwg

【\GISData\Chapter1\Sample.dwg】，根据【Sample_Polygon.dwg】的示例在【Sample.dwg】中绘制 2 个类似的多边形，查看 ArcMap 中数据的变化（图 1-28）。

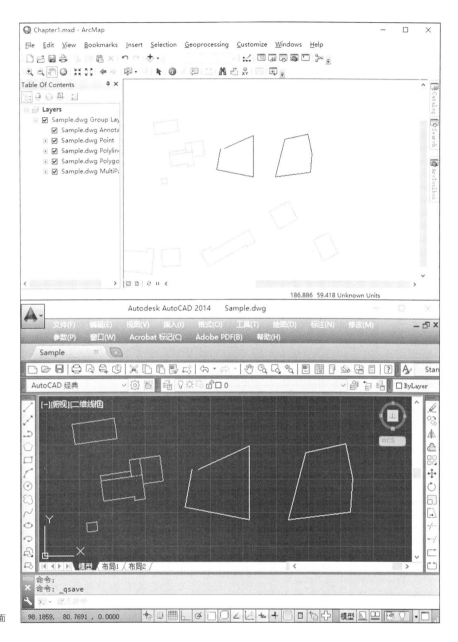

图 1-28　在 CAD 中绘制两个面

（2）对比仅打开【Sample.dwg Polygon】和【Sample.dwg Polyline】图层的情况，可以看到，当仅开启【Sample.dwg Polygon】图层时，不闭合的线无法显示为面要素（图 1-29）。

（3）单击【ArcToolbox】→【Data Management Tools】→【Features】→【Feature To Polygon】，在【Input Features】下拉菜单中选择【Sample.dwg Polyline】（图 1-30）。

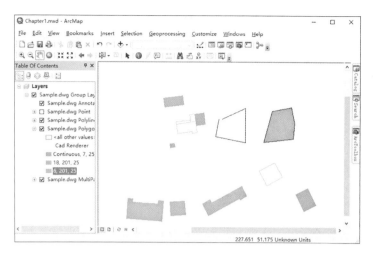

图 1-29　开启面要素与线要
　　　　 素图层

图 1-30　要素转面设置

（4）设置【Output Feature Class】为目标输出路径和文件名，设置【XY Tolerance】为【1 Meters】。合理利用容差值，可以有效转换肉眼闭合但逻辑不闭合的 CAD 面要素，相较以往手动闭合各面要素更简便（图 1-31）。

（5）单击【OK】，可以看到之前未闭合的线已经被系统识别，转化为面要素（图 1-32）。

1.8.4　GIS 与 CAD 的文字交互

城乡规划实务操作中常需要将 CAD 中的文字标注导入 GIS，并赋予空间要素该文字所表达的信息，如：高程点、户口信息等。这就需要将 CAD 的文字信息导入为 GIS 的点要素，并保留其文字信息，以进行后续操作。具体操作步骤如下：

（1）在 AutoCAD 中打开随书数据【\GISData\Chapter1\Sample_Annotation.dwg】，查看文字标注情况，在 ArcMap 中导入随书数据【\GISData\Chapter1\Sample.dwg】，根据【Sample_Annotation.dwg】的示例在【Sample.dwg】中绘制几个类似的文字注记，查看 ArcMap 中数据的变化（图 1-33）。

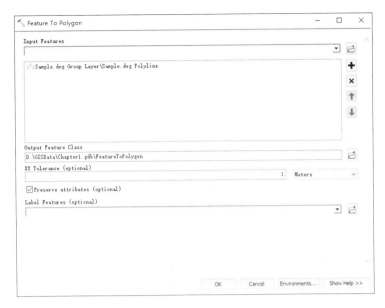

图 1-31　设置容差值

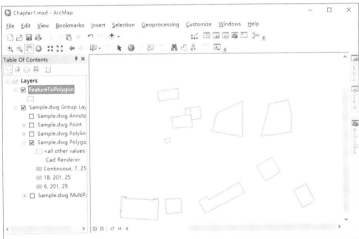

图 1-32　转化成面

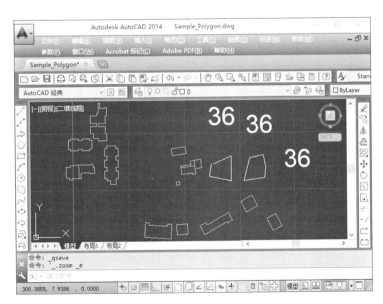

图 1-33　在 CAD 中绘制文字
　　　　标注

（2）单击【ArcToolbox】→【Data Management Tools】→【Features】→【Feature To Point】，在【Input Features】下拉菜单中选择【Sample.dwg Annotation】（图 1-34）。

（3）单击【OK】，可以看到在 GIS 中，原 CAD 中的文字标注已经转换为点要素（图 1-35）。

（4）右击【要素转点】图层，单击【Open Attribute Table】，打开要素属性表（图 1-36）。

（5）在弹出的【Table】窗口中，可以查看该图层的属性表。原 CAD 中的三个文字标注信息的属性已转换至 GIS 图层中，【TxtMemo】字段存储了标注信息，符合转换要求（图 1-37）。

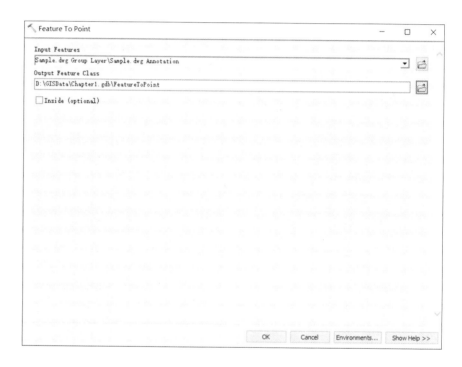

图 1-34　要素转点操作

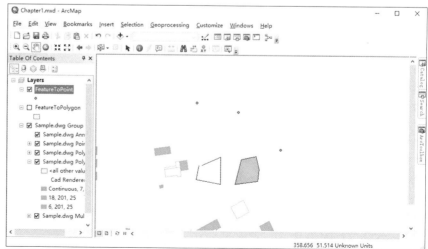

图 1-35　文字标注导入 GIS

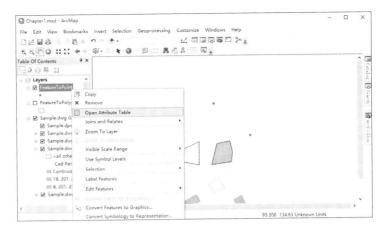

图 1-36 查看图层属性表

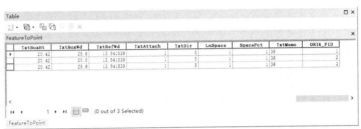

图 1-37 查看点要素的属性

1.8.5 GIS 与 CAD 的格式转换

ArcGIS 支持以 dwg 文件的格式进行数据传输，在 GIS 内处理好的数据可以转换为 dwg，便于在不同软件间进行数据交换。具体操作步骤如下：

（1）单击【ArcToolbox】→【Conversion Tools】→【To CAD】→【Export to CAD】，在【Export to CAD】对话框中设置【Input Features】为【FeatureToPoint】和【FeatureToPolygon】，【Input Features】可以根据需要导出的内容自行调整（图 1-38）。

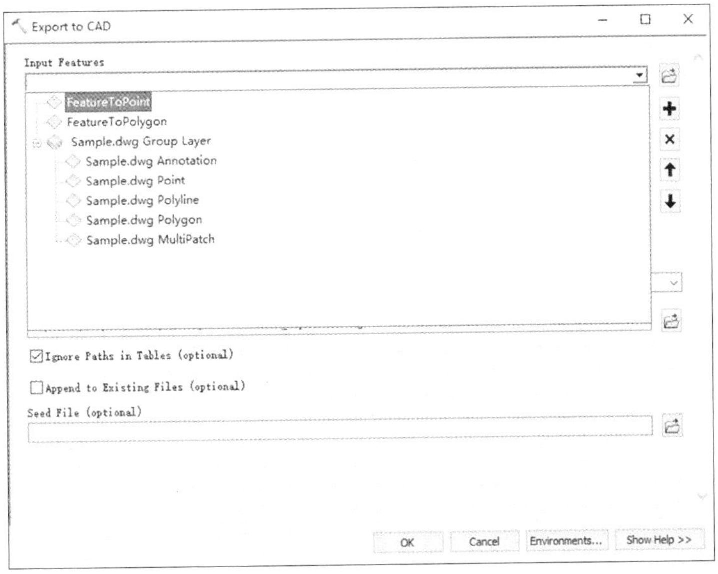

图 1-38　设置输入要素

（2）根据实际需要，在【Output Type】中调整导出文件的后缀名和版本（图 1-39 ）。

（3）在【Output File】中设置输出文件路径和文件名，其他设置保持默认即可（图 1-40 ）。

（4）打开导出的 dwg 文件，与 ArcGIS 系统中对比（图 1-41 ），导出完成。

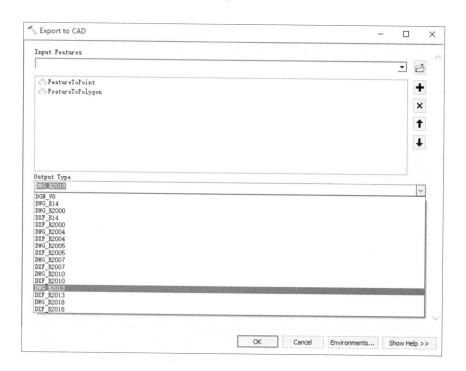

图 1-39　调整文件后缀名和版本

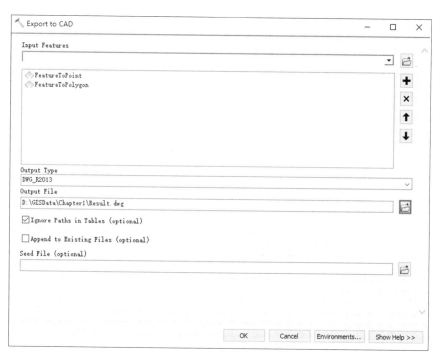

图 1-40　设置输出文件路径和文件名

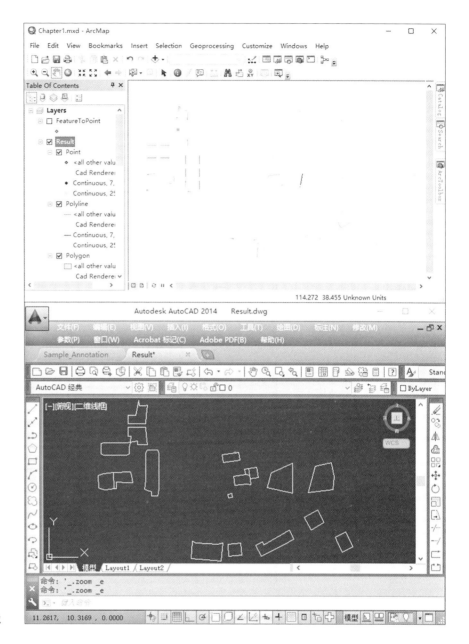

图 1-41 dwg 文件导出完成

1.9 在线地图数据利用

在实际应用中，常需要地图数据作为工作底图。ArcGIS 提供了多种平台或接口可以供用户从互联网上直接导入地图。

1.9.1 通过 ArcGIS Online 载入地图

（1）单击【File】→【ArcGIS Online】（图 1-42），连接 ArcGIS 官方提供的在线地图服务。

（2）在搜索框中输入【ESRI】，平台可以提供的多种数据类型。其中

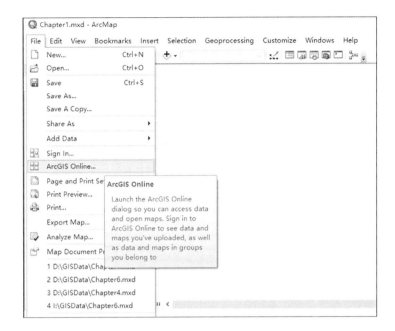

图 1-42　ArcGIS Online 在线
　　　　地图

图 1-43　ArcGIS Online 加载
　　　　地图

包括 ESRI 提供的数据，网络上的共享的数据以及 OpenStreetMap 平台数据。在这种方式下，只要使用 ArcGIS 联网，就可以直接把全球的地图加载到桌面系统，作为工作底图进行分析和表达（图 1-43）。

（3）选择其中一组数据，在 ArcMap 左侧会出现影像的数据类型，右侧是一个全球的影像地图。在这个过程中，ArcGIS 将根据不同的显示效果和精度进行数据调用。

（4）使用鼠标缩放到鼓浪屿片区（图 1-44），可以看出，平台所提供的地图分辨率能够满足一定的表达与计算需求，如有其他需要还可以直接拖动地图获取其他区域的影像数据，可以实现数据共享和数据互联的操作。

1.9.2　通过 BaseMap 服务载入地图

（1）双击【Layers】图层，在【Data Frame Properties】对话框中选

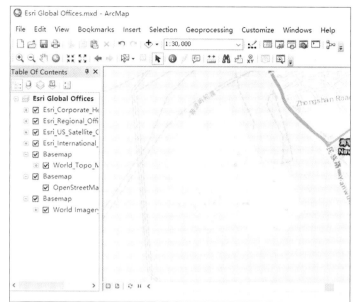

图 1-44 ArcGIS Online 加载小范围地图

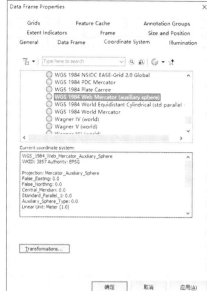

图 1-45 设置地理坐标系

择【Coordinate System】选项卡，根据地图资源选择合适的坐标系，否则 BaseMap 服务报错（图 1-45）。

（2）单击【File】→【Add Data】→【Add Basemap...】，打开 ArcGIS 的嵌入式地图服务（图 1-46）。

（3）在【Add Basemap】对话框中，选择所需的地图样式（图 1-47）。

（4）单击【Add】，可以在 ArcMap 程序中加载地图，打开后再进行缩放可以看到图 1-48 所示的鼓浪屿图像。需要说明的是，不同数据的表达内

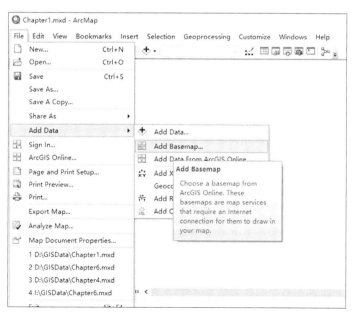

图 1-46 打开 BaseMap

图 1-47　选择地图样式

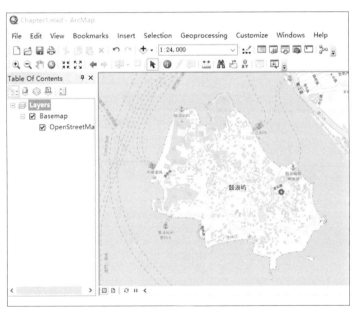

图 1-48　BaseMap 加载的彩色地图

容和效果是有差异的，建议用户根据自己的需求，选择合适的地图资源来支撑后续的规划、设计、管理和研究工作；此外，访问不同的地图资源所需的载入时间存在差异，这和网络连接速度有关。

1.9.3　通过 GIS Server 载入地图

（1）打开【ArcCatalog】，单击左侧【Catalog Tree】下的【GIS Servers】→【Add WMS Server】，配置网络地图服务访问在线数据（图 1-49）。

注：WMS 服务（Web Map Service，网络地图服务，利用具有地理空间位置的数据制作地图，能够根据用户的请求，返回相应的地图，文件格式

包括：PNG、GIF、JPG 等栅格格式，也可以是 SVG、CGM 等矢量格式）。

（2）在【Add WMS Server】对话框中，输入网络地图服务提供商的 URL 地址，单击【Get Layers】，选择目标地图服务图层。如有身份认证需求，在【User】和【Password】栏中输入用户名和密码（图1-50）。

（3）单击【OK】，新的 WMS 服务器已添加到【GIS Servers】中（图1-51）。

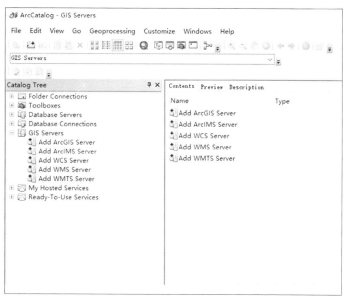

图 1-49　添加 GIS Server

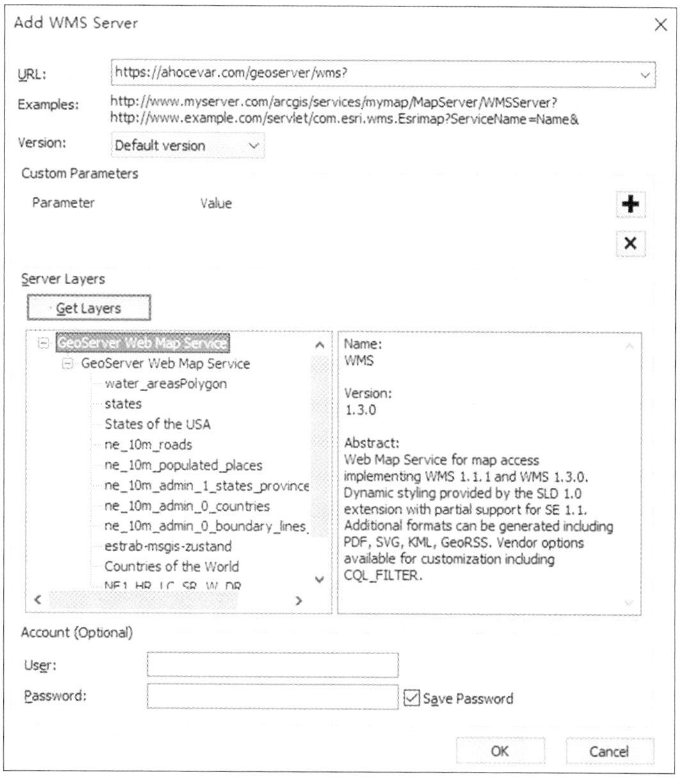

图 1-50　设置 GIS Server 模式

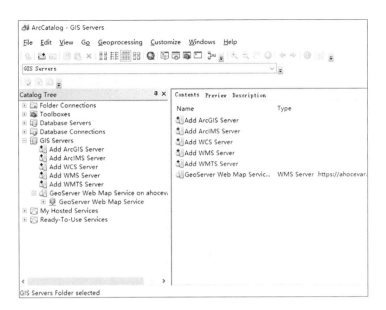

图 1-51　WMS Server 添加成功

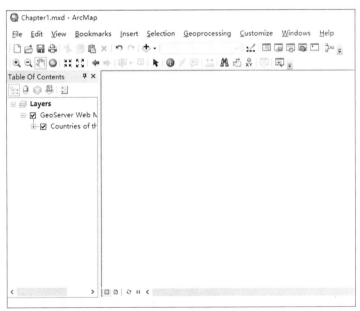

图 1-52　从 WMS 服务器加载
地图数据

（4）在 GIS Servers 设置完成后，可以直接将查询到的地图信息加载到 ArcMap 中，效果如图 1-52 所示。与前述类似，用户可以在全球地图的基础上进行缩放，服务器将根据所缩放的范围返回相应的数据，这里不再赘述。

1.9.4　通过地图下载器打开地图

除了在 ArcGIS 中通过服务器下载地图外，用户还可以使用如 Google Earth、LocaSpaceViewer 等地图下载器。这些下载器可以根据网络在线的数据以及搜索范围的框定、搜索的精度和内容的筛选将地图资源下载到本地，直接导入 ArcMap 中即可使用（图 1-53）。

图 1-53　常见地图下载器

第 2 章　地图配准分析

2.1　地理坐标系简介

GIS 的研究对象是具有空间内涵的地理数据，地理数据与地理位置的关系通过统一的空间参考系统进行建构。1949 年以后，我国采用了两种不同的大地坐标系，即 1954 年北京坐标系（简称："北京 54 坐标系"）和 1980 年国家大地坐标系（简称："西安 80 坐标系"）。不同的参考椭球确定不同的参心坐标系，相同的地球椭球元素而定位和定向不同，也构成不同的参心坐标系。椭球的定位和定向问题，就是把地面大地网归算到地球椭球面上，确定它同大地的相关关系位置。除了北京 54 坐标系和西安 80 坐标系外，还有常用的 1984 年世界大地坐标系统（简称："WGS-84 坐标系"），和我国现行的 2000 国家大地坐标系（简称："CGCS 2000 坐标系"）。

2.1.1　1954 年北京坐标系

北京 54 坐标系是以克拉索夫斯基椭球体为基础，经局部平差后产生的坐标系。中华人民共和国成立以后，我国大地测量进入了全面发展时期，迫切需要建立一个参心大地坐标系，采用了苏联的克拉索夫斯基椭球参数，与苏联 1942 年坐标系进行联测，建立了我国大地坐标系，定名为 1954 年北京坐标系。因此，1954 年北京坐标系可以认为是苏联 1942 年坐标系的延伸，坐标原点在苏联的普尔科沃。

2.1.2　1980 年国家大地坐标系

1978 年 4 月，在西安召开的全国天文大地网会议确定重新定位，建立我国新的坐标系，即 1980 年国家大地坐标系。该坐标系为三心坐标系，采用 1975 年国际大地测量与地球物理联合会（IUGG）第十六届大会推荐的 IAG75 地球椭球体，以中国地极原点 JYDI968.0 系统为椭球定向基准，陕西省泾阳县永乐镇为大地原点，青岛大港验潮站 1952—1979 年确定的黄海平均海水面（即 1985 国家高程基准）为基准面。

2.1.3　1984 年世界大地坐标系统

WGS—84 坐标系（World Geodetic System 1984）是为 GPS 全球定位系统建立的坐标系统。其建立基础是遍布世界的卫星观测站及其观测到的坐标，采用 1979 年国际大地测量与地球物理联合会（IUGG）第十七届大会的测量常数推荐值，称为 1984 年世界大地坐标系统。这是一个国际协议地球参考系统（ITRS），是目前国际上统一采用的大地坐标系。

2.1.4　2000 国家大地坐标系

我国自 2008 年 7 月 1 日起开始使用 2000 国家大地坐标系，这是我国当前最新的大地坐标系。2000 国家大地坐标系是全球地心坐标系在我国的具体体现，是通过中国 GPS 连续运行基准站、空间大地控制网以及天文大地网和空间地网联合平差建立的地心大地坐标系统，以 ITRF 97 参考框架为基准，原点为包括海洋和大气在内的整个地球的质量中心。

2.2 地图投影简介

在数学中，投影是指建立两个点集间一一对应的映射关系。而地图投影，是指按照一定的数学法则将地球椭球表面上的经纬网转换到平面上，使地面的地理坐标（ϕ，λ）与平面直角坐标（x，y）建立起函数关系。由于地球球面是不可展开的曲面，将地球表面展开成平面必然会产生裂隙或褶皱，选择合适的投影方法和恰当的投影系统，可以使得投影误差降低。

2.2.1 地图投影变形

地图投影变形的实质是投影破坏了球面的几何特性，经纬线经过拉伸、压缩消除了裂缝，但产生变形。投影变形可以分为长度变形、面积变形和角度变形，其中长度变形是其他变形的基础，在所有投影上都存在，面积变形因点的位置不同而变化，方位角的变形随着不同的方向而变化。通常情况下，三种变形同时存在。

长度变形：投影后地图上的经纬线长度与地球椭球体上的经纬线长度特点不完全相同，地图上的经纬线长度并非都是按照同一比例缩小的，表明地图上具有长度变形。

面积变形：由于地图上的经纬线网格面积不是按照同一比例缩小的，地图上具有面积变形，其变形原因与长度变形直接相关。

角度变形：投影后地图上任意两条线所夹的角度不等于球面上相应的角度。如地球仪上经线和纬线相交成直角，而地图上的则不一定。角度变形有正有负，随着点位和方向的变化而变化。

地图投影的变形特征可以用变形椭圆和等变形线体现。变形椭圆是解释说明投影变形特征的工具，地球面上一个微分圆投影到平面上通常会变为椭圆，特殊情况下为圆。等变形线是地图投影变形值相等点的连线，线上注明变形值，用于分析投影变形。

2.2.2 常见地图投影

地图投影可按投影构成的方法分为以下几类：

（1）几何投影（透视几何原理）

在地图投影中，首先将不可展的椭球面投影到一个可展曲面上，然后将该曲面展开一个平面，得到所需要的投影。通常采用的可展开面有圆锥面、圆柱面、平面（曲率为零的曲面），相应地可以得到方位投影、圆锥投影、圆柱投影。同时可以由投影与地理轴向的相对位置区分为正轴投影（极点在两极上，或投影面的中心线与地轴一致）、横轴投影（极点在赤道上，或投影面的中心线与地轴垂直）及斜轴投影（极点既不在两极也不在赤道上或投影面的中心线与地轴斜交）。这一分类中，当投影面与地球面相切时称为切投影，投影面与地球面相割时称为割投影（图 2-1）。

1）方位投影：投影中纬线为同心圆，经线为圆的半径，且经线间夹角等于地球面上相应的经差。

2）圆锥投影：投影中纬线为同心圆弧，经线为圆的半径，且经纬间的夹角与经差成正比例。

3）圆柱投影：投影中纬线为一组平行直线，经线为垂直于纬线的另一组平行直线，且两相邻经线之间的距离相等。

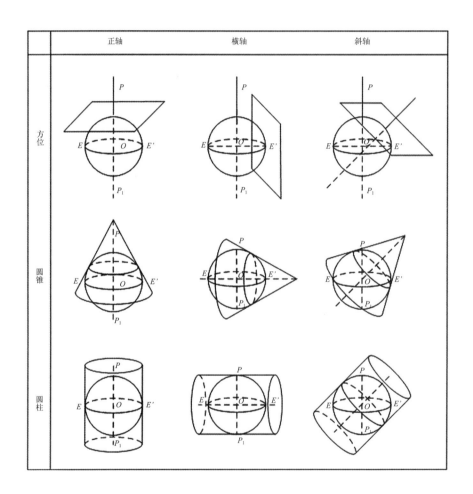

图 2-1　投影方法示意图

（2）条件投影（非几何投影）

1）伪方位投影：投影中纬线为一组同心圆，而经线为交于圆心的曲线。

2）伪圆柱投影：投影中纬线为一组平行线，而经线为某种曲线。

3）伪圆锥投影：投影中纬线为同心圆弧，经线为交于圆心的曲线。

4）多圆锥投影：投影中纬线为同轴圆弧，其圆心在中央直经线上，而经线为对称中央直经线的曲线。

实际应用中，常见的投影方法包括：

（1）墨卡托（Mercator）投影

该投影又名"正轴等角圆柱投影",由荷兰地图学家墨卡托(G. Mercator, 1512—1594 年)于 1569 年创立,是地图投影方法中影响最大的。墨卡托投影地图常用作航海图和航空图,如果循着墨卡托投影图上两点间的直线航行,方向不变可以一直到达目的地。因此,它广泛应用在船舰航行中航向和位置的确定,给航海者带来很大方便(图 2-2)。

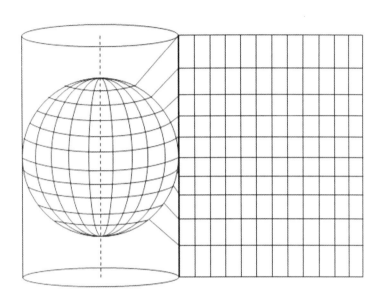

图 2-2 墨卡托投影

投影方法:正轴圆柱切椭球体,保持等角性质。

经纬网形状:①经线为间隔相等的平行直线。②纬线为与经线垂直的平行直线。③纬间距由赤道向两极逐渐扩大。

变形规律:①赤道是标准线。②低纬向高纬面积变形逐渐增大,60°以上变形急剧增大。

投影特点:不仅保持了方向和相对位置的正确,而且使等角航线在图上表现为直线。

(2)通用横轴墨卡托(Universal Transverse Mercator)投影

通用横轴墨卡托投影(简称"UTM")属于等角横轴割圆柱投影,是墨卡托投影的推广,由美国于 1948 年完成这种通用投影系统的计算,因全球战争需要而创建。该投影的投影带各部分长度变形较平稳,在美国、英国、日本、加拿大等国的地形图绘制中广泛使用。另外,我国的卫星影像资料也常采用 UTM 投影。

投影方法:双标准线横轴等角圆柱投影,从 180° 经线向东 6° 分带,割线为 $\lambda 0 \pm 1° \ 40'$。

经纬网形状:与高斯—克吕格相似。

变形规律:1)两割线为标准。2)中央经线长度比 0.9996。

(3)高斯—克吕格(Gauss—Kruger)投影

这种投影是"等角横切椭圆柱投影",由德国数学家高斯(C. F. Gauss, 1777—1855 年)于 19 世纪 20 年代提出,后经德国大地测量学家克吕格(J.

Kruger，1857—1928 年）在 1912 年对投影公式加以补充，故称为"高斯—克吕格投影"，是地球椭球面和平面间正形投影的一种。

由于其投影精度高、变形小、计算简便，只要算出一个投影带的数据，其他各带都能应用。因此，在大比例尺地形图中应用该投影方法，可以满足军事上的各种需要，并能在图上进行精确的量测计算。为减少投影变形，通常按经度差 6° 或 3° 分为六度带或三度带，进行分带投影。目前，我国各种大、中比例尺地形图采用了不同的高斯—克吕格投影带，大于 1∶10000 的地图采用 3° 带，1∶25000 到 1∶500000 的地形图采用 6° 带（图 2-3）。

投影方法：横轴圆柱切椭球体；按 6° 或 3° 经差分带投影。

经纬网形状：①中央经线与赤道为互相垂直直线。②其他经凹向对称于中经的曲线，其他纬线为凸向对称赤道的曲线。③经纬线呈直角相交。

变形规律：①中央经线是标准线。②沿纬线方向，距中央经线越远面积变形越大。③沿经线方向，纬度越小面积变形越大，最大变形在赤道和最边缘经线相交处。

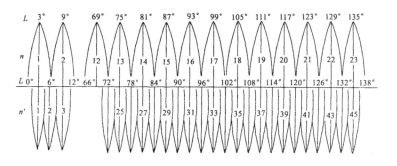

图 2-3　高斯—克吕格投影

（4）兰勃特（Lambert）投影

该正形圆锥投影由德国数学家兰伯特（J. H. Lambert，1728—1777 年）拟定，分为等角圆锥投影和等积方位投影两种。国际上用此投影编制 1∶100 万地形图和航空图。我国的 1∶100 万标准地形图采用的是双标准纬线正轴等角圆锥投影，其分幅原则与国际地理学会规定的全球统一使用的国际 1∶100 万地图投影一致。

投影方法：正轴圆锥割椭球体；$\phi_1=25°$，$\phi_2=45/47°$（中国）。

经纬线形状：①经线为放射状直线。②纬线为同心圆弧。③同纬度经间距相等；标准线内纬间距小（经线短），标准线外纬间距大（经线长）。

变形规律：①两割线为标准线。②双标准线之内负向变形；双标准线之外正向变形。

2.3　地理配准

地理配准是 ArcGIS 中的基础操作，常用于配准地图影像数据和地图矢量数据，赋予影像数据地理坐标信息。具体操作步骤如下：

（1）打开 ArcMap，右键点击菜单栏空白区域，选择【Georeferencing】（图 2-4），增加【Georeferencing】工具条，本节操作均需要使用该工具条。

（2）单击菜单栏上的【Add Data】，在【Add Data】对话框中选择路径（图 2-5），导入随书数据【\GISData\Chapter2\Road.shp】和【\GISData\Chapter2\Image.tif】。

注：导入数据前需先单击【Connect To Folder】，将数据存储目录连接到 ArcGIS 的工作空间，否则可能找不到待配准数据所在的文件路径。

（3）单击【Add】，导入完成（图 2-6）。若在 ArcGIS 操作界面中找不到数据，可以右击图层，单击【Zoom To Layer】，该功能用于缩放当前视图适应数据范围。此时图片的左上角的坐标是（0，0）。

（4）在影像上增加控制点

寻找一些特殊的点坐标，作为地理配准控制点。在【Georeferencing】工具条上单击【Add Control Point】，在影像上寻找控制点。先单击选择影

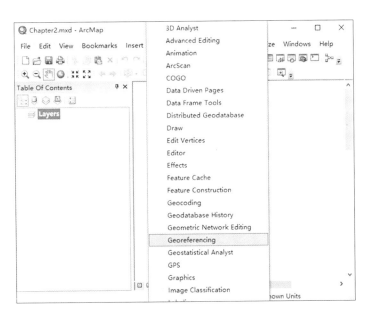

图 2-4　增加地理配准工具条

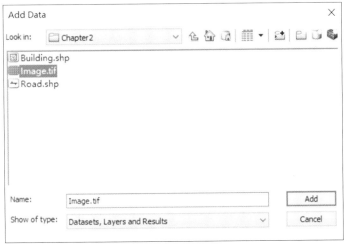

图 2-5　导入随书数据

像上的配准点，再单击选择路网上的对应控制点（图 2-7）。

（5）增加所有控制点后（图 2-8）可在【Georeferencing】工具条中单击【Link】按钮查看，【Total RMS Error】表示拟合的误差值，数值越小配准效果越好；【Transformation】可选择多种配准方式，单击【Georeferencing】→【Update Display】（图 2-9），更新配准图像。图像上的所有坐标将按照配准点进行变换，可以进行变换效果的检查。

（6）单击【Georeferencing】→【Rectify】，保存校准后拥有准确坐标信息的影像（图 2-10）。

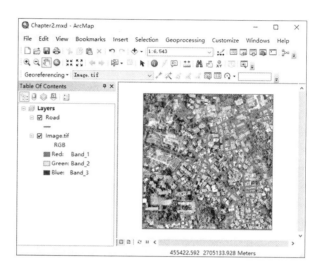

图 2-6 数据导入完成

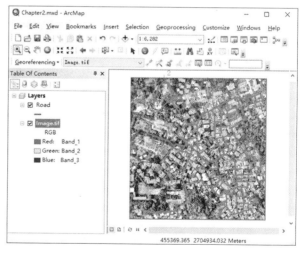

图 2-7 增加多个控制点

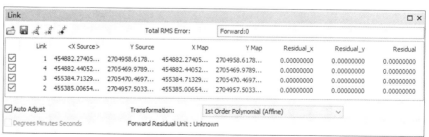

图 2-8 控制点列表

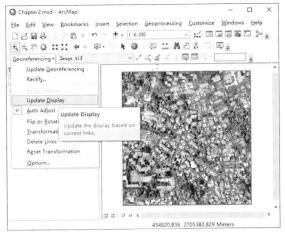

图 2-9　图像更新

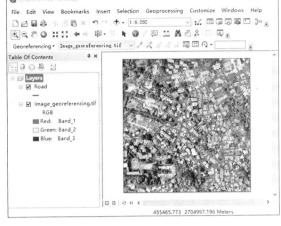

图 2-10　地理参考校准结果

2.4　空间校准

地理数据通常来自多个数据源，不同数据之间可能存在数据差异，需要执行额外的工作以整合新数据和原有数据。相对于基础数据而言，一些数据会在几何上发生变形或旋转。

在 ArcGIS 中，空间校准工具可提供用于对齐和整合数据的交互式方法，该工具支持多种校正方法，可校正所有可编辑的数据源。它通常用于从其他源（如：CAD 绘图）导入数据的场合。

空间校准工具可执行的一些任务包括：将数据从一个坐标系转换到另一个坐标系中、纠正几何变形、将沿着某一图层的边的要素与邻接图层的要素对齐、在图层之间复制属性等。由于空间校准工具在编辑会话中执行，因此可使用现有编辑功能（如：捕捉）来增强校正效果。此外，空间校准工具条下的【Attribute Transfer Tool】还可用于将属性从一个要素传递到另一个要素，该传递依赖于两个图层之间的匹配公用字段。

在实际操作中，常用的空间校正方法主要有【Transformation】、【Rubbersheet】和【Edge Snap】，具体操作步骤如下：

2.4.1　Transformation

该方法用于将为定义空间参考的数据转换为真实坐标，以供后续分析使用。

（1）打开 ArcMap，右击菜单栏空白区域，单击以打开【Spatial Adjustment】和【Editor】工具条（图 2-11）。导入随书数据【\GISData\Chapter2\Adjustment.shp】和【\GISData\Chapter2\Landuse.shp】。

（2）单击【Editor】工具条上的【Editor】→【Start Editing】，开启编辑模式（图 2-12）。

注：空间校正操作均需要在 Editing 模式下操作，以下不再重复这一步骤。

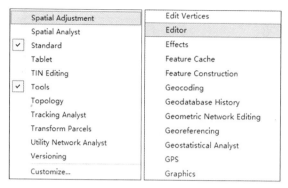

图 2-11 打开工具条

图 2-12 开启 Editing 模式

（3）单击【Spatial Adjustment】工具条上的【Spatial Adjustment】→【Set Adjust Data...】，在【Choose Input For Adjustment】对话框中，选择待校正的数据图层（图 2-13）。

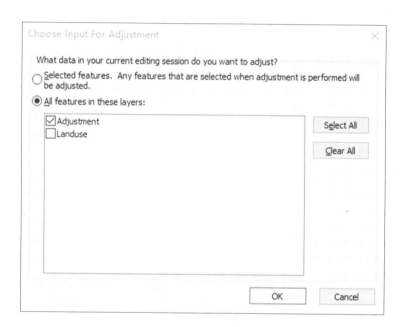

图 2-13 选择要校正的输入

（4）单击【Spatial Adjustment】工具条上的【Spatial Adjustment】→【Adjustment Methods】→【Transformation-Similarity】，选择空间校正的方法（图 2-14）。

（5）单击【Spatial Adjustment】工具条上的【New Displacement Link Tool】新建位移链接工具（图 2-15）。

（6）选择校正点和目标点，进行控制点捕捉（图 2-16）。

（7）单击【Spatial Adjustment】工具条上的【Spatial Adjustment】→【Adjust】显示校正结果（图 2-17）。

（8）校正结果如下（图 2-18）。

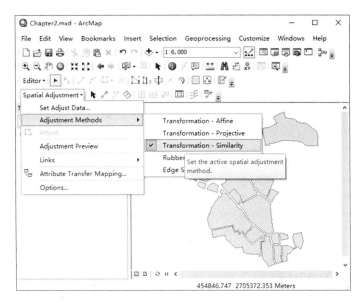

图 2-14　选择校正的具体方法

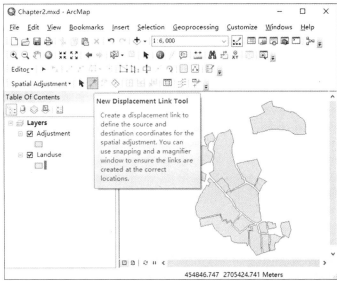

图 2-15　新建位移链接工具

图 2-16　捕捉示意图

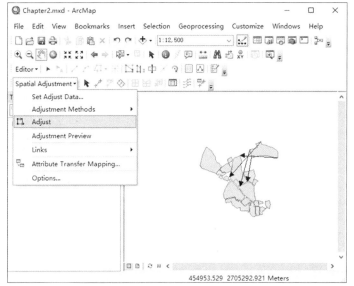

图 2-17　单击 Adjust 显示校正结果

图 2-18　校正结果

2.4.2　Rubbersheet

该方法可以对数据进行小范围的几何校正，常用于两个或多个图层的对齐。在使用时注意控制点的均匀分布，可以纠正数据的错误形状。

（1）打开 ArcMap，导入随书数据【\GISData\Chapter2\Road. shp】和【\GISData\Chapter2\Road1.shp】（图 2-19）。

（2）单击【Spatial Adjustment】工具条上的【Spatial Adjustment】→【Set Adjust Data...】，在【Choose Input For Adjustment】对话框中选择【Road1】为待校准图层（图 2-20）。

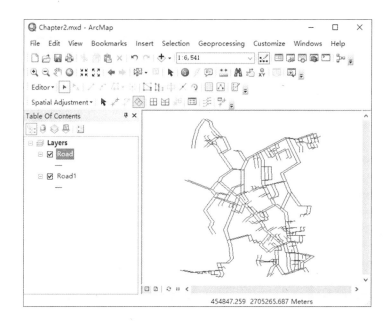

图 2-19　导入基准数据和待校
　　　　准数据

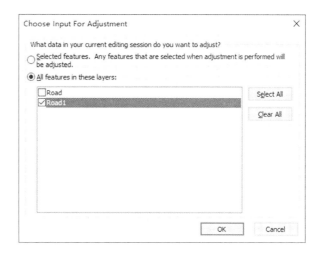

图 2-20　设置校正数据

（3）单击【Spatial Adjustment】工具条上的【Spatial Adjustment】→【Adjustment Methods】→【Rubbersheet】，设置空间校正方法（图 2-21）。

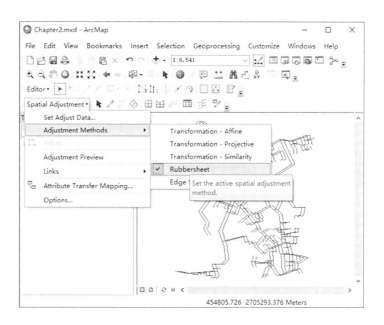

图 2-21　设置校正方法

（4）单击【Spatial Adjustment】工具条上的【Spatial Adjustment】→【Options...】，确认【Adjustment method】下的选项为【Rubbersheet】，单击选项右侧的【Options...】，在【Rubbersheet】窗口下的【General】选项卡中，选择【Method】为【Natural Neighbor】，单击【确定】（图 2-22）。

（5）单击【Spatial Adjustment】工具条上的【Multiple Displacement Links Tool】，新建多位移链接工具（图 2-23）。多位移链接工具可通过一次操作创建多个位移连接，可以提高操作效率，适用于弯曲要素的空间校正。

（6）在待校准数据和基础数据之间选择控制点，单击控制点建立数据链接（图 2-24）。

（7）单击【Spatial Adjustment】工具条上的【New Identity Link Tool】。

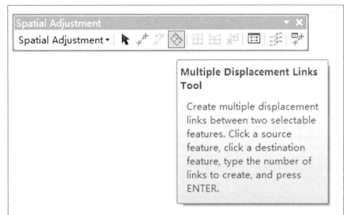

图 2-22　设置 Rubbersheet 变换方法　　　　图 2-23　多位移链接工具

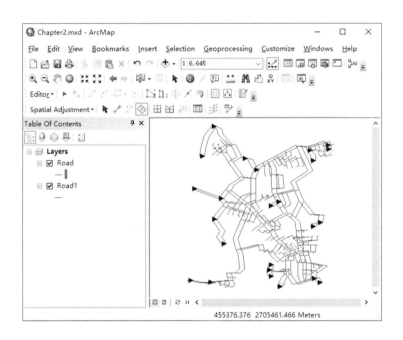

图 2-24　多位移链接工具操作
　　　　　示意图

该工具用于将图层中的要素固定到相应位置，防止该要素在校正期间发生移动（图 2-25）。

（8）在需要固定的控制点上单击，建立标识链接（图 2-26）。

（9）单击【Spatial Adjustment】工具条上的【Spatial Adjustment】→【Adjust】，查看数据校正结果（图 2-27）。

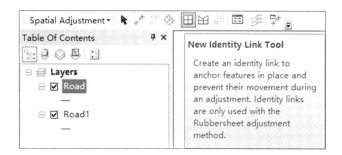

图 2-25　标识链接工具

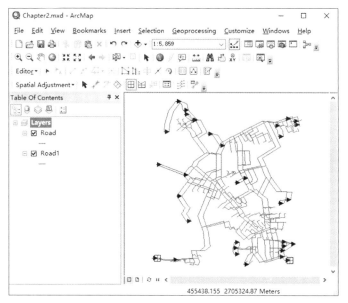

图 2-26　标识链接工具操作示意图

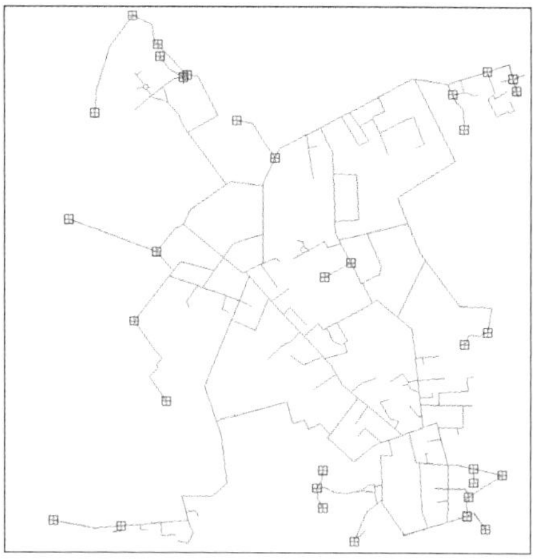

图 2-27　校正结果

2.4.3　Edge Snap

该方法常用于图层之间的匹配和连接，根据图层间的特征进行数据连接。

（1）打开 ArcMap，导入随书数据【\GISData\Chapter2\road_a. shp】和【\GISData\Chapter2\road_b.shp】（图 2-28）。

（2）单击【Spatial Adjustment】工具条上的【Spatial Adjustment】→【Set Adjust Data...】，在【Choose Input For Adjustment】对话框中选择【road_a】和【road_b】为待校准图层（图 2-29）。

（3）单击【Spatial Adjustment】工具条上的【Spatial Adjustment】→【Adjustment Methods】→【Edge Snap】，设置空间校正方法（图 2-30）。

（4）单击【Spatial Adjustment】工具条上的【Spatial Adjustment】→【Options...】，在【Adjustment Properties】对话框中确认【Adjustment method】下的选项为【Edge Snap】，单击选项右侧的【Options...】，在【Edge Snap】对话框中的【General】选项卡中，选择【Method】为【Smooth】，单击【确定】（图 2-31）。

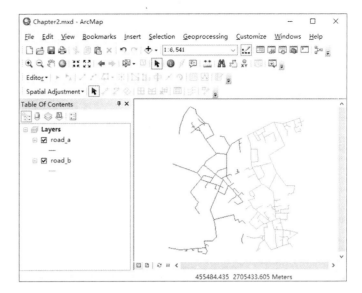

图 2-28　导入待校正数据

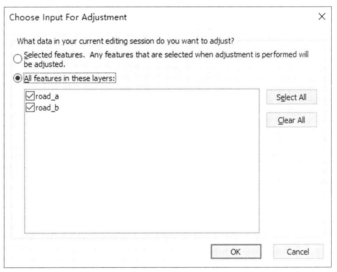

图 2-29　设置待校正图层

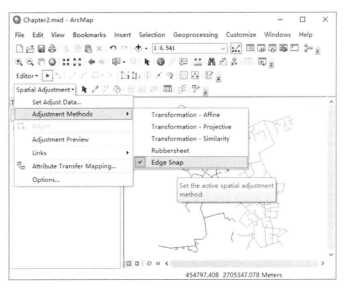

图 2-30　设置空间校正方法

（5）单击【Spatial Adjustment】工具条上的【New Displacement Links Tool】,在待校准数据和基础数据之间选择控制点,建立数据链接（图 2-32）。

（6）单击【Spatial Adjustment】工具条上的【Spatial Adjustment】→【Adjust】,查看数据校正结果（图 2-33）。

图 2-31 设置边界匹配变换方法

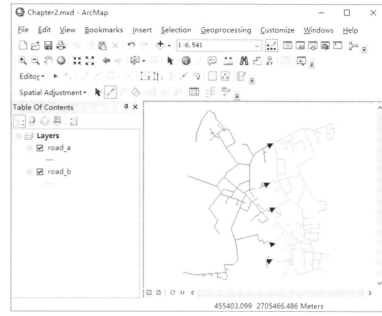

图 2-32 建立控制点连接

图 2-33 边界匹配校正结果

2.5 地理编码

地理编码（Geocoding），是建立位置描述信息和地理坐标之间关系的过程，常见的案例是根据要素的地址信息（所在路名、门牌号、区域、邮政编码等）得到空间坐标信息。地理编码分为两个方面：一是将给定位置描述信息与地址库中的信息进行匹配，赋予地理坐标，如常住人口、案件信息等，可以将文字描述信息定位到地图上，该过程称为地理编码；二是由地理坐标获得相近的位置描述信息，如：根据坐标查询该地路名、发生的事件等，该过程称为逆地理编码。

2.5.1 地理编码流程

地理编码的过程中需要对地址进行标准化。通常，各个地方的地址命名规则不尽相同，如："福建省厦门市思明区 ×× 路 × 号 × 单元 × 楼 × 号"和"北京市东城区 ×× 路 ×× 胡同"等，将不同命名规则的地址信息转换为空间坐标，需要设计不同的算法。

（1）地理编码所需信息

1）对应编码目标地址尺度的空间数据。如：进行街道相关的地址匹配，需要路网数据；进行邮政编码或门牌号相关的地址匹配，需要分区图数据。

2）数据需要建立索引。即明确地理编码过程中所需信息对应的字段，如：道路名对应的字段、门牌号对应的字段等。

3）待编码对象的地址信息需要符合命名规范。

（2）地理编码分类

地理编码主要分为基于道路的地理编码和基于地名的地理编码。前者在城市规划的应用中较为普遍，本节主要介绍这一种地理编码。

道路地理编码是根据路段的起始门牌号将地址定位在道路线上，要求参考的道路线具有道路名称、起点门牌号和终点门牌号等信息。如果是区分行车方向的基于道路的地理编码，可采用增加左起始门牌号和右起始门牌号，并利用偏移值进行定位的方法。在城市中，为了避免方向和规则的差异，通常采取双向编码的方式进行道路两侧的地址编码，道路一侧为奇数地址门牌号编码，另一侧为偶数地址门牌号编码。

如图 2-34 所示，待编码地址为"大学路 182 号"，是文字形式的地址信息。地理编码过程中，首先需要参考地图，将查询地址和参考地图进行匹配运算，然后根据匹配结果，在地图空间中显示"大学路 182 号"的地理位置，与文字形式的地址信息建立关系。

（3）道路地理编码规范要求

用于匹配的地址包含的内容包括：数字形式的门牌号、街道前进方向、街道名称、街道类别、邮政编码或分区名称等，便于进行精确的空间街道匹配和编码过程。在我国，门牌地址数据由两部分组成：一部分是地址的描述信息，由地址元素组合而成；另一部分是地址的属性信息，由地址属性元素组合而成。地址元素包括：行政区划名称，街道名称，住宅区、商业区、工矿区、自然村名称，地标名称、门牌号码、建筑物、单元、房间。地址属性元素包括：地址编码、地址坐标描述属性等。

门牌地址分类提供每类地址的名称、语法、实例、备注说明信息，门牌地址分为四大类：1）街道门牌地址类：按街、路、巷、条、胡同等名称编排门楼牌号。2）住宅区门牌地址类：按住宅小区名称编门楼牌号。3）自然村门牌地址类：以村名称编门楼牌号。4）地标门牌地址类：以地标名称编门楼牌号。使用 ArcGIS 进行地理编码的过程中，需要建立统一的标准化地址库，在实际应用中具有清晰明了、方便快捷的特点。

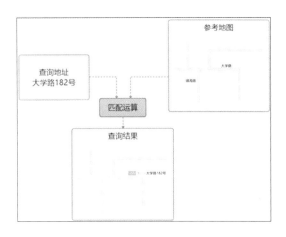

图 2-34　道路地理编码流程图

2.5.2　地理编码平台

（1）单一地址经纬度查询

已知文字地址信息查询地址经纬度，可以使用各类开放平台进行地理编码操作。如：输入鼓浪屿安海路 ×× 号，平台可以查询到其空间定位，得到具体的经纬度坐标（图 2-35）。可以进行地理编码的开放平台包括百度地图拾取坐标系统（http：//api.map.baidu.com/lbsapi/getpoint/index.html）、GPSspg（http：//www.gpsspg.com/maps.htm）、高德地图 API（https：//lbs.amap.com/console/show/picker）等。

（2）批量地址经纬度查询

如果地址数量较大，并且记录在 Excel 表格、Word 文档、txt 文件或数据库中，逐一进行查询耗费时间多、效率低。在这种情况下，可以选择使用地址查询软件（如：XGeocoding 等），或自主编写代码进行批量经纬度查询（图 2-36），两者本质上都是通过地图开放平台的 API 进行地理编码，得到目标经纬度数据。

2.5.3　地理编码建库

对于提供了经纬度的数据源文件，ArcGIS 提供了根据坐标绘制图像的功能，可以将经纬度数据进行可视化表达，方便后续分析。ArcGIS 中提供了根据坐标绘制点、线、面三种功能，可以根据坐标信息生产不同类型数据，并存入地理数据库供后续操作使用。具体操作步骤如下：

图 2-35　单一地址经纬度查询

图 2-36　批量地址经纬度查询

（1）*XY*数据转点

1）打开 ArcMap，添加随书数据【\GISData\Chapter2\Building_PointXY.txt】，依次单击菜单栏【File】→【Add Data】→【Add XY Data...】，根据地理坐标在地图上进行可视化表达（图2-37）。

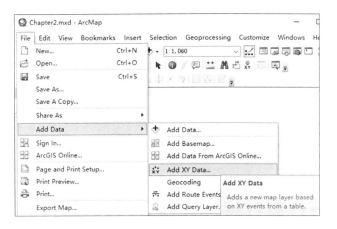

图 2-37　添加经纬度数据

2）在【Add *XY* Data】对话框中，设置【Choose a table from the map or browse for another table】为【Building_Point.txt】，【*X* Field】为【Point_*X*】，【*Y* Field】为【Point_*Y*】，确认【Coordinate System of Input Coordinates】的设置是否符合需求，单击【确定】(图2-38)。

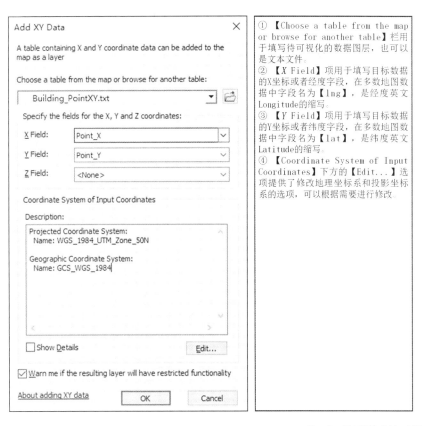

① 【Choose a table from the map or browse for another table】栏用于填写待可视化的数据图层，也可以是文本文件。
② 【X Field】项用于填写目标数据的X坐标或者经度字段，在多数地图数据中字段名为【lng】，是经度英文Longitude的缩写。
③ 【Y Field】项用于填写目标数据的Y坐标或者纬度字段，在多数地图数据中字段名为【lat】，是纬度英文Latitude的缩写。
④ 【Coordinate System of Input Coordinates】下方的【Edit...】选项提供了修改地理坐标系和投影坐标系的选项，可以根据需要进行修改。

图 2-38　添加 *XY* 数据对话框

3）可视化结果如下（图 2-39）。

图 2-39　经纬度的可视化表达

（2）XY 数据转线

进行 XY 转线操作时，所需的原始数据是所转线的起止点 XY 坐标值。

1）打开 ArcGIS，导入随书数据【\GISData\Chapter2\Road_PointXY.txt 】。右击【Road_PointXX.txt】图层→单击【Display XY Data...】（图 2-40）。

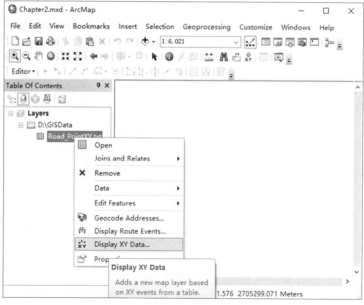

图 2-40　显示 XY 数据

2）在【Display XY Data】对话框中，设置【X Field 】为【X_Point 】，【Y Field 】为【Y_Point 】，【Z Field 】为【<None>】，确认【Coordinate System of Input Coordinates 】的设置是否符合需求，单击【确定】（图 2-41）。

3）单击【OK 】，坐标数据将以【Road_PointXX$ Events 】图层的形式添加到地图中（图 2-42）。

4）右键单击【Road_PointXX$ Events】图层→单击【Data】→【Export Data...】，在【Export Data】对话框中将导出的数据命名为【Road_Point.shp】，再次添加到地图中（图 2-43）。

5）单击【ArcToolbox】→【Data Management Tools】→【Features】→【Points To Line】。在【Points To Line】对话框中设置【Input_Features】为【Road_Point】,【Output Feature Class】为【自定义地理数据库路径及要素命名】,【Line Field】为【ORIG_FID】,【Sort Field】为【OBJECTID】，不勾选【Close Line】，单击【确定】（图 2-44）。

6）单击【OK】，XY 转线的结果如下（图 2-45）。

图 2-41　显示 XY 数据对话框

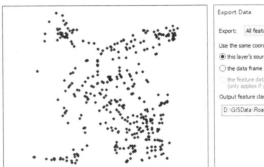

图 2-42　显示 XY 数据示例

图 2-43　导出数据

图 2-44　点集转线对话框

① 【Input Feature】用于选择待转线的要素。
② 【Output Feature Class】用于输出要素存放的路径，需要存入地理数据库中。
③ 【Line Field】用于选择判断点归属于哪一条线的字段。
④ 【Sort Field】用于选择判断每条线上点的排列顺序的字段。

（3）XY 数据转面

进行 XY 转面操作时，所需的原始数据是所转面的端点 XY 坐标值。

1）导入随书数据【\GISData\Chapter2\Building_PointXY.txt】，1）～4）步骤与前述【XY 数据转线】操作相同，命名所得结果为【Building_Point_PointsToLine】（图 2-46）。

2）单击【ArcToolbox】→【Data Management Tools】→【Features】→【Feature To Polygon】，在【Feature To Polygon】对话框中设置【Input Features】为【Building_Point_PointsToLine】，【Output Feature Class】为文件目标输出路径和命名，如无特殊要求，其余选项保持默认即可（图 2-47）。

3）单击【OK】，XY 转面结果如下（图 2-48）。

图 2-45　XY 转线结果

图 2-46　数据转面预处理结果

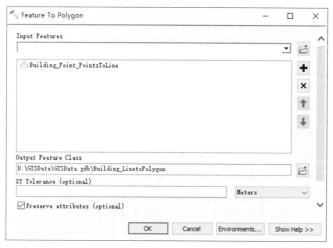

图 2-47　要素转面对话框

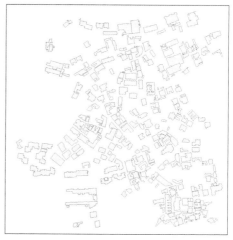

图 2-48　XY 转面结果

第 3 章　地理可视分析

3.1　地图及符号简介

地图符号可视化在 GIS 使用过程中扮演着非常重要和基础的角色。地图是地理信息交流的语言，地图符号是地图的本质。广义的地图符号是指表示各种事物现象的线划图形、色彩、数学语言和注记的总和，也可称为地图符号系统。狭义上，地图符号是指在图上表示制图对象空间分布、数量、质量等地理特征的标志，包括：线划符号、色彩图形和注记。

地图符号属于表象性符号，以视觉形象指代抽象概念，明确而生动。根据符号的不同表现形式，可以分为点位符号、线状符号、面状符号、体积符号四大类。其中：点位符号用于表示一个独立位置的事物或者离散的空间形象，可以是一个控制点、一个事件、一座城市等，在地图上是一个定位点，符号不具有面积意义；线状符号指代存在于空间的有序现象，如：河堤、河流、道路等，具有长度和路径等实际意义，在地图上是一个线段，符号不具有宽度意义；面状符号指代事物的占有范围，用于表达连续的空间现象，如：民族、宗教、语言等的分布，城市的行政区划等，在地图上是一个图斑，其面积与所代表的地理事物实际面积一致；体积符号是推想某一基准面延伸的空间体，可以用体积度量特征的概念产物或有形事物，如：人口总量、城市经济总量等，在地图上可以表现为点状、线状、面状三维图形。

3.2　地图符号系统

地图符号是传递空间信息的手段，符号模型可以不受比例尺限制反映区域的基本地理特征，具有极大的表现能力，以再现客体的地理空间模型。在 ArcGIS 中，符号系统包含了：单一符号、唯一值符号、形状渐变符号、对比图表符号、图标风格符号、统计风格符号、立体感符号、立体阴影效果随机点符号和随机图示符号等地图符号类型。本节以应用为导向，具体介绍常用的 6 种符号设置方法，包括：单一符号设置、唯一值符号设置、形状渐变符号设置、对比图表符号设置、图标风格符号设置、统计风格符号设置。

3.2.1　单一符号设置

单一要素符号采用大小、形状、颜色都统一的点状、线状或者面状符号表达数据内容。这种符号化方法忽略了要素的属性，而只反映要素的几何形状和地理位置。具体操作步骤如下：

（1）打开 ArcMap，导入随书数据中的【\GISData\Chapter3\Building.shp】（图 3-1）。

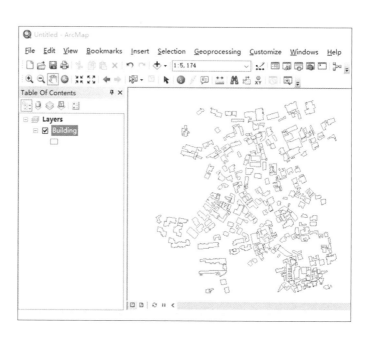

图 3-1　添加要素数据

（2）双击【Building】图层

注：此处操作效果同右击图层单击【Properties...】。在弹出的【Layer Properties】对话框中选择【Symbology】选项卡（图 3-2）。可以看到当前该图层使用的符号系统是【Single symbol】。

图 3-2　图层属性对话框

（3）单击【Symbol】栏中的色块，在【Symbol Selector】对话框中可以进行填充颜色、轮廓宽度、轮廓颜色等的设置，对话框中提供了预设符号，用户可根据需要设置（图3-3）。

（4）设置【Fill Color】为玫瑰色，单击【OK】退出，效果如图3-4所示。

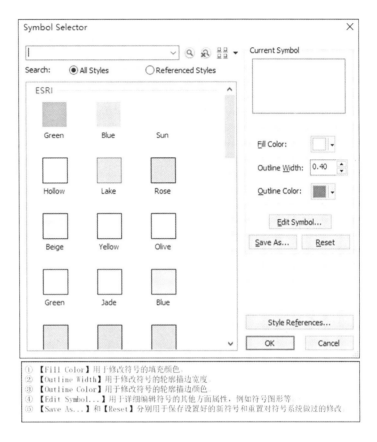

① 【Fill Color】用于修改符号的填充颜色
② 【Outline Width】用于修改符号的轮廓描边宽度
③ 【Outline Color】用于修改符号的轮廓描边颜色
④ 【Edit Symbol...】用于详细编辑符号的其他方面属性，例如符号图形等
⑤ 【Save As...】和【Reset】分别用于保存设置好的新符号和重置对符号系统做过的修改

图 3-3　设置单一符号属性

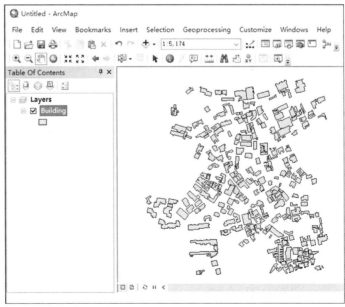

图 3-4　单一符号设置完成

3.2.2 唯一值符号设置

单一要素符号化设置的优点在于画面统一，用于背景表达或研究时不会受到不同颜色的干扰。缺点在于单一的颜色化可视化单调枯燥，不利于表达不同数据类型的差异性。在城市规划应用中，这种差异性通常是难以忽略的，此时可以选用唯一值符号系统。

唯一值符号设置可以根据一个字段的不同类别进行可视化，也可以根据多个字段的不同类别进行交叉组合来可视化，增强了符号系统的表达能力。具体操作步骤如下：

（1）双击【Building】图层，打开【Symbology】选项卡，单击【Show:】下方的【Categories】→【Unique values】，在右侧【Value Field】下拉菜单中选择【楼层】（图3-5）。

图 3-5　设置唯一值

（2）单击对话框中的【Add Values...】，在弹出的【Add Values】对话框中（图3-6）左键单击【1】并选择【OK】，就完成一个类别的添加，如此重复数次可以自定义需要显示的属性类型。也可以直接选择【Add All Values】完成所有类别的添加，添加后效果如图3-7所示。

（3）完成添加值操作，用户可以在【Color Ramp】下拉菜单中选择一种色带作为符号系统的颜色表达参考，并单击【确定】。表达结果如图3-8所示。

（4）ArcGIS提供了两种类型的唯一值符号系统，可以设置多个字段唯一值的地图符号。双击【Building】图层，在【Layer Properties】对话框的【Symbology】选项卡中，单击【Categories】→【Unique values, many fields】。设置【Value Fields】的第一个下拉菜单为【用途】，第二个下拉菜单为【楼层】，单击【Add All Values】完成多个字段的添加值操作（图3-9）。

图 3-6　添加值对话框

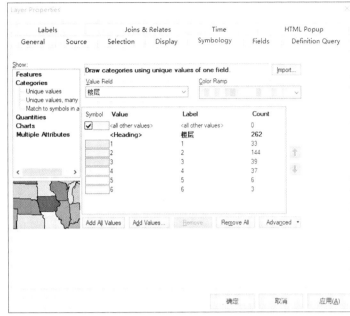

图 3-7　完成添加值

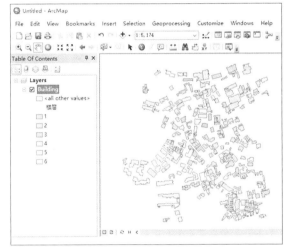

图 3-8　唯一值符号设置完成

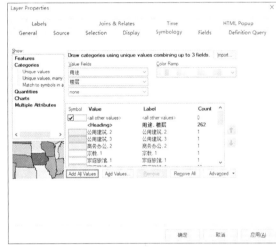

图 3-9　唯一值多个字段符号系统设置完成

（5）完成添加值操作，选择合适的色带，单击【确定】。设置好的结果如图 3-10 所示。三个字段唯一值符号系统的设置与上述过程类似，不再赘述。

3.2.3　形状渐变符号设置

形状渐变一般用来体现道路宽度变化与河流宽度变化，本章示例数据未包含宽度属性，这里只说明其设置原理，具体符号系统由用户自行设计。具体操作步骤如下：

（1）打开 ArcMap，导入随书数据下的【\GISData\Chapter3\Road.shp】（图 3-11）。

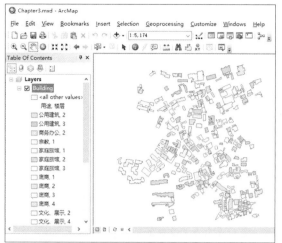

图 3-10　唯一值多个字段符号设置完成

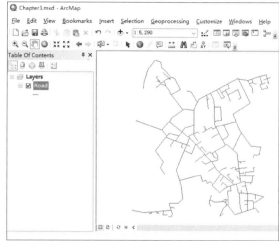

图 3-11　打开示例数据

（2）在右侧【Catalog】窗口中，右击【Chapter3.gdb】（也可自行新建地理信息数据库），单击【Import】→【Feature Class (single)】（图 3-12）。需要注意的是，形状渐变符号系统要求数据必须存放在数据库内，以要素的形式进行符号表达。

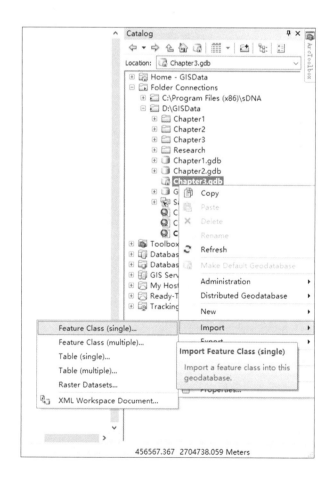

图 3-12　导入数据至数据库

（3）在【Feature Class to Feature Class】对话框中，设置【Input Features】为【Road.shp 文件路径】，【Output Location】为【目标数据库路径】，【Output Feature Class】可以根据需要修改为其他命名。由于数据只有长度属性，用户可以根据需要修改参与符号系统表达的字段属性（图 3-13）。

（4）右击新生成的【Road】图层，单击【Convert Symbology to Representation...】（图 3-14）。在弹出的【Convert Symbology to Representation】对话框中设置【Name】属性，其他保持默认即可（图 3-15）。

（5）双击【Road_Representation】，单击【Symbology】（图 3-16）。在弹出的【Layer Properties】对话框中可以设置符号系统的宽度、颜色以及线段交点与线段末段的表达形式。

图 3-13 导入 Road 数据

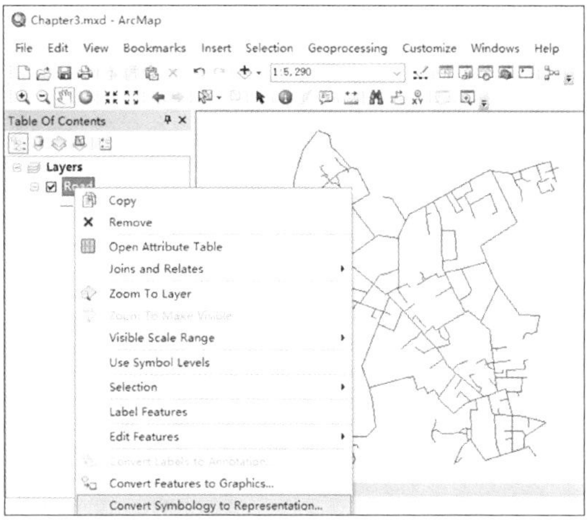

图 3-14 进入图标属性

图 3-15 设置符号表达属性

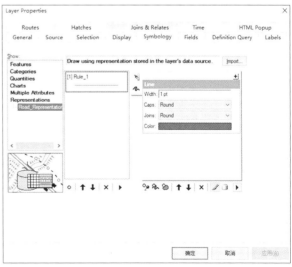

图 3-16 符号系统样式设置

（6）符号由于形状渐变符号本质上是面符号系统，所以需要在表达形式中添加面符号。单击下方的【Add new fill layer】添加面属性，然后再单击下方单击【Import】下方的【 + 】号，在弹出的【Geometric Effects】对话框中选择【Tapered polygon】（图 3-17）。

（7）添加面符号样式后，可以选择移除原有的线符号样式图层。如图 3-18 所示，单击【[1]Rule_1】右侧的线符号表示，单击下方的【Remove layer】，确定后移除线符号样式图层。

（8）设置【Tapered polygon】样式图层属性中的【From width】为【1pt】，【To width】为【2pt】，用于控制线宽的渐变情况，【Length】设置为【0pt】，表示渐变宽度与要素的长度属性无关。【Solid color pattern】图层，用于控制符号系统的填充颜色，用户可以根据需要自行选择（图 3-19）。

（9）单击【确定】，在弹出的提示框中单击【OK】，渐变效果设置前后对比，如图 3-20 所示。

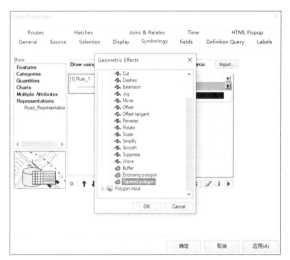

图 3-17　添加面符号样式　　　　　　　　　　图 3-18　移除 Line 符号样式图层

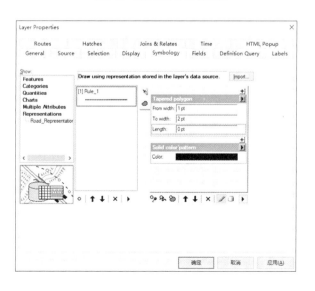

图 3-19　设置 Polygon 符号图层属性

图 3-20　效果对比

3.2.4　对比图表符号设置

对比图表符号主要有饼图、柱状图、堆叠图等构成，设置方法基本相似。本节以柱状图为例介绍使用方法，具体操作步骤如下：

（1）打开 ArcMap，导入随书数据中的【\GISData\Chapter3\Landuse.shp】，重复 3.2.3 中操作步骤（2），将【Landuse】数据导入数据库（图 3-21）。

（2）双击【Landuse】图层，单击【Symbology】→【Charts】→【Bar\Column】，将【Field Selection】中的【Shape_Length】和【Shape_Area】使用【>】操作添加到符号系统中，在【Color Scheme】中调整合适的配色方案（图 3-22）。

（3）单击【确定】，设置完成效果如图 3-23 所示。

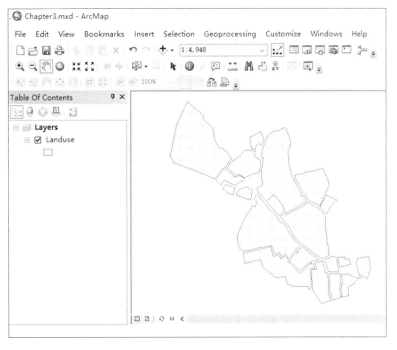

图 3-21　导入 Landuse 示例数据

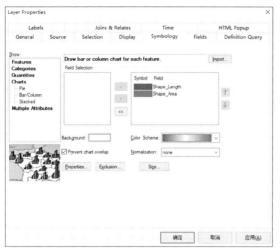

图 3-22　设置图表符号系统属性

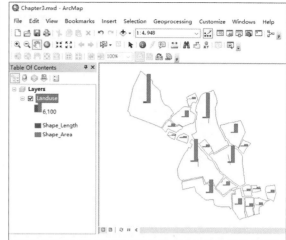

图 3-23　图表符号系统设置完成

3.2.5　图标风格符号设置

除了系统中提供的各类符号，ArcGIS 还提供了符号属性编辑器用于自定义图标的图像、大小、颜色等属性，极大地丰富了地图符号系统的表达能力。具体操作步骤如下：

（1）打开 ArcMap，导入随书数据【\GISData\Chapter3\Road.shp 】和【\GISData\Chapter3\PublicService.shp 】（图 3-24）。

图 3-24　导入示例数据

（2）双击【PublicService】图层，打开【Symbology】选项卡，单击【Categories】→【Unique values 】,选择【Value Field 】为【类型 】,单击【Add All Values 】（图 3-25 ）。

（3）双击【文化设施】，在弹出的【Symbol Selector】中选择【Edit Symbol…】，打开【Symbol Property Editor】（图3-26）。

（4）在【Symbol Property Editor】对话框中将【Properties】栏下的【Type】设置为【Picture Marker Symbol】，在弹出的【打开】对话框中选择目标图像，单击【确定】（图3-27），最终完成结果如图3-28所示。

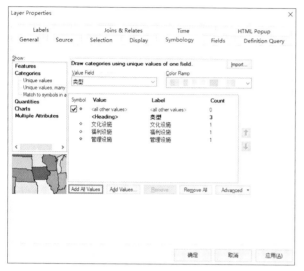

图 3-25　PublicService 图层属性设置

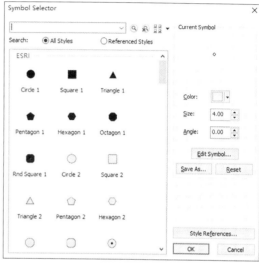

图 3-26　符号选择器

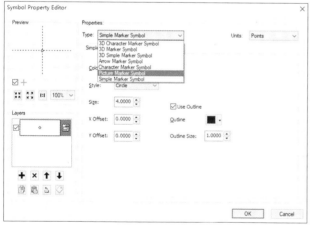

图 3-27　符号属性编辑器

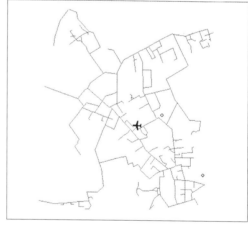

图 3-28　效果图

3.2.6　统计风格符号设置

（1）打开 ArcMap，导入随书数据【\GISData\Chapter3\Population.shp】。右击【Population】图层，单击【Open Attribute Table】（图3-29）。

（2）单击【Table Options】→【Create Graph…】（图3-30）。

（3）【Graph type】选择【Histogram】，【Layer/Table】选择【Population】，【Value field】选择【年龄】，其余保持默认即可，在对话框右侧可以得到实时效果图预览（图3-31）。

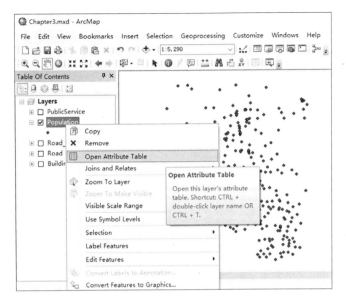

图 3-29　打开属性表

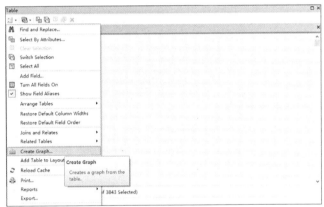

图 3-30　创建表操作

（4）单击【Next】，可以对图表标题、图例等进行自定义。其中,【Graph legend】可以对图例的标题和展示位置进行设置。【Axis properties】用于设置坐标轴的标题、是否可视、是否对数显示等，用户可以根据需要进行设置（图 3-32）。

（5）单击【Finish】，完成统计图表的创建（图 3-33）。

3.3　地图出图

3.3.1　地图出图要素

出图要素是一份地图是否优质的衡量标准，一份优质地图需要包含以下 7 种要素，为便于记忆，可以表示为 TOSSLAD。其中：T 代表 Title（题目），O 代表 Orientation（指北针），S 代表 Scale（比例尺），S 代表 Source（来源），L 代表 Legend（图例），A 代表 Author（作者）以及 D 代表 Date（日期）。其中标题、图例、指北针是地图出图基本要素，在出图时要特别

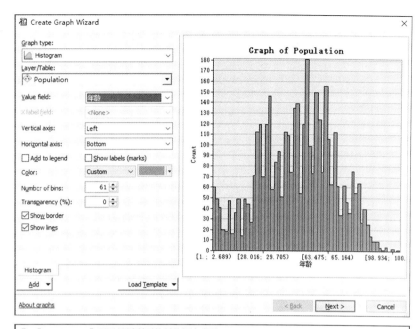

① 【Graph type】用于设置所要绘制的图表类型。
② 【Layer/Table】用于设置所要绘制图表的数据源。
③ 【Value field】用于设置所要绘制图标的数据来源字段。
④ 【X label field】用于设置横坐标数据来源字段。
⑤ 【Vertical/Horizontal axis】用于设置坐标轴在图表中的位置。
⑥ 【Add to legend】用于图例相关设置。
⑦ 【Show labels】用于设置是否显示数据标签。
⑧ 【Color】用于设置图表颜色。
⑨ 【Number of bins】用于设置数据区间分段数量。
⑩ 【Transparency/Show border/Show lines】均为图表显示样式设置。

图 3-31　创建图表向导

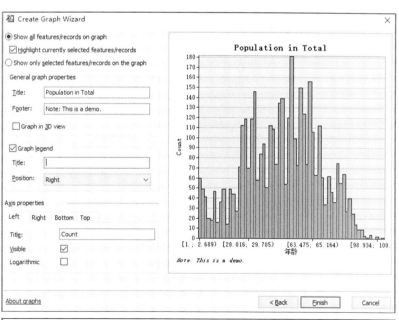

① 【Title】用于设置图表标题。
② 【Footer】用于设置图表尾注。
③ 【Graph in 3D view】用于设置是否使用三维图表。
④ 【Graph legend】为图表图例相关设置。
⑤ 【Axis properties】为坐标轴相关设置。

图 3-32　图表属性设置

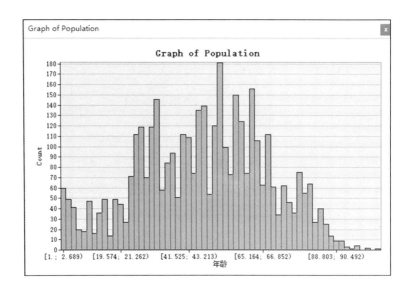

图 3-33　创建统计图表完成
效果

注意，避免遗漏。

3.3.2　专题地图出图

在 ArcGIS 中，进行专题地图制图与导出时，需要在底图要素的基础上完成。专题地图的内容由底图要素和专题要素两部分组成，其中底图要素是标明专题要素空间位置地理背景的背景图层内容，如：地形、水系等；而专题要素是需要在地图上突出表示的地理内容，包括：人口分布、环境生态等。我们需要把空间对象的一些属性字段在图上进行交互显示，通过图文结合的方式实现信息传递的过程。具体操作步骤如下：

（1）导入随书数据【\GISData\Chapter3\Landuse.shp】和【\GISData\Chapter3\Image.tif】（图 3-34）。

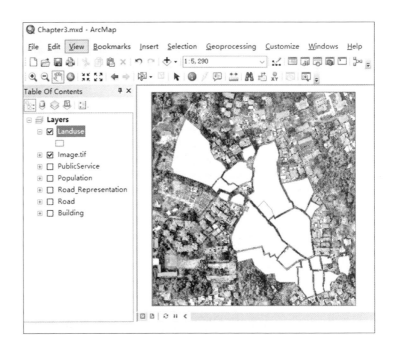

图 3-34　导入底图要素与专题
要素

（2）打开图层属性表（图 3-35）。查看属性表可以发现【Layer】字段存储着标注专题要素所需要的数据。

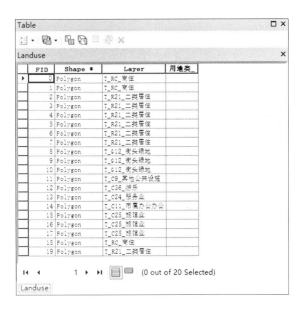

图 3-35　Landuse 属性表

（3）双击【Landuse】图层，打开【Labels】选项卡，勾选【Label features in this layer】，在【Text String】栏中选择【Label Field】为【Layer】（图 3-36）。

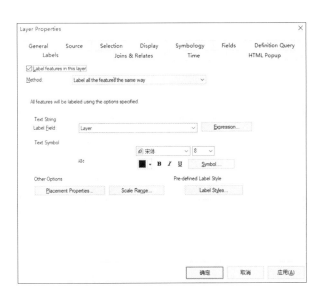

图 3-36　标注字段

（4）单击【确定】，显示效果如图 3-37 所示。

（5）出于制图的需要，可能需要调整地图标注的格式。双击【Landuse】图层，打开【Label】选项卡，可以在【Text Symbol】对标注样式进行字体、字号、颜色、样式等的调整。单击【Symbol...】，可以在【Symbol Selector】对话框中对文字样式进行更加详细的修改和编辑（图 3-38）。

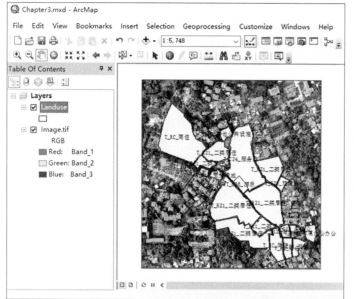

图 3-37　地图标注效果

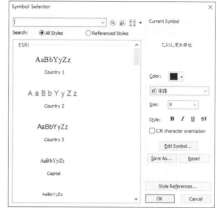

图 3-38　符号选择器对话框

（6）添加空间对象的属性字段后，软件默认以单色显示属性要素，在一些情况下，需要对不同属性进行图面颜色的区分。双击【Landuse】图层，打开【Symbology】选项卡，单击【Categories】→【Unique values】，选择【Value Field】为【Layer】，单击【Add All Values】，在【Color Ramp】中选择合适的色带（图 3-39）。

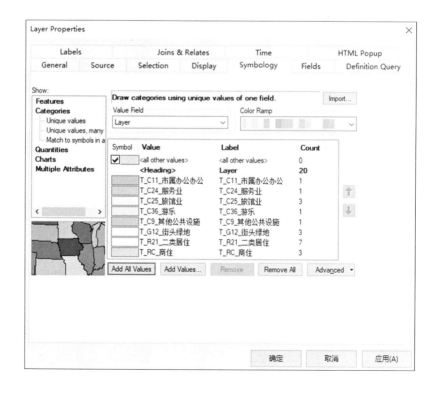

图 3-39　符号系统对话框

（7）单击【确定】，结果如图 3-40 所示。

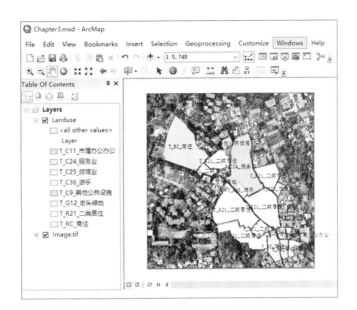

图 3-40　多色显示属性字段
　　　　结果

（8）当导入底图为彩色时，存在干扰地图元素表达效果的可能，因此需要将底图要素转换为灰度显示。双击【Image.tif】图层，打开【Symbology】选项卡，可以看到影像默认为【RGB Composite】显示模式。单击【Show】下方的【Stretched】选项，在右侧的【Color Ramp】中选择黑白色带（图 3-41）。

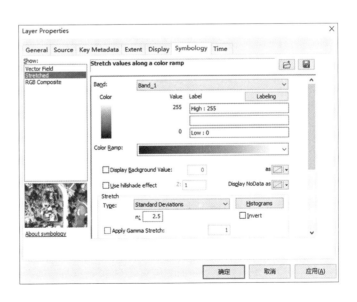

图 3-41　底图要素调整为灰度
　　　　模式

（9）单击【确定】，结果如图 3-42 所示。

（10）专题图制作过程中需要底图装饰层，ArcGIS 在【布局视图】中提供了丰富选项，用于地图出图前的最终布局排版。单击菜单栏【View】→【Layout View】，切换到布局视图（图 3-43）。

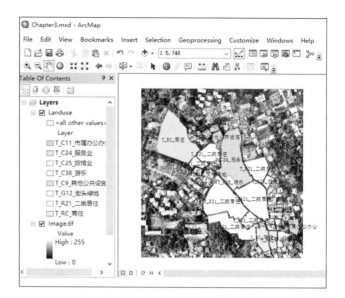

图 3-42　底图要素调整结果

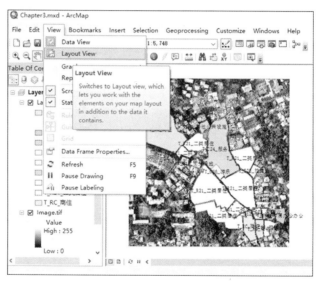

图 3-43　切换布局视图

（11）单击菜单栏【File】→【Page and Print Setup】，在【Page】中可以自定义页面尺寸。设置【Standard Sizes】为【Custom】，【Width】为【25】，【Height】为【17.4】，点击【确定】（图 3-44）。

（12）单击数据框，边界会出现编辑点，可移动编辑点调整数据框尺寸；将鼠标移至数据框内部，会出现移动光标，可拖动鼠标将数据框调整到页面内合适的位置中。调整的结果如图 3-45 所示。

注：当数据框中的内容范围不符合出图要求时，可以使用工具栏中的【Zoom In】、【Zoom Out】和【Pan】工具进行调整。

（13）双击数据框【Layer】，在【Data Frame Properties】对话框中打开【Grids】选项卡，单击【New Grid...】（图 3-46）。

（14）在弹出的【Grids and Graticules Wizard】对话框中，点击【Graticule】选项，在【Grid name】中命名新格网，点击【下一步】（图 3-47）。

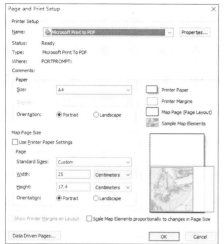

图 3-44　页面和打印设置对话框

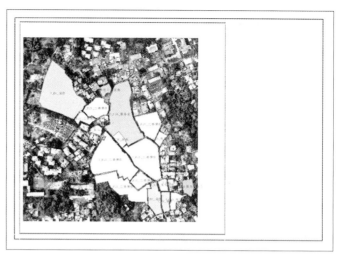

图 3-45　数据框调整结果

图 3-46　新建格网

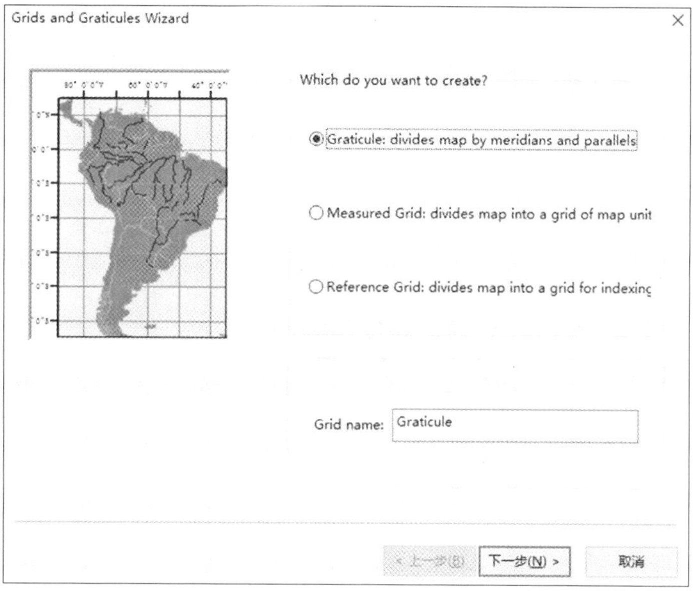

Grids and Graticules Wizard

Which do you want to create?

● Graticule: divides map by meridians and parallels

○ Measured Grid: divides map into a grid of map unit

○ Reference Grid: divides map into a grid for indexinç

Grid name: Graticule

图 3-47　创建格网对话框

（15）在【Appearance】面板中点选【Graticule and labels】选项，在【Intervals】面板中设置【Place parallels】和【Place meridians】。此处的格网间隔应根据出图需要设置，在示例中设置为【4】，单击【下一步】（图 3-48）。

（16）在【Axes and labels】对话框中，【Axes】面板保持默认设置，【Labeling】面板中可对【Text style】进行修改，单击【AaBbCc...】可以进行详细设置。设置好文本样式后，点击【下一步】（图 3-49）。

（17）在【Create a graticule】对话框中，基本保持默认设置即可。用户可根据需要在【Graticule Border】、【Neatline】和【Graticule Properties】面板中进行设置，单击【Finish】（图 3-50）。

图 3-48　创建经纬网对话框　　　　　　　　　　　　　　　图 3-49　轴和标注对话框

图 3-50　创建经纬网

（18）创建经纬网结果如图 3-51 所示。如需对经纬网设置进行调整，双击【Layer】图层，在【Grid】选项卡中可以进行修改，此处不再赘述。

（19）根据地图制图的要求，还需要在图面上绘制指北针、比例尺和图例。单击菜单栏【Insert】→【North Arrow...】。在【North Arrow Selector】对话框中选择合适的指北针类型，单击【确定】（图 3-52 ）。

（20）单击菜单栏【Insert】→【Scale Bar...】，在【Scale Bar Selector】对话框中选择合适的比例尺类型，单击【确定】（图 3-53 ）。

（21）双击比例尺，在弹出的【Alternating Scale Bar Properties】对话框中，调整比例尺参数（图 3-54 ）。

（22）单击菜单栏【Insert】→【Legend...】，在弹出的【Legend Wizard】对话框中，将需要显示图例的图层通过【 > 】操作调整到右侧【Legend

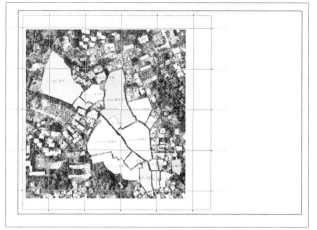

图 3-51 创建经纬网结果

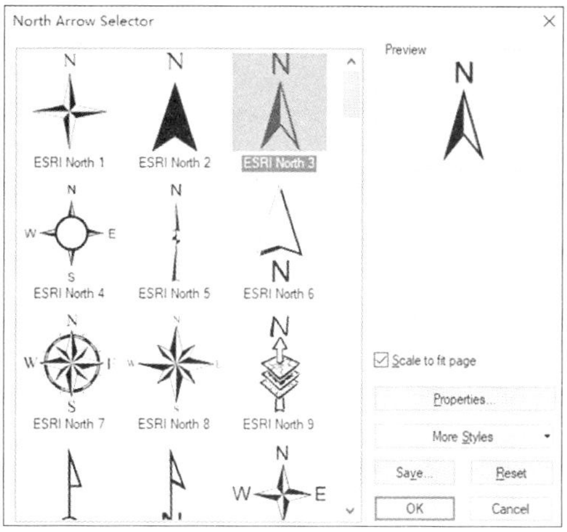

图 3-52 指北针选择器

图 3-53 比例尺选择器

图 3-54 比例尺属性设置

Items】栏中，将不需要显示图例的图层通过【<】操作调整到左侧【Map Layers】栏中。在图例生成向导中，每一步操作都可以通过左下方的【Preview】预览图例效果（图 3-55）。

（23）单击【下一步】，【Legend Title】栏中可以对图例标题进行自定义，【Legend Title font properties】提供了标题字体样式调整的工具，【Title Justification】中可以设置标题与图例其他部分的对齐方式（图 3-56）。

（24）在【Legend Frame】中，可以设置图例的边框、背景、阴影、间距与图例圆角的样式（图 3-57）。

图 3-55　图例向导

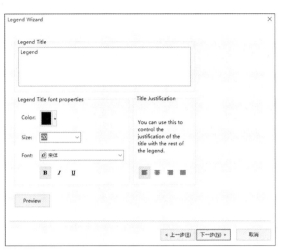

图 3-56　图例标题及样式调整

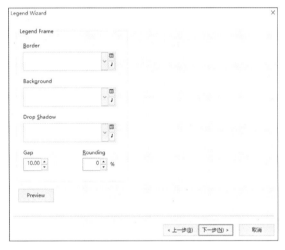

图 3-57　图例框架设置

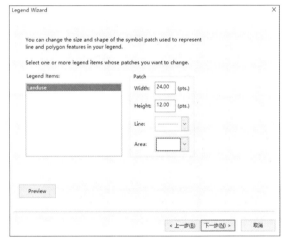

图 3-58　图例中线和面要素设置

（25）单击【下一步】，在该步骤中，可以根据【Legend Items】栏中不同图例项的需要，在【Patch】栏中修改其宽度、高度、线、面等属性（图 3-58）。

（26）单击【下一步】，设置图例各要素之间的间距（图 3-59），单击【完成】，即可生成图例。

（27）此外，可以通过双击图例结果进行编辑修改（图 3-60）。也可以右击【图例】，单击【Convert To Graphic】，再次右击图例，单击【Ungroup】进行图例结果的修改，不过该操作将断开图例与原始数据的关联，无法进行图例结果的智能更新。

（28）单击【File】→【Export Map...】，在【Export Map】对话框中调整保存类型和分辨率。修改文件命名后，单击【保存】，地图导出完成（图 3-61）。

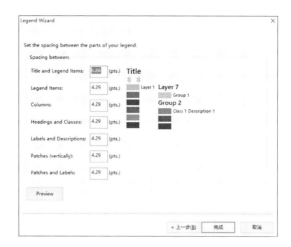

图 3-59　图例间距设置

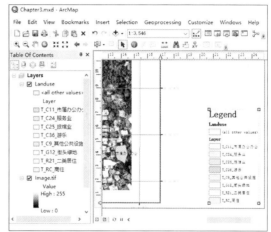

图 3-60　图例结果

图 3-61　导出地图

第4章 缓冲叠加分析

4.1 缓冲分析简介

缓冲区，或称影响区、影响带，是指地理空间实体的影响范围或服务范围。缓冲区分析基于邻接概念，可把地图分为两个区域：一个区域位于所选地图要素指定距离之内，另一个在指定距离之外，在指定距离之内的区域称为缓冲区，用以识别这些实体或主体对邻近对象的辐射范围。在ArcGIS 中，可以建立点、线、面三种要素的缓冲区（图 4-1）。

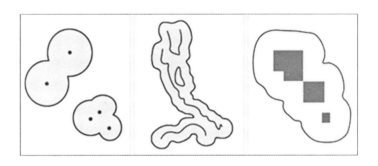

图 4-1 缓冲区示例

建立缓冲区时，根据不同需求，其缓冲距离未必是常数。其次，对线或面要素建立缓冲区，未必在线两侧都有缓冲区，可以选择在其左侧或右侧建立缓冲区。在建立缓冲区时，可以选择融合缓冲区边界，令缓冲区之间没有重叠区。

4.2 建立缓冲区

进行缓冲区分析时，首先要建立缓冲区。在 ArcGIS 中，提供了【Buffer】和【Multiple Ring Buffer】两种建立缓冲区的工具。具体操作步骤如下：

4.2.1 缓冲区

（1）打开 ArcMap，导入随书数据【\GISData\Chapter4\Road.shp】（图 4-2）。

（2）单击【ArcToolbox】→【Analysis Tools】→【Proximity】→【Buffer】，在【Buffer】对话框中，设置【Input Features】为【Road】，【Output Feature Class】为目标数据库路径和文件命名，设置【Distance】为【Linear unit】，数值为【5】（图 4-3）。

图 4-2　导入待分析数据

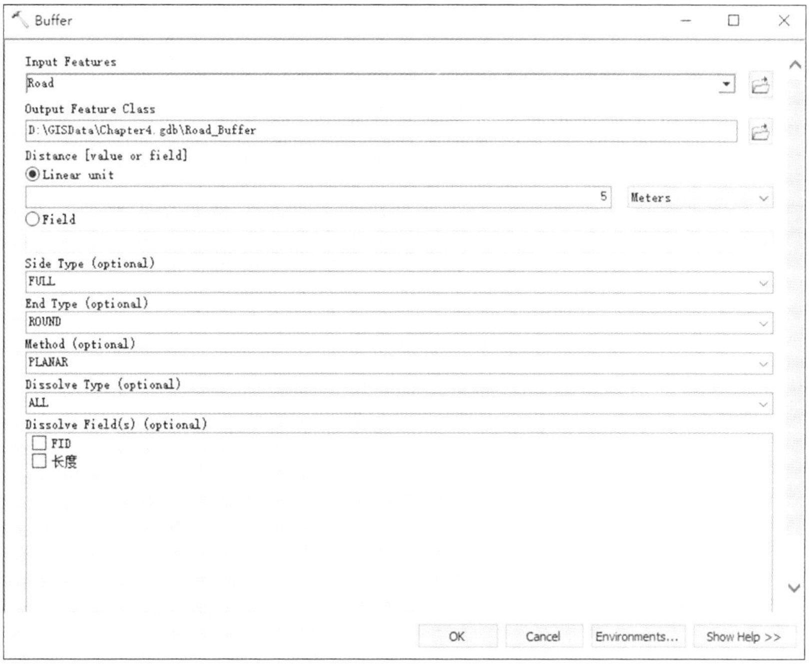

① 【Distance】用于设置缓冲区距离，提供了两个选项，【Linear unit】为手动设置的缓冲区距离，距离单位在右侧的下拉栏中可选。【Field】为根据字段设置缓冲区距离
② 【Side Type】用于设置缓冲区的缓冲方向，有【FULL】、【LEFT】、【RIGHT】、【OUTSIDE_ONLY】，其中【LEFT】【RIGHT】仅对线要素有效，表示在线段的左侧或右侧进行缓冲，【OUTSIDE_ONLY】仅对面要素有效，表示仅在面外部进行缓冲。默认使用【FULL】选项
③ 【End Type】用于设置线要素末段缓冲区形状，选择【ROUND】时缓冲区末端为半圆形，选择【FLAT】时缓冲区末端为方形。默认使用【ROUND】选项。
④ 【Dissolve Type】用于设置使用哪种操作移除缓冲区重叠，【NONE】表示不融合缓冲区，【ALL】表示融合所有缓冲区为一个要素，【LIST】表示融合输入要素同一字段的所有缓冲区。默认选项为【NONE】。

图 4-3　缓冲区设置

（3）单击【OK】，缓冲区计算结果如图 4-4 所示。

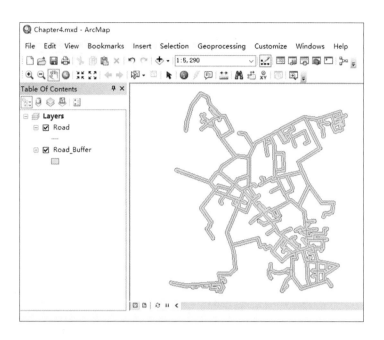

图 4-4　缓冲区计算结果

4.2.2　多环缓冲区

（1）打开 ArcMap，导入随书数据【\GISData\Chapter4\Road.shp】，单击【ArcToolbox】→【Analysis Tools】→【Proximity】→【Multiple Ring Buffer】，在对话框中设置【Input Features】为【Road】,【Output Feature class】为目标数据库路径和文件命名。在【Distance】中设置缓冲距离为【10，40，100】，每输入一次距离就单击一次【 + 】号。【Dissolve Option】选择【All】，其他保持默认即可（图 4-5）。

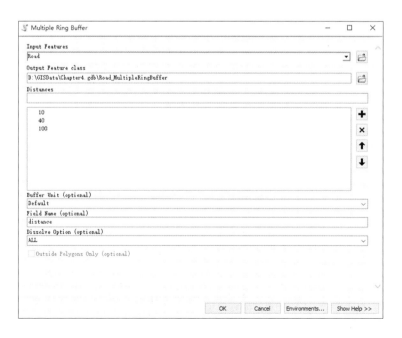

图 4-5　多环缓冲区操作

（2）单击【OK】，多环缓冲区计算结果如图 4-6 所示。

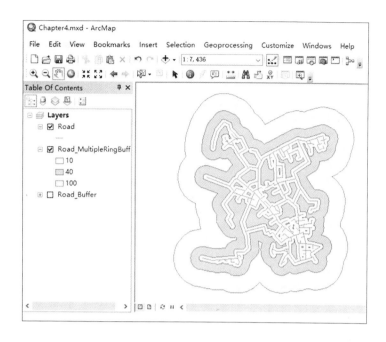

图 4-6　多环缓冲区操作结果

（3）打开【Road_MultipleRingBuffer】图层的属性表，可以发现该图层由三个要素组成，每个要素代表一个缓冲距离（图 4-7）。相较于缓冲区分析，多环缓冲区可以一次性生产多个不同缓冲距离的缓冲区，操作更为便捷。

FID *	Shape *	distance	Shape_Length	Shape_Area
1	Polygon	10	16590.806621	41234.440798
2	Polygon	40	9700.767519	112928.579051
3	Polygon	100	5336.148554	153907.779467

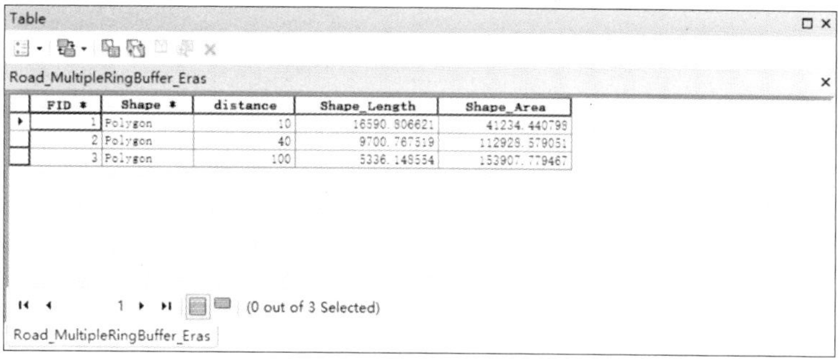

图 4-7　多环缓冲区属性表字段值

4.3　叠加分析简介

叠加分析是 ArcGIS 中最常用的提取空间信息手段之一，起源于传统的透明材料叠加手法，在城市规划分析中得到广泛应用。叠加分析将数据图层进行叠加，产生新的图层，该图层的数据综合了输入图层所具有的属性。叠加分析不仅包含空间关系的比较，还包括属性关系的比较，其中往往涉及基于布尔运算符的逻辑运算。

地图叠加分析操作是将两个或多个要素图层的几何形状和属性组合在一起，生成新的输出图层。输出图层的每个要素包含所有输入图层的属性组合。在叠加分析中，所有的操作都是基于布尔连接符【AND】和【OR】的运算。具体操作步骤如下：

4.3.1 Union

图层联合操作，是基于布尔运算符 OR 的运算。输入图层 A 和图层 B 进行联合操作，输出结果为【图层 A∪图层 B】，该操作将保留原始输入图层的所有多边形。计算原理示意如图 4-8 所示：

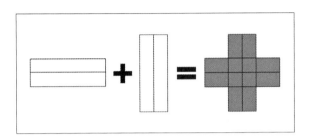

图 4-8 图层联合操作示意图

（1）打开 ArcMap，导入随书数据【\GISData\Chapter4\Road_Buffer.shp】和【\GISData\Chapter4\Road_MultipleRingBuffer.shp】，单击【ArcTool-box】→【AnalysisTools】→【Overlay】→【Union】，在【Input Features】对话框中设置输入要素为【Road_Buffer】与【Road_MultipleRingBuffer】，【Output Feature Class】为目标数据库路径和文件命名。【JoinAttributes】和【XY Tolerance】用于设置参与计算的属性字段与 XY 容差值，用户可以根据需要填写（图 4-9）。

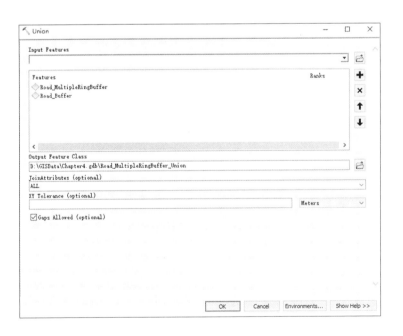

图 4-9 图层联合操作

（2）单击【OK】，图层联合操作结果如图 4-10 所示，可以看到，原有两个图层的面要素在新图层中均被完整保留。

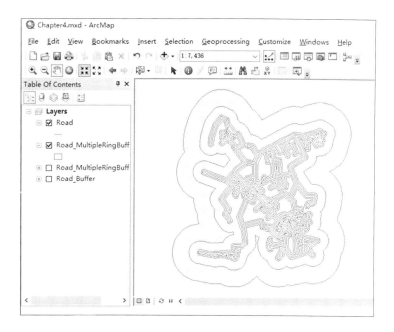

图 4-10　图层联合操作结果

（3）打开联合操作后图层的属性表，原有两要素的属性均被新图层继承（图 4-11）。

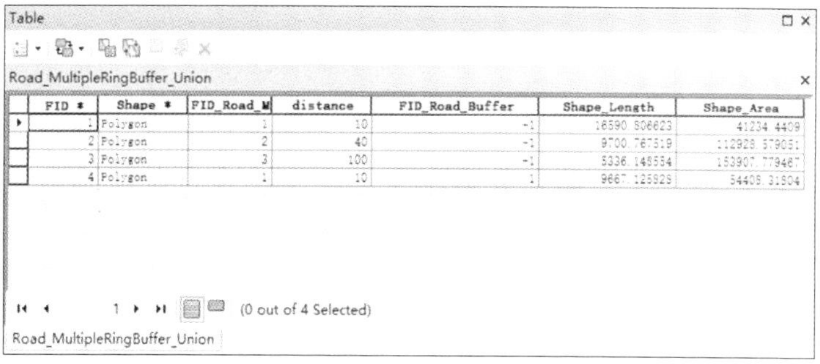

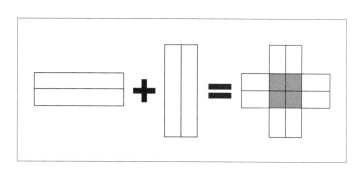

图 4-11　联合图层属性表

4.3.2　Intersect

图层相交操作，是基于布尔运算符 AND 的运算。输入图层 A 和图层 B 进行相交操作，输出结果为【图层 A ∩ 图层 B 】。该操作保留原始输入图层的共同多边形，原图层的属性将同时在得到的新图层中体现。计算原理示意如图 4-12 所示：

图 4-12　图层相交操作示意图

（1）打开 ArcMap，导入随书数据【\GISData\Chapter4\Building.shp】和【\GISData\Chapter4\Road_Buffer.shp】（图 4-13）。

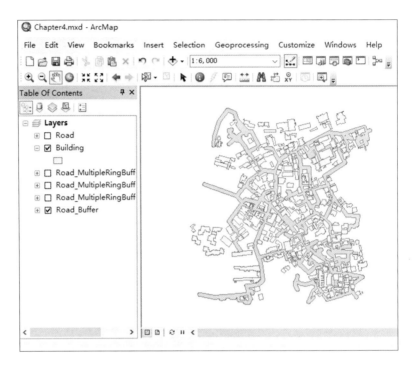

图 4-13 导入实验数据

（2）单击【ArcToolbox】→【Analysis Tools】→【Overlay】→【Intersect】，在【Input Features】对话框中设置输入要素为【Road_Buffer】与【Building】图层，【Output Feature Class】为目标数据库路径和文件命名（图 4-14）。

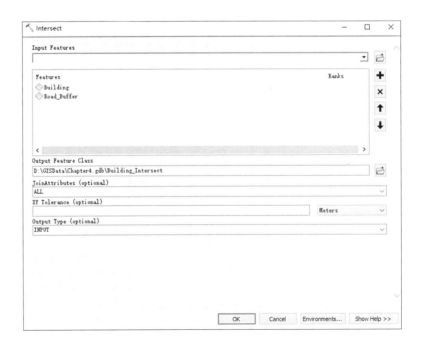

图 4-14 图层相交操作

（3）单击【OK】，图层相交操作结果如图 4-15 所示，可以看到，原有两个图层的共有面要素被输入到新图层中。

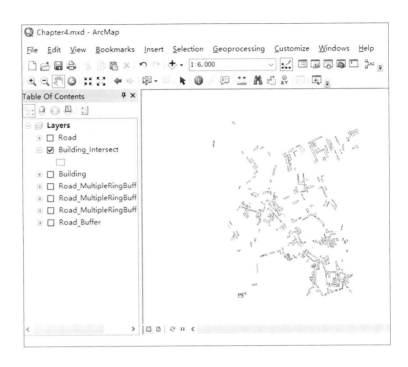

图 4-15　图层相交操作结果

（4）打开相交操作后图层的属性表，原有两要素相交部分的属性均被新图层继承（图 4-16）。

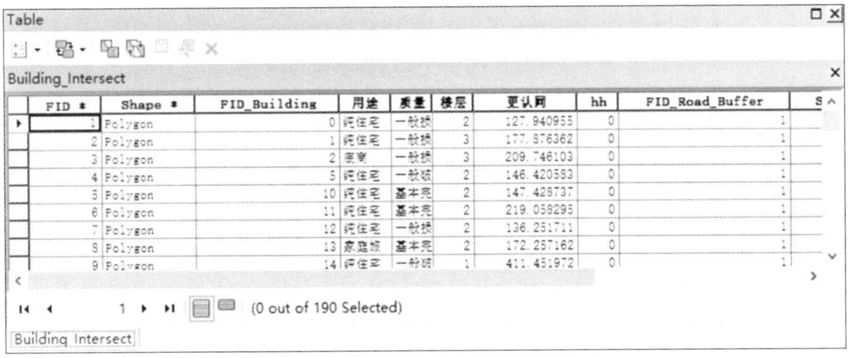

FID *	Shape *	FID_Building	用途	质量	楼层	更认网	hh	FID_Road_Buffer	S ∧
1	Polygon	0	纯住宅	一般损	2	127.940955	0		1
2	Polygon	1	纯住宅	一般损	3	177.876362	0		1
3	Polygon	2	商家	一般损	3	209.746103	0		1
4	Polygon	5	纯住宅	一般损	2	146.420593	0		1
5	Polygon	10	纯住宅	基本完	2	147.428737	0		1
6	Polygon	11	纯住宅	基本完	2	219.058295	0		1
7	Polygon	12	纯住宅	一般损	2	136.251711	0		1
8	Polygon	13	家庭旅	基本完	2	172.257162	0		1
9	Polygon	14	纯住宅	一般损	2	411.451972	0		1

(0 out of 190 Selected)

Building_Intersect

图 4-16　相交图层属性表

4.3.3　Symmetrical Difference

交集取反操作，是基于布尔运算符 AND 和 OR 的计算。输入原始图层为【图层 A】,更新图层为【图层 B】,输出结果为【(图层 A ∪ 图层 B) - (图层 A ∩ 图层 B)】，输出图层中删除了两输入要素共有的区域。计算原理示意如图 4-17 所示：

（1）打开 ArcMap，导入随书数据【\GISData\Chapter4\Building.shp】和【\GISData\Chapter4\Road_Buffer.shp】，单击【ArcToolbox】→【Analysis Tools】→【Overlay】→【Symmetrical Difference】，在【Symmetrical

Difference 】对话框中设置【Input Features 】为【Road_Buffer 】,【Update Features 】为【Building 】,【Output Feature Class 】为目标数据库路径和文件命名（图 4-18 ）。

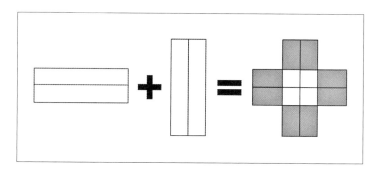

图 4-17 交集取反操作原理图

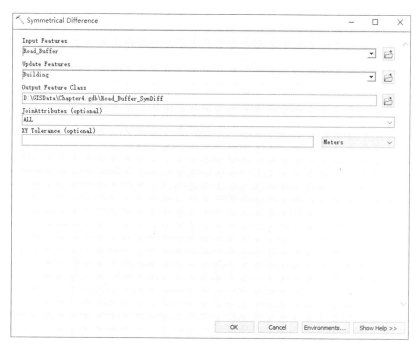

图 4-18 交集取反操作

（2）单击【OK 】，交集取反操作结果如图 4-19 所示。可以看到，原有两个图层的共有面要素被删除，其余部分被导出到新图层中。

（3）打开操作后图层的属性表，原有两要素相交部分符合取反操作的属性均被新图层继承（图 4-20 ）。

4.3.4　Identity

识别叠加操作，生成的输出图层与输入图层的范围相同，输出图层包含来自识别图层的几何形状和属性，不包含在输入图层范围内的识别图层要素将被舍弃。计算原理示意如图 4-21 所示：

（1）打开 ArcMap，导入随书数据【\GISData\Chapter4\Building.shp 】和【\GISData\Chapter4\Road_Buffer.shp 】，单击【ArcToolbox 】→【Analysis Tools 】→【Overlay 】→【Identity 】，在【Identity 】对话框中设置【Input Features 】为

图 4-19 交集取反操作结果

FID	Shape	FID_Road_Buffe	FID_Building	用途	质量	楼层	更认同	hh	Shape_Length
1	Polygon	1	-1			0	0	0	12265.2961
2	Polygon	-1	0	纯住宅	一般损	2	127.940955	0	39.3527
3	Polygon	-1	1	纯住宅	一般损	3	177.876362	0	52.5999
4	Polygon	-1	2	商业	一般损	3	209.746103	0	43.6935
5	Polygon	-1	3	纯住宅	基本完	4	131.174175	0	48.3546
6	Polygon	-1	4	纯住宅	基本完	3	151.274016	0	49.2260
7	Polygon	-1	5	纯住宅	一般损	2	146.420583	0	43.7048
8	Polygon	-1	6	家庭旅	基本完	3	353.657141	0	93.8557
9	Polygon	-1	7	家庭旅	基本完	2	164.785199	0	59.45

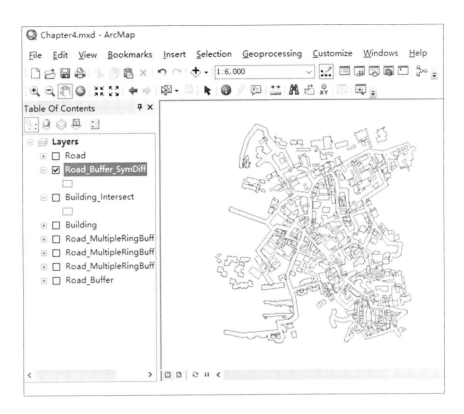

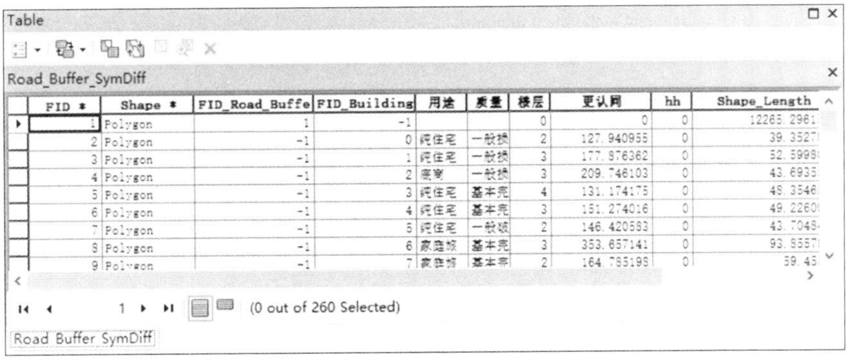

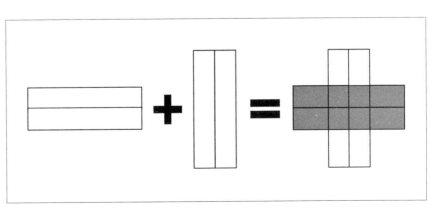

图 4-20 交集取反图层属性表

图 4-21 识别叠加操作原理图

【Building】,【Identity Features】为【Road_Buffer】,【Output Feature Class】为目标数据库路径和文件命名（图4-22）。

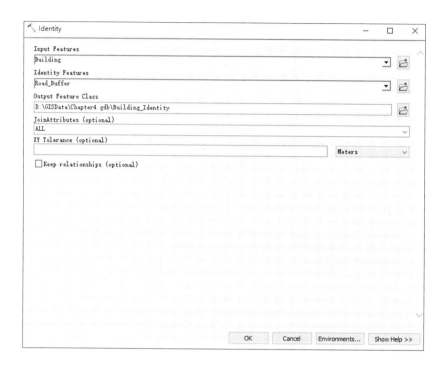

图4-22　识别叠加操作

（2）单击【OK】，识别叠加操作结果如图4-23所示，可以看到，原有两个图层的共有面要素被保留，识别图层的数据被叠加到新的图层中。

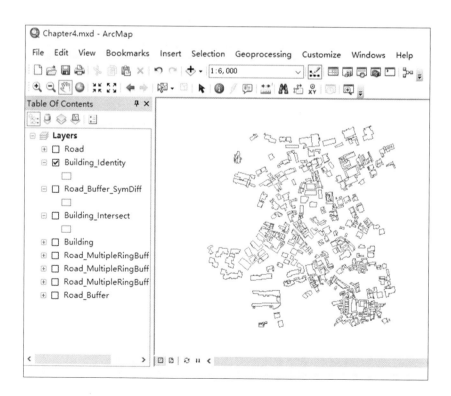

图4-23　识别叠加操作结果

（3）打开识别叠加操作后图层的属性表，原有两要素相交部分且在输入图层范围内的识别图层的属性均被新图层继承（图 4-24）。在新属性表中，在识别图层范围内的要素的【FID_输入图层】字段值为【1】，不在识别图层范围内要素的字段值为【-1】。

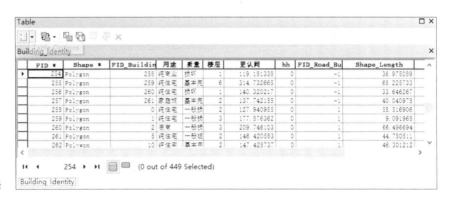

图 4-24　识别叠加图层属性表

4.3.5　Erase

图层擦除操作，是基于布尔运算符 AND 的运算。输入图层为【图层 A】，擦除范围为【图层 B】，输出结果为【图层 A- 图层 A ∩ 图层 B】。计算原理示意如图 4-25 所示，生成的输出图层只保留擦除图层之外的输入图层区域。

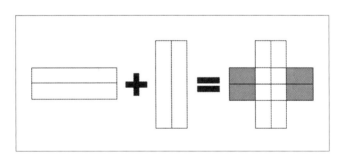

图 4-25　图层擦除操作原理图

（1）打开 ArcMap，导入随书数据【\GISData\Chapter4\Road_MultipleRingBuffer.shp】和【\GISData\Chapter4\Road_Buffer.shp】，单击【ArcToolbox】→【Analysis Tools】→【Overlay】→【Erase】，在【Erase】对话框中设置【Input Features】为【Road_MultipleRingBuffer】，【Identity Features】为【Road_Buffer】，【Output Feature Class】为目标数据库路径和文件命名（图 4-26）。

（2）单击【OK】，图层擦除操作结果如图 4-27 所示，可以看到，两输入图层的共有部分在输出图层被擦除。

（3）打开擦除操作后图层的属性表，两图层相交部分被擦除，原图层的其余属性均被新图层继承（图 4-28）。

4.3.6　Update

图层更新操作，使用更新图层更新输入图层内的信息。生成的输出图层包括更新图层区域之外的原有几何和属性信息，以及更新图层区域之内的几何和属性部分信息。计算原理示意如图 4-29 所示：

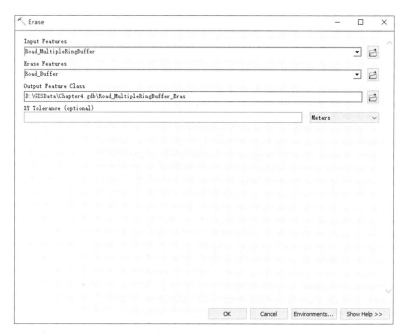

图 4-26 图层擦除操作

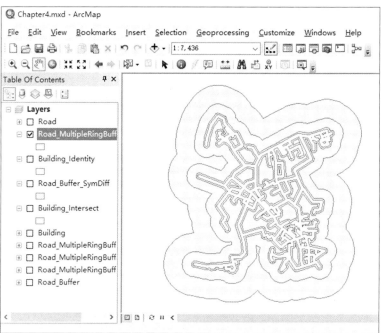

图 4-27 图层擦除操作结果

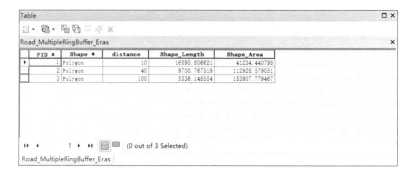

图 4-28 擦除图层属性表

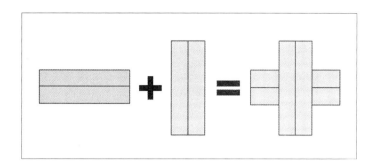

图 4-29　图层更新操作原理图

（1）打开 ArcMap，导入随书数据【\GISData\Chapter4\Building_
Identity.shp】和【\GISData\Chapter4\Road_MultipleRingBuffer.shp】，单击
【ArcToolbox】→【AnalysisTools】→【Overlay】→【Update】,在【Update】
对话框中设置【Input Features】为【Building_Identity】,【Identity Features】
为【Road_MultipleRingBuffer】,【Output Feature Class】为目标数据库路径
和文件命名（图 4-30）。

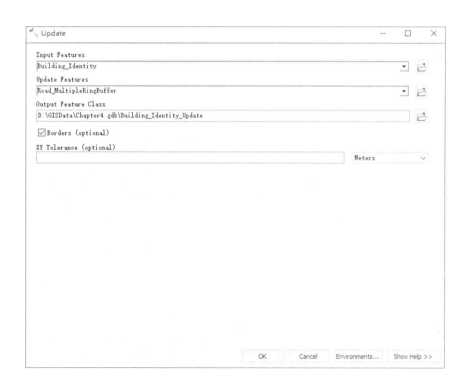

图 4-30　图层更新操作

（2）单击【OK】，图层更新操作结果如图 4-31 所示，可以看到，原图
层上与更新图层相交部分的几何信息被更新图层覆盖。

（3）打开更新操作后图层的属性表，原图层与更新图层叠加部分的数
据表被更新图层覆盖，输出到新图层中（图 4-32）。

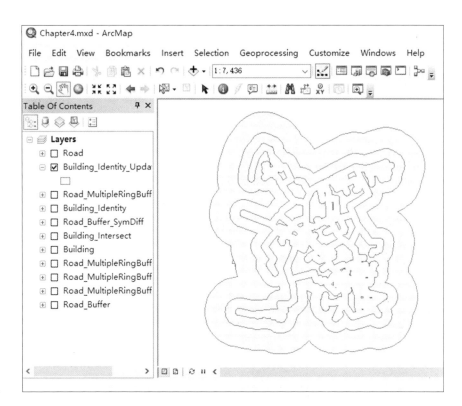

图 4-31　图层更新操作结果

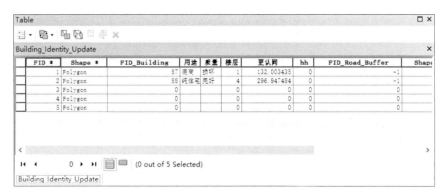

图 4-32　更新图层属性表

第 5 章　密度等时分析

5.1　密度分析简介

　　密度分析可以对某个现象的已知量进行处理，然后将这些量分散到整个地表上，依据是在每个位置测量到的量和这些量所在位置的空间关系，其测度指标是分布密度，指代单位分布区域中空间对象的数量。

　　在 ArcGIS 中，分布密度的计算方法有点密度分析、线密度分析和核密度分析 3 种。

5.1.1　点密度分析

　　点密度分析的输入对象仅限点要素，根据落入每个单元周围邻域内的点要素计算每单位面积的量级。每个栅格像元中心的周围都定义了一个邻域（邻域可以使用圆形、矩形、环形、楔形的形状来定义），将邻域内点的数量相加，然后除以邻域面积，即得到点要素的密度。如果 Population 字段设置使用的是 NONE 之外的值，则每项的值用于确定点被计数的次数。如：值为 3 的项会导致点被算作三个点，值可以为整型也可以为浮点型。

　　在点密度分析中，增大半径不会使计算所得的密度值发生很大变化。因为虽然落入较大邻域内的点会增多，但计算密度时该数值对应的面积也将更大。更大半径的主要影响是计算密度时需要考虑更多的点，这些点可能距栅格像元更远，可以得到更加概化的输出栅格。

5.1.2　线密度分析

　　线密度分析的输入对象仅限线要素，根据落入每个单元一定半径范围内的折线要素计算每单位面积的量级。从概念上讲，使用搜索半径以各个栅格像元中心为圆心绘制一个圆。每条线上落入该圆内的部分的长度与 Population 字段值相乘，对这些数值进行求和，然后将所得的总和除以圆面积。

5.1.3　核密度分析

　　核密度分析的输入对象可以是点要素也可以是线要素，使用核函数根据点或折线要素计算每单位面积的量值，将各个点或折线拟合为光滑锥状表面。

　　核密度分析用于计算每个输出栅格像元周围的点 / 线要素的密度。在概念上，每个点 / 线要素上方均覆盖着一个平滑曲面。在点 / 线所在位置处表面值最高，随着与点的距离的增大表面值逐渐减小，在与点的距离等于搜索半径的位置处表面值为零，因此，该分析仅允许使用圆形邻域。曲面与下方的平面所围成的空间的体积等于此点的 Population 字段值，如果将此字段值指定为 NONE 则体积为 1。每个输出栅格像元的密度均为叠加在栅格像元中心的所有核表面的值之和。

5.1.4 方法比较

（1）点密度工具和线密度工具的区别

前者适用于点状要素，而后者适用于线状要素。这两种工具均可先计算出已识别邻域内的数量（由 Population 字段指定），然后再将该数量除以邻域的面积。

（2）点密度工具与线密度工具的输出与核密度工具的输出的区别

对于点密度和线密度，需要指定一个邻域一边计算出各输出像元周围像元的密度。核密度则可将各点的已知总体数量从点位置开始向四周分散。在核密度计算中，各点周围可依据二次公式生成表面，为表面中心（点位置）赋予最高值，并在搜索半径距离范围内减少到零。对于各输出像元，将计算各分散表面的累计交汇点总数。半径参数值越大，生成的密度栅格的概化程度便越高。

具体操作步骤如下：

（1）打开 ArcMap，导入随书数据【\GISData\Chapter5\Population.shp】和【\GISData\Chapter5\Road.shp】（图 5-1）。

图 5-1　导入分析数据

（2）单击【ArcToolbox】→【Spatial Analyst Tools】→【Density】→【Point Density】，在对话框中设置【Input point features】为【Population】，【Output raster】为分析结果输出路径与文件名。在示例中，【Output cell size】设置为【5】，【Neighborhood】设置为【Circle】，【Radius】设置为【20】，【Units】设置为【Map】，用户可根据需要自行调整，尝试不同参数计算产生的分析结果（图 5-2）。

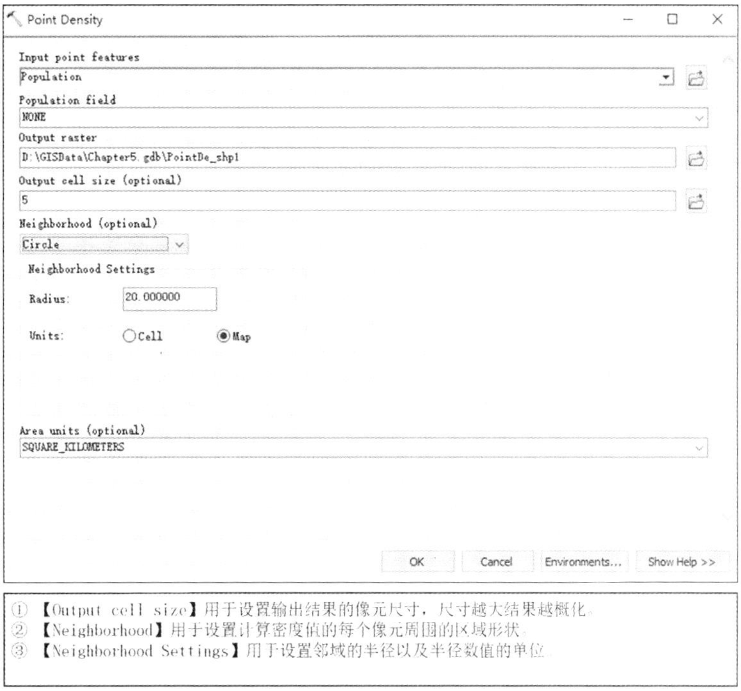

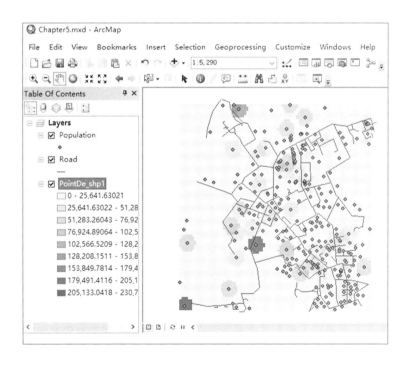

① 【Output cell size】用于设置输出结果的像元尺寸，尺寸越大结果越概化。
② 【Neighborhood】用于设置计算密度值的每个像元周围的区域形状。
③ 【Neighborhood Settings】用于设置邻域的半径以及半径数值的单位。

图 5-2　点密度分析操作

（3）单击【OK】，点密度分析结果如图 5-3 所示。

图 5-3　点密度分析结果

（4）单击【ArcToolbox】→【Spatial Analyst Tools】→【Density】→【Kernel Density】，在对话框中设置【Input point features】为【Population】，【Output cell size】设置为【5】，【Output raster】为分析结果输出路径与文件名。其余保持默认设置，用户可根据需要自行调整（图 5-4）。

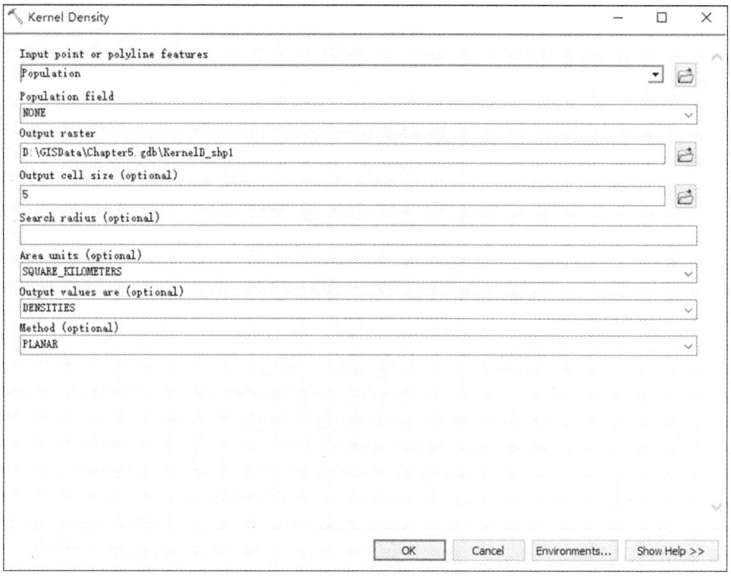

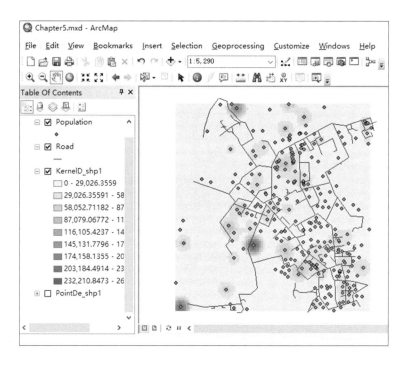

① 【Output values are】用于确定输出山各种的值的含义，默认值【DENSITIES】表示输出值是预测的密度值。
② 【Method】用于设置是使用椭球体上的测地线还是使用平面方法进行核密度计算，默认值【PLANAR】表示在要素之间使用平面距离。

图 5-4　核密度分析操作

（5）单击【OK】，核密度分析结果如图 5-5 所示。

图 5-5　核密度分析结果

（6）单击【ArcToolbox】→【Spatial Analyst Tools】→【Density】→【Line Density】，在对话框中设置【Input polyline features】为【Road】，【Output raster】为分析结果输出路径与文件名。其余保持默认设置，其设置原理与点密度基本类似，这里不再赘述，用户可根据需要自行调整（图 5-6）。

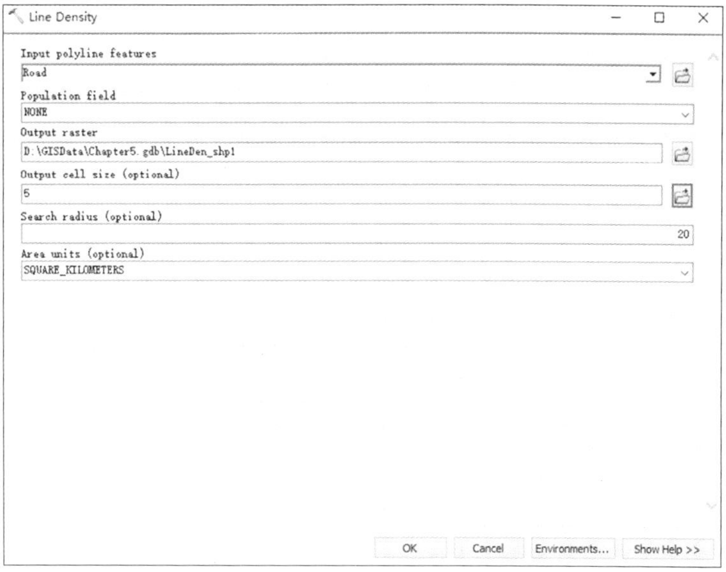

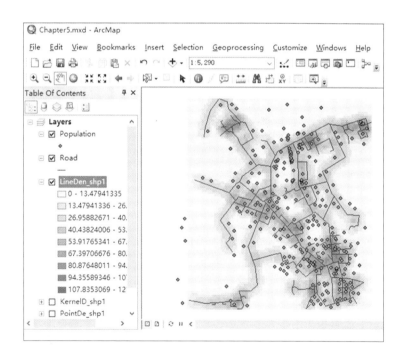

图 5-6　线密度分析操作

（7）单击【OK】，线密度分析结果如图 5-7 所示。

图 5-7　线密度分析结果

5.2　等时分析简介

　　在城市规划领域，应用等时分析的操作主要有交通等时线分析、成本距离分析等，它们常用于量度某区域或某地点的可达性。一般来讲，可达性是指利用一种特定的交通系统从某一给定区位到达活动地点的便利程度。在图论中，可达性是指在图中从一个顶点到另一个顶点的容易程度。在无向图中，可以通过识别图的连接分量来确定所有顶点对之间的可达性。

5.2.1 交通等时线

交通等时线是指用出行时耗绘制而成的区域范围线。在这条范围线上的任意一点到所指定的中心所花的出行时耗相等。由城市的某一吸引点出发，在规定的出行时耗内可达到的用地范围，可以反映该地区的交通便捷程度，等时线图反映了居民到吸引中心所需花费的最大出行时间，以及该中心在不同出行时间内所能服务的用地范围。

5.2.2 成本距离

成本距离是指计算离源目标一定距离的累加成本，其量度可以是距离、金钱、时间等。成本栅格中的 Nodata 视为障碍，成本距离输出栅格数据。

成本距离工具与欧氏工具相类似，不同点在于欧氏工具计算的是位置间的实际距离，而成本距离工具确定的是各像元距最近源位置的最短加权距离（或者说是累积行程成本）。这些工具应用的是以成本单位表示的距离，而不是以地理单位表示的距离。所有成本距离工具都需要源数据集和成本栅格数据集作为输入。

本节以成本距离计算为例，进行等时分析。具体操作步骤如下：

（1）打开 ArcMap，导入随书数据【\GISData\Chapter5\Road.shp】和【\GISData\Chapter5\Image.tif】（图 5-8）。

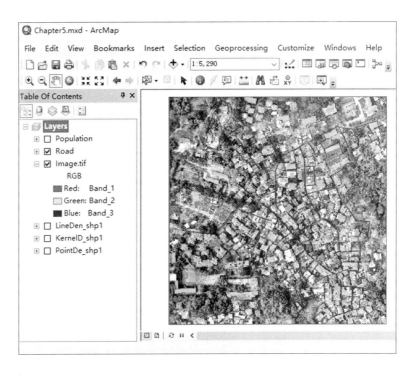

图 5-8 导入成本距离计算数据

（2）单击【ArcToolbox】→【Conversion Tools】→【To Raster】→【Feature to Raster】，设置【Input features】为【Road】，【Field】为【长度】，【Output raster】为存储输出结果的目标路径和文件名，【Output cell size】为【0.5】，单击【OK】（图 5-9）。

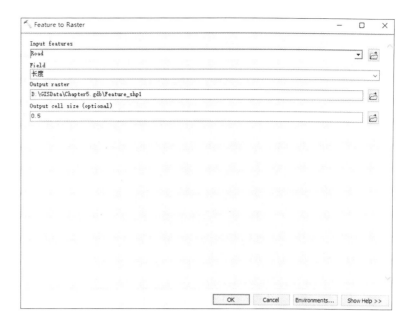

图 5-9　要素转栅格操作

（3）单击【ArcToolbox】→【Spatial Analyst Tools】→【Reclass】→
【Reclassify】，在【Reclassify】对话框中设置【Input raster】为【道路要素
转栅格的结果】，【Reclass field】为【VALUE】，在【Reclassification】栏中
设置【NoData】的【New values】为【2】，【Output raster】为存储输出结果
的目标路径和文件名（图 5-10）。

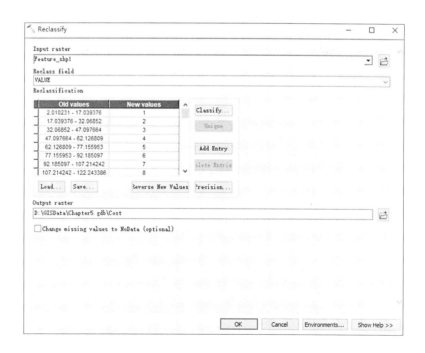

图 5-10　栅格重分类操作

（4）单击【Reclassify】对话框中的【Environments...】，在弹出的对
话框中单击【Processing Extent】，在【Extent】下拉菜单中选择【Same as
layer Image.tif】，单击【OK】退出（图 5-11）。

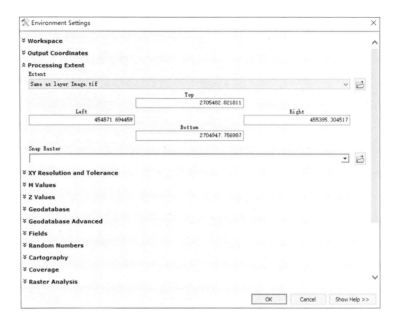

图 5-11　重分类环境设置

（5）单击【OK】，得到重分类结果（图 5-12），在演示中，将以该重分类结果为道路成本栅格参与成本距离的计算。

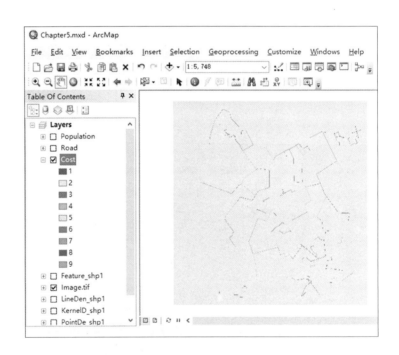

图 5-12　重分类结果

（6）导入随书数据【\GISData\Chapter5\Scenic.shp】，作为成本距离计算中的交通源（图 5-13）。

（7）单击【ArcToolbox】→【Spatial Analyst Tools】→【Distance】→【Cost Distance】，设 置【Input raster of feature source data】为【Scenic】，【Input cost raster】为【成本栅格数据】，【Output distance raster】为存储输出结果的目标路径和文件名，单击【Environments...】，在弹出的对话框

中单击【Processing Extent 】，在【Extent 】下拉菜单中选择【Same as layer Image.tif 】（图 5-14 ）。

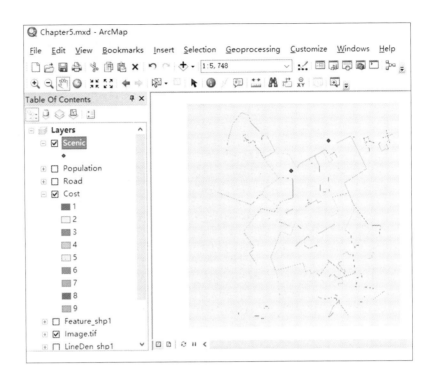

图 5-13　导入交通源数据

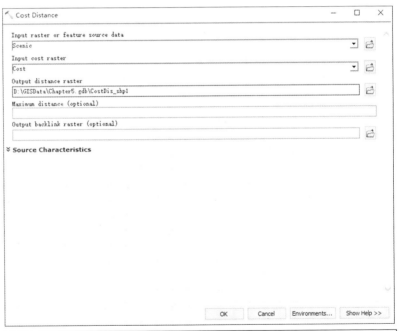

① 【Maximum distance】用于设置定义累积成本值不能超过的阈值，若超出该阈值，则输出值为NoData。默认情况下，距离是到输出栅格边界的距离。
② 【Output backlink raster】用于输出成本回溯链接栅格，以达到最小成本源。
③ 【Source Characteristics】用于定义源的【成本乘数】、【启动成本】等参数，有需要的用户可以自行定义，通常使用默认值。

图 5-14　成本距离分析操作

（8）单击【OK】，成本距离分析结果如图 5-15 所示。

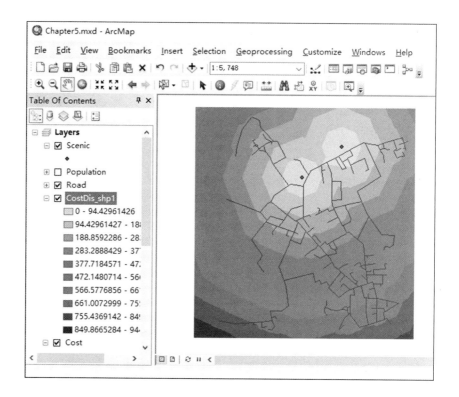

图 5-15　成本距离分析结果

第6章 三维地形分析

6.1 三维地形分析简介

在城市规划应用中，经常需要对场地坡度坡向、场地填挖、洪水淹没等进行分析。在 ArcGIS 中，提供了多种工具用于地形分析。本章中，所有分析均基于地形模型进行。常见的地形模型分为数字高程模型和不规则三角网两种，其中：数字高程模型（Digital Elevation Model，简称"DEM"）是通过有限的地形高程数据实现对地面地形的数字化模拟，它是用一组有序数值阵列形式表示地面高程的一种实体地面模型，是数字地形模型（Digital Terrain Model，简称"DTM"）的一个分支，其他各种地形特征值均可由此派生。DEM 的来源包括：(1)直接从地面测量。(2)航空或航天影像。(3)从现有地形图上采集，通过内插生成 DEM。

常用的内插算法是不规则三角网（Triangular Irregular Network，简称"TIN"）。TIN 结构数据的优点是能以不同层次的分辨率来描述地表形态，在某一特定分辨率下能用更少的空间和时间更精确地表示更加复杂的表面，特别当地形包含有大量特征，如断裂线、构造线时，TIN 模型能更好地顾及这些特征。

需要注意的是，本章介绍的内容主要通过【3D Analyst】拓展模块来完成，该模块需要单独购买。在获得授权后，首次使用时需要先加载该模块，在 ArcMap 中单击菜单栏【Customize】→【Extensions】(图 6-1)，在弹出的【Extensions...】对话框勾选开启【3D Analyst】模块之后点击关闭（图 6-2）。

6.2 创建地形

在地形分析中，涉及地形操作时常需要使用 TIN 模型。然而开源数据中较为常见的是 DEM 模型，本节将演示如何将 DEM 模型转换为 TIN 模型进行后续分析。具体操作步骤如下：

6.2.1 从 DEM 创建 TIN

(1)打开 ArcMap，导入随书数据【\GISData\Chapter6\DEM.tif】(图 6-3)。随书数据中默认指定了投影坐标系，在处理未指定投影坐标系的数字高程模型文件时，需要手动指定数据框的投影坐标系，否则将导致创建 TIN 出错。

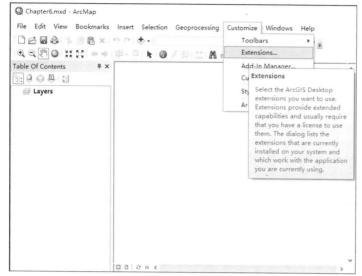

图 6-1　打开扩展模块

图 6-2　启用 3D Analyst 模块

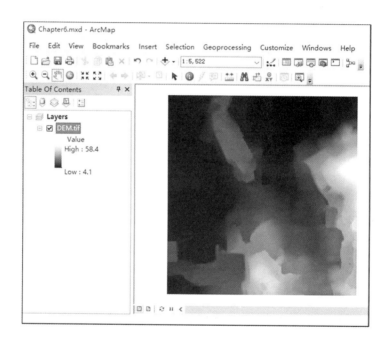

图 6-3　导入数字高程模型数据

（2）单击【ArcToolbox】→【3D Analyst Tools】→【Conversion】→【From Raster】→【Raster to TIN】,在【Raster to TIN】对话框中设置【Input Raster】为【DEM】,【Output TIN】为目标输出路径,【Z Tolerance】为【1】,如无特殊需要其余参数保持默认即可（图 6-4）。

（3）单击【OK】,输出的 TIN 模型,如图 6-5 所示。

6.2.2　从 CAD 地形图创建 TIN

TIN 可以通过带高程属性的点、线、面来构建,这些要素可以从 dwg 格式的地形图中提取,精度优于网络上获取的开源数据。

（1）使用 AutoCAD 打开随书数据【\GISData\Chapter6\Terrain.dwg】,

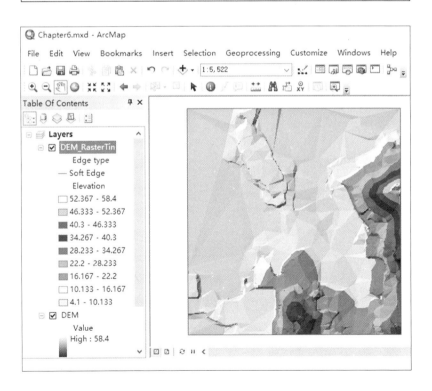

① 【Z Tolerence】用于调整TIN模型的精细程度，值越小则模型越精细。
② 【Maximum Number of Points】用于调整TIN模型的最大点数量。
③ 【Z Factor】用于调整生成TIN模型的高程，其生成值等于【Z Factor】值乘以DEM高程值。

图 6-4　栅格数据转 TIN

图 6-5　栅格转 TIN 结果

　　检查等高线及高程点是否带有高程属性。如果是二维多段线，则存在【标高】属性；如果是三维多段线，则存在【起点 Z 坐标】和【终点 Z 坐标】属性；如果是高程点，则应存在【位置 Z 坐标】属性（图 6-6）。

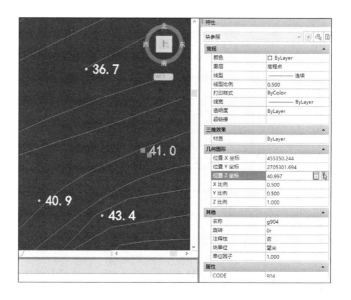

图 6-6　高程点检查

（2）关闭除了【等高线】和【高程点】以外的所有图层，框选所有的等高线和高程点，输入【wblock】命令，在【写块】对话框中进行设置，导出仅含等高线和高程点的 dwg 文件（图 6-7）。

注：为避免 ArcGIS 无法识别高版本 dwg 文件，建议在本步骤中将数据导出为较低版本的 dwg 文件。

图 6-7　写块操作

（3）打开 ArcMap，导入上述步骤导出的【Tin.dwg】文件（图 6-8）。

（4）单击【ArcToolbox】→【3D Analyst Tools】→【Data Management】→【TIN】→【Create TIN】，在【Create TIN】对话框中设置【Output TIN】为目标输出路径和文件名，设置【Input Feature】分别为【Tin.dwg】的【Point】（对应的【Type】为【Mass_Points】）、【Polyline】（对应的【Type】为【Hard_Line】）、【Polygon】（对应的【Type】为【Hard_Line】），【Height Field】则均为【Elevation】（图 6-9）。用户可根据不同属性字段名与定义修改设置。

（5）单击【OK】，生成 TIN 结果如图 6-10 所示。

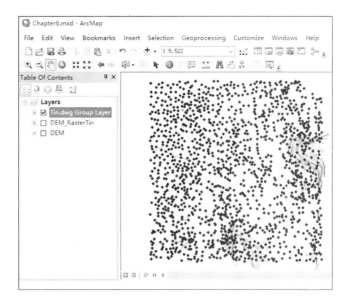

图 6-8　导入 dwg 文件

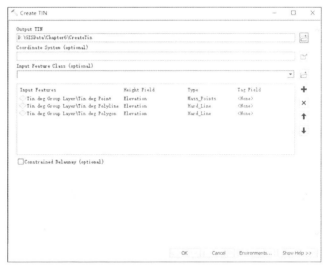

图 6-9　创建 TIN

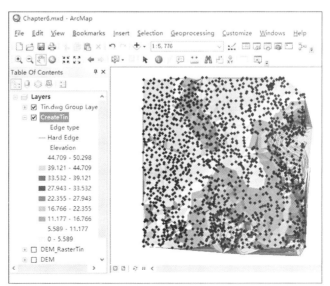

图 6-10　创建 TIN 结果

6.2.3 从 TIN 创建 DEM

在实际应用中，常见需要由 TIN 转出数字高程模型应用情况，用于地形表达、栅格分析等具体操作。

（1）导入随书数据【\GISData\Chapter6\CreateTIN】。单击【ArcToolbox】→【3D Analyst Tools】 →【Conversion】 →【From TIN】 →【TIN to Raster】，设置【Input TIN】为【CreateTIN】，【Output Raster】为目标输出路径和文件名，【Output Data Type】为【FLOAT】，【Sampling Distance】为【OBSERVATION 250】。如有具体需求，可以改变【OBSERVATION】后的数字改变栅格的总数，单击【Sampling Distance】的下拉箭头可以选择【CELLSIZE...】采用每个栅格的大小作为采样距离，【CELLSIZE】的参数为栅格的大小。如无特殊需要，其余参数保持默认即可（图 6-11）。

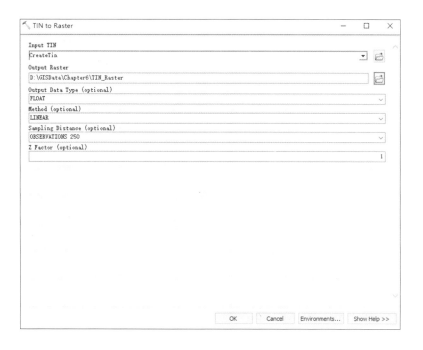

图 6-11　TIN 转栅格操作

（2）单击【OK】，TIN 转 DEM 结果，如图 6-12 所示。

6.2.4 样条函数法生成地表面

在 ArcGIS 中，根据用户的需要，也可以通过样条函数法采用栅格插值的方法生成地表面。

（1）导入随书数据【\GISData\Chapter6\Tin.dwg】。单击【ArcToolbox】→【Data Management Tools】 →【Features】 →【Feature Vertices To Points】，在【Feature Vertices To Points】中设置【Input Features】为【Tin.dwg Polyline】，【Output Feature Class】为导出要素的目标路径，其余保持默认即可（图 6-13）。

（2）单击【OK】，要素折点转点结果，如图 6-14 所示。

（3）单击菜单栏【Geoprocessing】→【Merge】，在【Merge】对话框中,设置【Input Datasets】为【Tin.dwg Point】和【要素折点转点输出结果】，

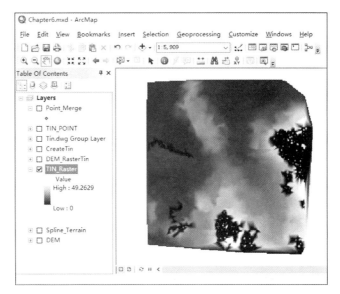

图 6-12　TIN 转 DEM 结果

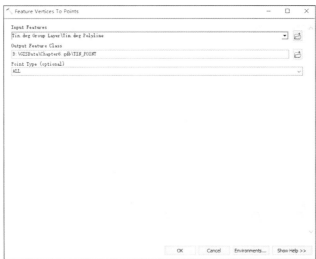

图 6-13　要素折点转点操作

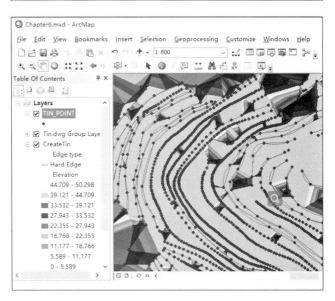

图 6-14　要素折点转点结果

设置【Output Dataset】为目标输出路径和文件名，【Field Map】中删除多余字段，仅保留【Elevation】字段（图 6-15）。

（4）单击【OK】，点要素合并结果如图 6-16 所示。

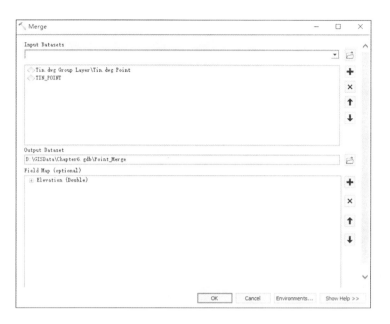

图 6-15　合并点要素

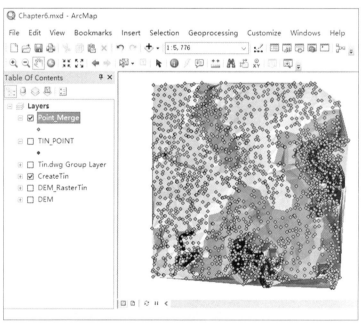

图 6-16　高程点合并结果

（5）单击【ArcToolbox】→【3D Analyst Tools】→【Raster Interpolation】→【Spline】，在弹出的【Spline】对话框中，设置【Input point features】为【高程点合并结果】，【Z value field】为【Elevation】，【Output raster】为目标输出路径和文件名，【Output cell size】为【10】，其余保持默认即可（图 6-17）。

（6）单击【OK】，生成栅格地表面如图 6-18 所示。

图 6-17　样条函数法设置

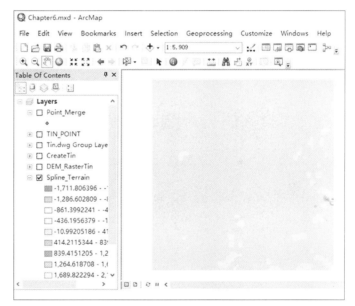

图 6-18　插值法生成栅格地表面

6.3　填挖方分析

目前，在进行竖向规划时，规划师主要通过标高值进行规划前后场地高程的推算,在进行山地丘陵的城市设计方案推演时容易出现设计缺陷(如:挡土墙过高、场地平整难度过大等)。ArcGIS 提供的模拟规划地表面功能，使规划师可以直观获取规划后的地形情况，并可以进行方案推演直至满意。

目前,常规的基于 CAD 的土方计算软件适用于较小范围内的土方计算,对于较大范围 (数平方公里以上) 的计算则表现出效率不高的缺陷。相比之下，ArcGIS 提供的填挖方计算功能可以很好地适用于大范围的土方填挖计算。具体操作步骤如下:

（1）打开 ArcMap，导入随书数据【\GISData\Chapter6\OriginalTIN】和【\GISData\Chapter6\ResultTIN】（图 6-19）。

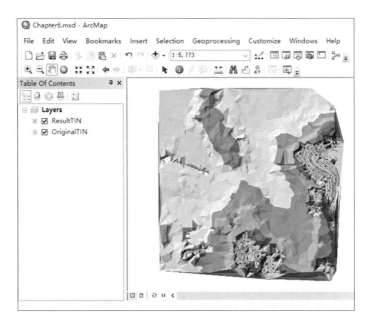

图 6-19 导入分析数据

（2）修改【ResultTIN】图例，将【Hard Edge】图例的颜色修改为【黑色】，【Width】设置为【2】（图 6-20）。

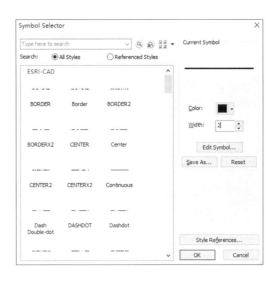

图 6-20 修改图例

（3）单击【OK】，导入效果如图 6-21 所示。

（4）在工具条上右击，启用【TIN Editing】、【3D Analyst】和【Editor】工具条。在【3D Analyst】工具条中选中【ResultTIN】数据集，单击【TIN Editing】→【Start Editing TIN】，此时【TIN Editing】工具条被激活。单击【TIN Editing】工具条中的【Add TIN Line】，在对话框中设置【Line type】为【hard line】，【Height source】为【from surface】（图 6-22）。

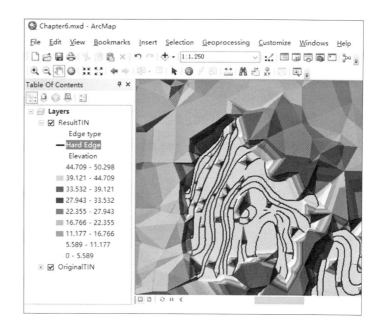

图 6-21　规划地表面

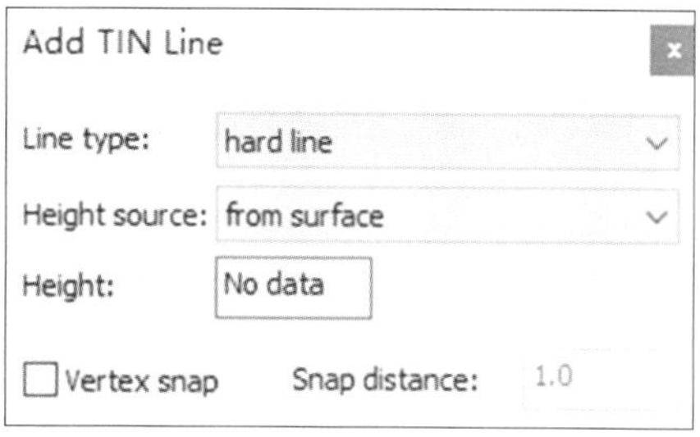

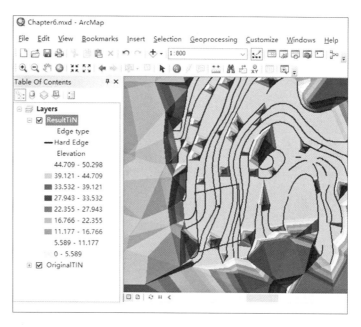

图 6-22　添加 TIN 线

（5）绘制场地外边界线，绘制结果如图 6-23 所示。

注：该操作没有回退功能，尽量一次性绘制完成。

图 6-23　绘制场地外边界线

（6）单击【TIN Editing】工具条中【Delete TIN Node】下拉菜单中的【Delete TIN Node By Area】，沿着场地外边界内部绘制一个多边形，删除多边形内部的所有结点。然后单击【Delete TIN Breakline】，逐条删除边界线内剩余的 TIN 断线（图 6-24）。

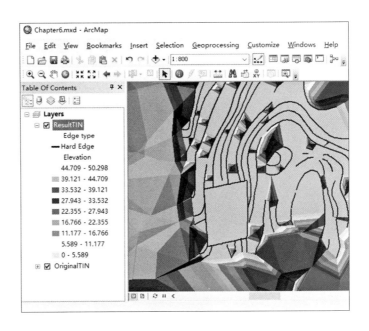

图 6-24　删除场地外边界线内部高程信息

（7）右击【Catalog】栏中目标地理数据库，单击【New】→【Feature Class...】，在【New Feature Class】对话框中，设置【Type】为【Polygon Features】，勾选【Geometry Properties】栏中的【Coordinates include Z values. Used to store 3D data】（图 6-25）。

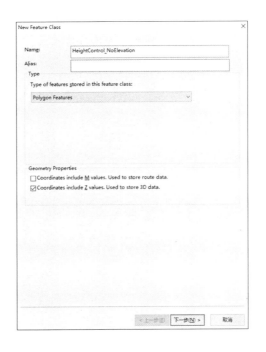

图 6-25　新建要素类

（8）在【Editor】工具条中单击【Editor】→【Start Editing】,激活【Editor】工具条。单击【Create Feature】按钮,选择【ResultTIN】图层,在【Construction Tools】栏中选择合适的工具绘制标高控制线（图 6-26）。在实践中，这些控制线主要是道路中线或边线、坡脚线、坡顶线等。

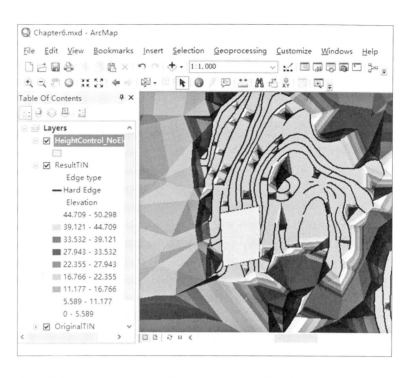

图 6-26　绘制不带高程的标高控制线

（9）单击【ArcToolbox】→【3D Analyst Tools】→【Functional Surface】→【Interpolate Shape】。在【Interpolate Shape】对话框中，设置【Input Surface】为【OriginalTIN】,【Input Feature Class】为【标高控制线】,【Output Feature Class】为目标输出路径和文件名，勾选【Interpolate Vertices Only】选项,否则系统将每隔一段距离新添一个折点并赋予它标高。如无特殊需要，其他参数保持默认即可，单击【OK】(图 6-27）。

（10）在【Editing】工具条中单击【Start Editing】,选中【带高程的三维标高控制线】为编辑对象，双击某条【带高程的三维标高控制线】,右击显示为【红色】的节点，单击【Sketch Properties】,在弹出的【Edit Sketch Properties】对话框中可以对【标高控制线】进行逐个节点坐标与标高的编辑（图 6-28）。单击列表中任意一行进行编辑时,图形中对应的折点会闪烁，便于确定位置。

（11）单击【ArcToolbox】→【3D Analyst Tools】→【Data Management】→【TIN】→【Edit TIN】,在【Edit TIN】对话框中，设置【Input TIN】为【ResultTIN】,【Input Features】为【带高程的三维标高控制线】,【Height Field】为【Elevation】,【Type】为【Hard_Line】,如无特殊需要，其他参数维持默认即可（图 6-29）。

（12）单击【OK】,更新地形后结果如图 6-30 所示。

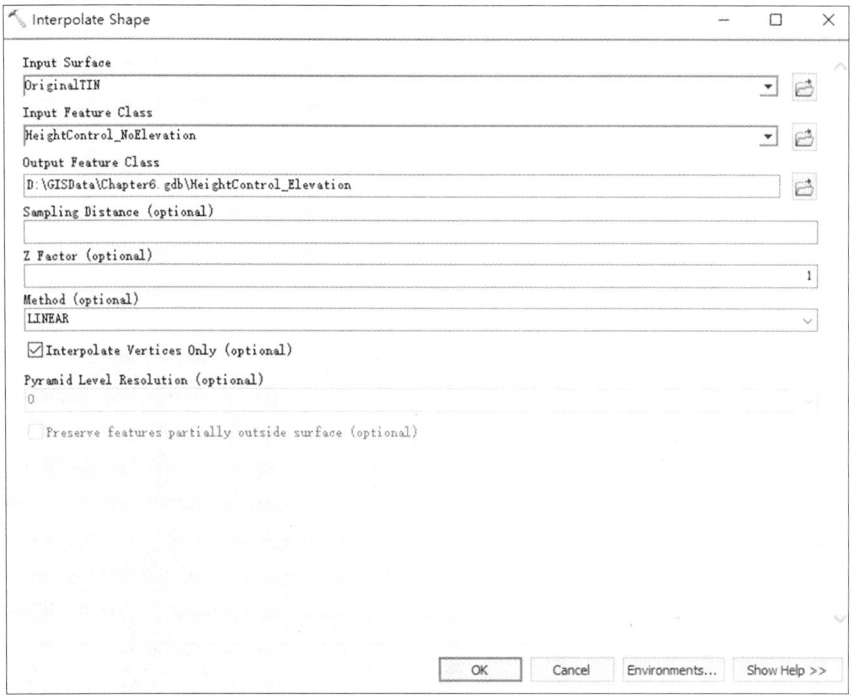

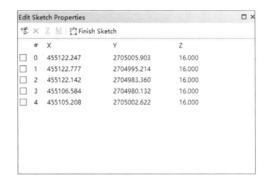

图 6-27 生成带高程的三维标
高控制线

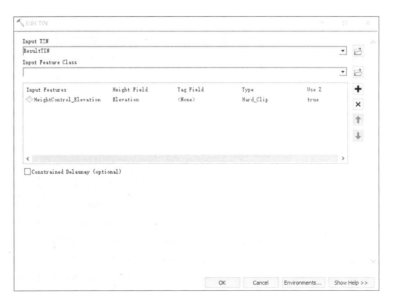

图 6-28 修改控制点标高

图 6-29 编辑 TIN 更新地形

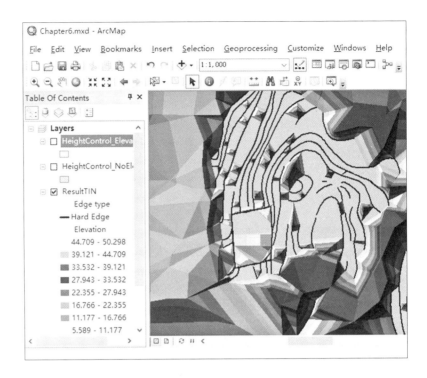

图 6-30　地形更新结果

（13）单击【ArcToolbox】→【3D Analyst Tools】→【Triangulated Surface】→【Surface Difference】，在弹出的【Surface Difference】对话框中，设置【Input Surface】为【OriginalTIN】，【Reference Surface】为【ResultTIN】，【Output Feature Class】为目标输出路径和文件名，其余参数保持默认即可（图 6-31）。

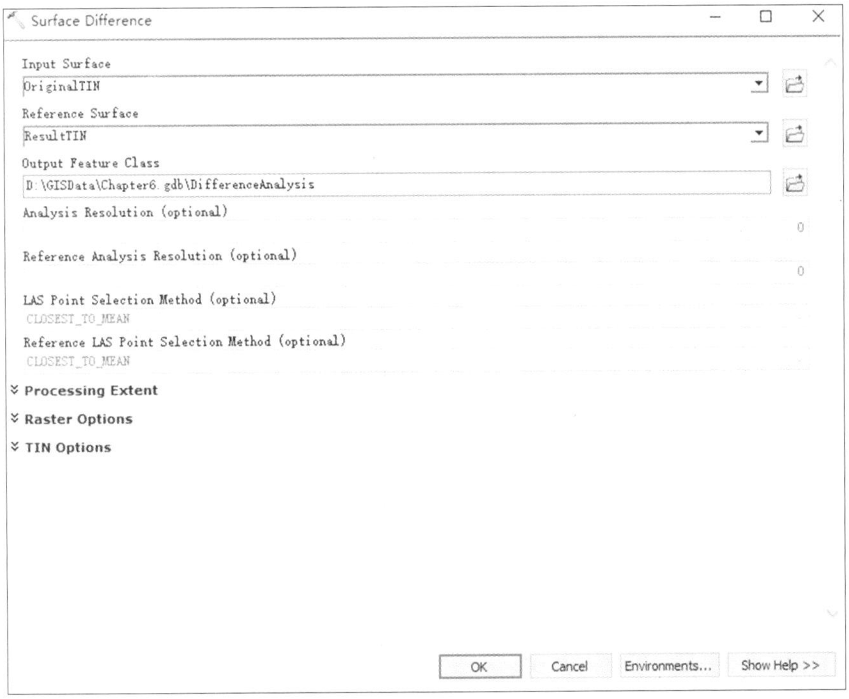

图 6-31　表面差异分析

（14）单击【OK】，生成填挖方分析结果如图 6-32 所示。

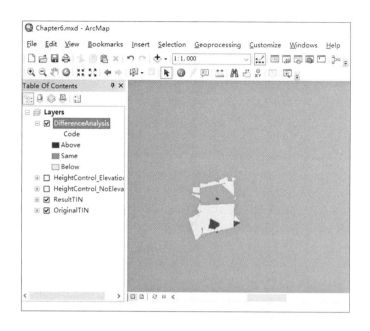

图 6-32　填挖方分析结果

（15）打开【填挖方分析】图层的【属性表】查看分析结果，其中【Volume】字段代表每个多边形的填挖量，【Code】字段代表填或挖，其值为 0 代表没有填挖，1 代表填，–1 代表挖（图 6-33）。

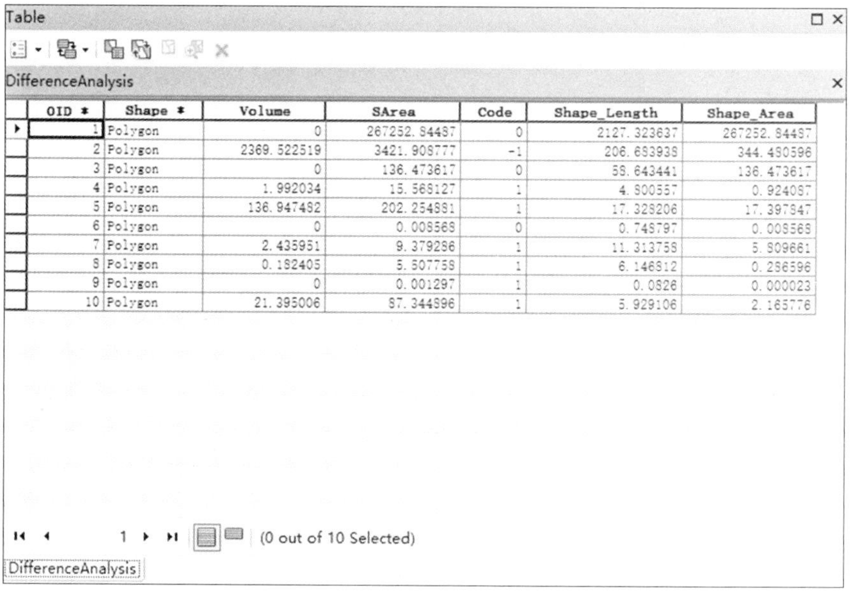

Table

DifferenceAnalysis

OID *	Shape *	Volume	SArea	Code	Shape_Length	Shape_Area
1	Polygon	0	267252.84487	0	2127.323637	267252.84487
2	Polygon	2369.522519	3421.908777	-1	206.683938	344.480596
3	Polygon	0	136.473617	0	58.643441	136.473617
4	Polygon	1.992034	15.568127	1	4.800557	0.924087
5	Polygon	136.947482	202.254881	1	17.328206	17.397847
6	Polygon	0	0.008568	0	0.748797	0.008568
7	Polygon	2.435951	9.379286	1	11.313758	5.809661
8	Polygon	0.182405	5.507758	1	6.146812	0.286596
9	Polygon	0	0.001297	1	0.0826	0.000023
10	Polygon	21.395006	87.344896	1	5.929106	2.165776

(0 out of 10 Selected)

DifferenceAnalysis

图 6-33　填挖方量分析结果属性表

（16）右击【Code】字段，单击【Summarize...】（图 6-34）。

（17）在弹出的【Summarize】中，设置【Select a field to summarize】为【Code】，在【Choose one or more summary statistics to be included in the output table】栏中选中【Volume】→【Sum】（图 6-35）。

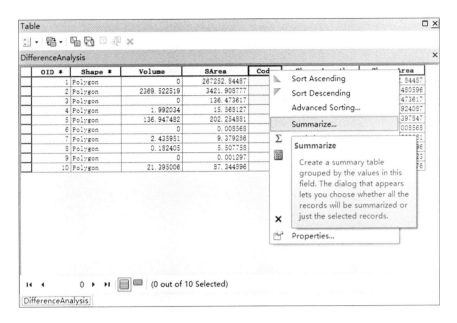

图 6-34　字段汇总操作

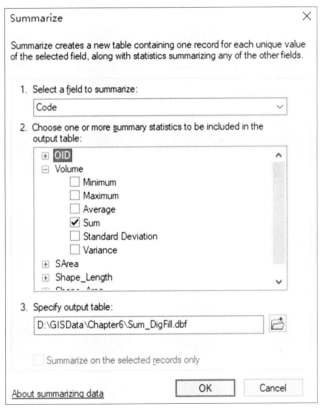

图 6-35　填挖方汇总

（18）单击【OK】，该操作用于汇总地块内的填挖方总量。分析结果如图 6-36 所示。

（19）双击【填挖方分析】图层，在弹出的【Layer Properties】对话框中打开【Display】选项卡，调整【Transparent】为【50】，设置图层透明度为 50%（图 6-37）。

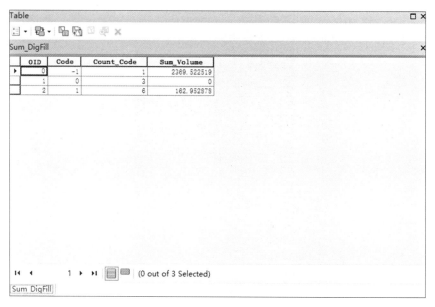

图 6-36 填挖方汇总结果

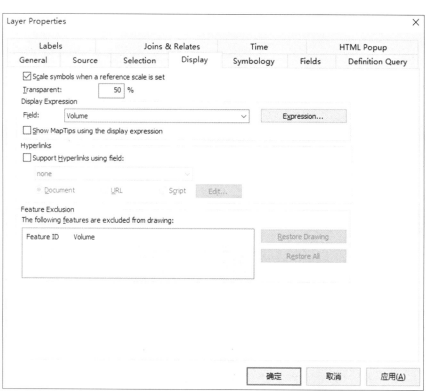

图 6-37 图层透明度设置

（20）单击【确定】，最终效果如图 6-38 所示。其中绿色代表挖方，蓝色代表填方，用户如有需要可以自行调整。

注：从图面上可以看到场地外也有少量地形变化，这是由于添加场地外边界线时对外部地形也有些许改变造成的，其填充量可以忽略不计。在实际应用中，也可以将其与场地外边界线作相交叠加，去除场地外的填挖多边形，以提升图面效果。

图 6-38　填挖方分析图

6.4　坡度坡向分析

坡度坡向分析中主要涉及参数如下：

坡度（Degree of Slope），水平面与地形面的夹角。坡度百分比（Percent Slope），也叫比降，等于高程增量与水平增量之比的百分数。国际地理学联合会地貌调查与地貌制图委员会关于地貌详图应用的坡地分类来划分坡度等级，规定：0°～0.5°为平原，>0.5°～2°为微斜坡，>2°～5°为缓斜坡，>5°～15°为斜坡，>15°～35°为陡坡，>35°～55°为峭坡，>55°～90°为垂直壁。常见数据断点选择为 2°、5°、15°、25°、35°、55°。

坡向（Aspect），是坡面法线在水平面上的投影的方向。坡向对于山地生态有着较大的作用，对日照时数和太阳辐射强度有影响。对于北半球而言，辐射收入南坡最多，其次为东南坡和西南坡，再次为东坡与西坡及东北坡和西北坡，最少为北坡。坡向由 0°～359.9°之间的正度数表示，以北为基准方向按顺时针进行测量。平坡的值被指定为 -1。

6.4.1　TIN 数据

对 TIN 数据进行坡度坡向分析主要依赖【3D Analyst Tools】扩展包进行。具体操作步骤如下：

（1）打开 ArcMap，导入随书数据【\GISData\Chapter6\OriginalTIN】。单击【ArcToolbox】→【3D Analyst Tools】→【Triangulated Surface】→【Surface Slope】，在【Surface Slope】对话框中，设置【Input Surface】为【OriginalTIN】，【Output Feature Class】为目标输出路径和文件名，【Slope Units】有【PERCENT】和【DEGREE】两个选项，用户可根据需要选择。其余参数保持默认即可（图 6-39）。

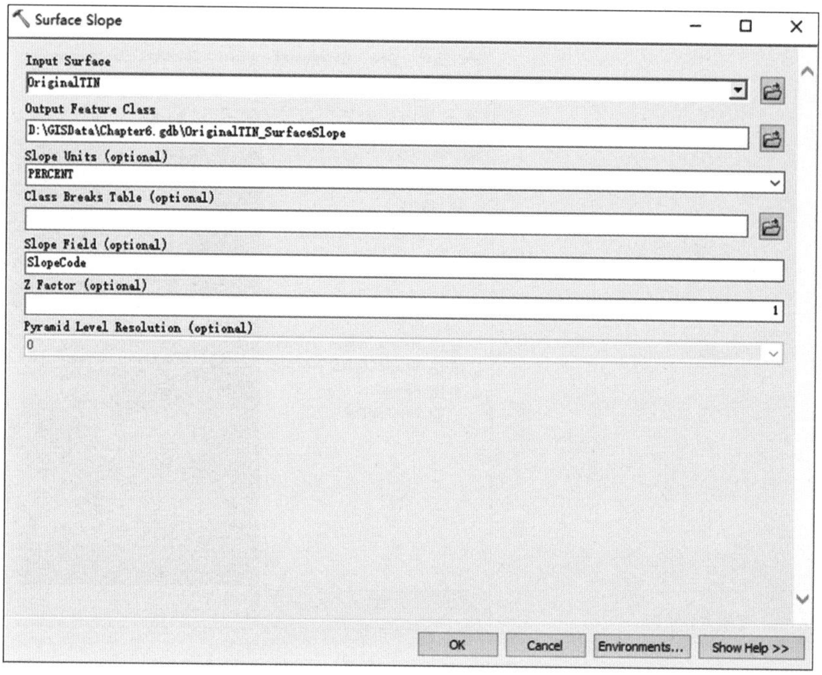

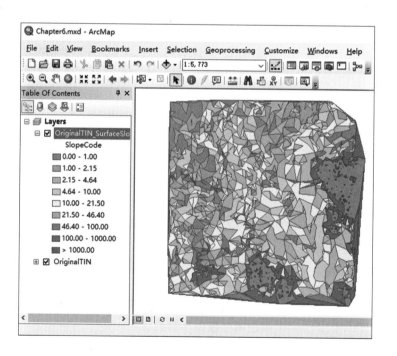

图 6-39　表面坡度分析

（2）单击【OK】，TIN 表面坡度分析结果如图 6-40 所示。

图 6-40　表面坡度分析结果

（3）单击【ArcToolbox】→【3D Analyst Tools】→【Triangulated Surface】→【Surface Aspect】，在【Surface Aspect】对话框中，设置【Input Surface】为【OriginalTIN】，【Output Feature Class】为目标输出路径和文件名，其余参数保持默认即可（图 6-41）。

（4）单击【OK】，TIN 表面坡向分析结果如图 6-42 所示。

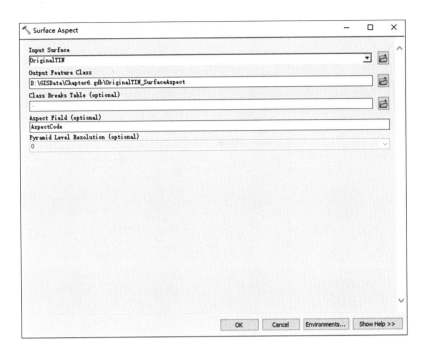

图 6-41　表面坡向分析

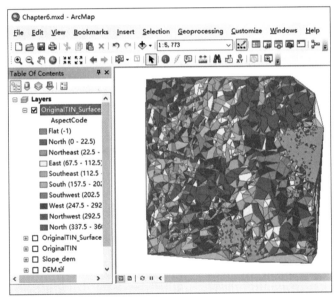

图 6-42　表面坡向分析结果

6.4.2　栅格数据

与栅格数据相比，对 TIN 数据进行坡度分析得到的结果是一个多边形要素类，其坡度属性记录的是坡度的分级而不是准确的坡度值，而栅格地表面获得的坡度分析是每个栅格点的坡度值，较 TIN 数据更为精准，因此实际运用中多采用栅格坡度分析。具体操作步骤如下：

（1）打开 ArcMap，导入随书数据【\GISData\Chapter6\DEM.tif】，单击【ArcToolbox】→【3D Analysis Tools】→【Raster】→【Slope】，在弹出的【Slope】中设置【Input raster】为【DEM.tif】，【Output raster】为目标输出路径和文件名，其余参数保持默认即可（图 6-43）。

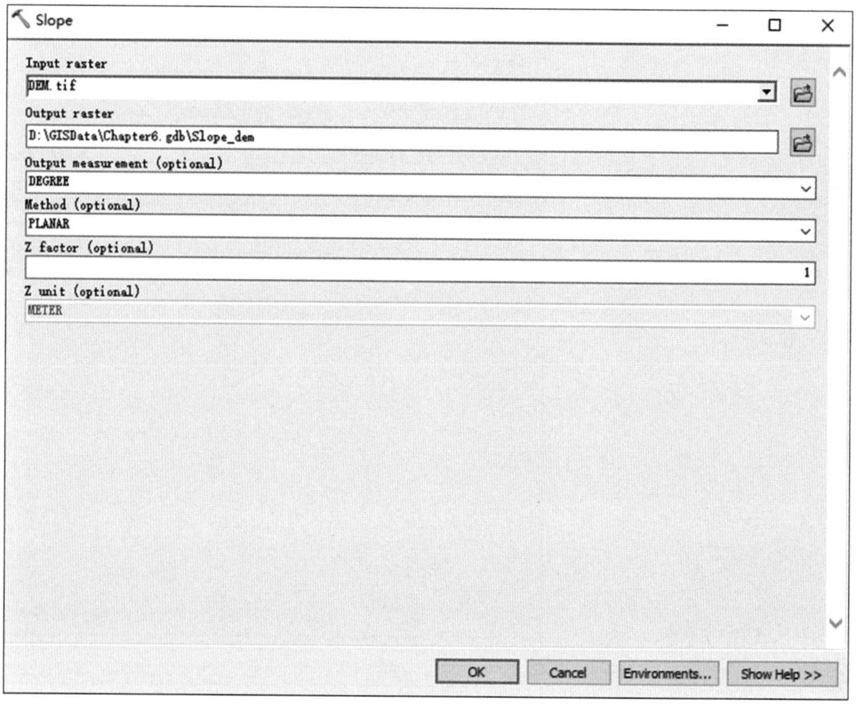

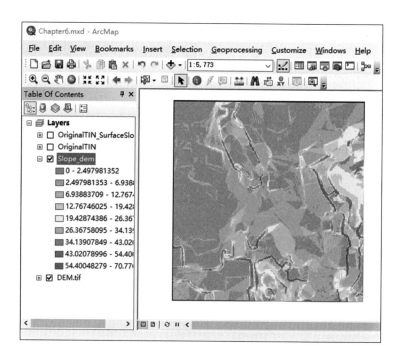

图 6-43 坡度分析

（2）单击【OK】，坡度分析结果如图 6-44 所示。

图 6-44 栅格地表面坡度分析
　　　　结果

（3）单击【ArcToolbox】→【3D Analysis Tools】→【Raster】→【Aspect】，在弹出的【Aspect】中设置【Input raster】为【DEM.tif】，【Output raster】为目标输出路径和文件名，其余参数保持默认即可（图 6-45）。

（4）单击【OK】，坡向分析结果如图 6-46 所示。

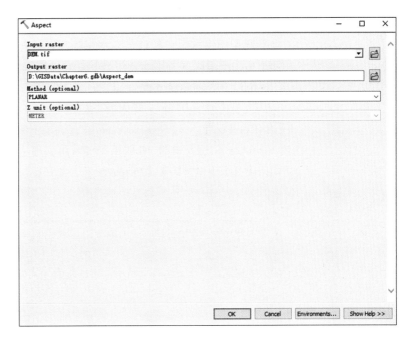

图 6-45　坡向分析

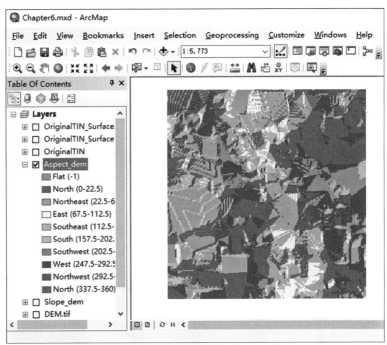

图 6-46　栅格地表面坡向分析
结果

6.5　淹没分析

　　淹没分析中，根据水源的存在与否可以分为无源淹没区分析和有源淹没区分析两类。无源淹没区分析是根据给定高程值，低于指定高程值的点，均计入淹没区，这种情形可以相当于大面积的降水灾害，且降水量分布较为均匀，高程点较低的地区都会有积水灾害的发生；有源淹没区分析需要考虑地形之间的"流通"淹没情形，即洪水只淹没它能流经的地方，这种情形适用于洪水区，如江流、水库等高发区向周边邻域范围扩散，尤其适用于多山丘陵地区的洪水淹没分析。具体操作步骤如下：

6.5.1 无源淹没分析

（1）打开 ArcMap，导入随书数据【\GISData\Chapter6\DEM.tif】。单击【ArcToolbox】→【Spatial Analyst Tools】→【Map Algebra】→【Raster Calculator】，假定高度 10 以下为淹没区，在【Raster Calculator】对话框中输入【"DEM.tif"<10】，【Output raster】为目标输出路径和文件名（图 6-47）。

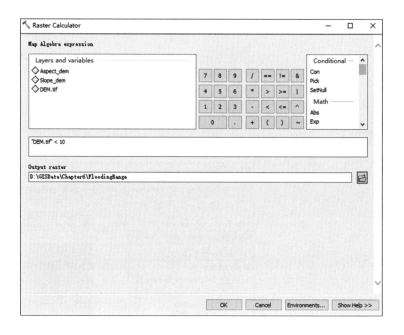

图 6-47 无源淹没分析

（2）单击【OK】，无源淹没分析结果如图 6-48 所示。

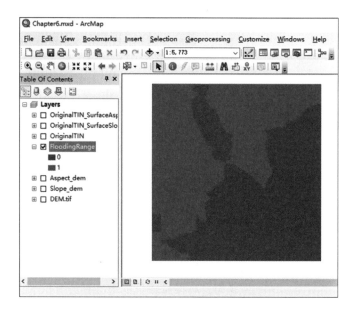

图 6-48 栅格计算结果

（3）导入随书数据【\GISData\Chapter6\Image.tif】，调整【栅格计算结果】图层的【0】值图例为【无填充】。如图 6-49 所示为淹没区可视化分析结果。

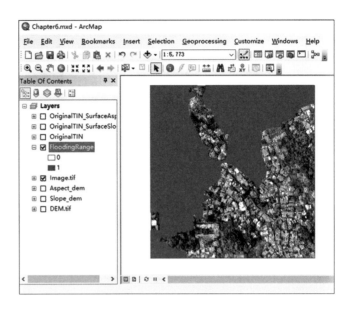

图 6-49 淹没区可视化分析
结果

6.5.2 有源淹没分析

（1）打开 ArcMap，导入随书数据【\GISData\Chapter6\DEM.tif】。打开【Raster Calculator】，假定高度 10 以下为淹没区，在【Raster Calculator】对话框中输入【Con（"DEM.tif" < 10, "DEM.tif"）】，【Output raster】为目标输出路径和文件名（图 6-50）。

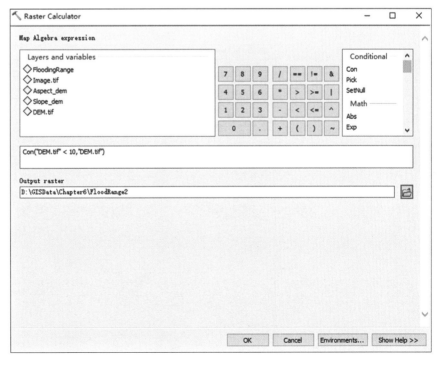

图 6-50 有源淹没分析

（2）单击【OK】，有源淹没分析结果如图 6-51 所示。

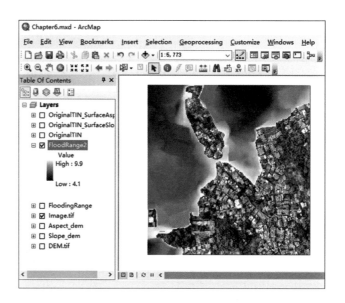

图 6-51　有源淹没可视化分析
　　　　　结果

6.5.3　淹没区制图表达

在淹没区图面表达中，可以通过简单操作提取被淹没区覆盖的建筑物，令淹没区制图表达更为直观。具体操作步骤如下：

（1）在前述分析的基础上，导入随书数据【\GISData\Chapter6\Building.shp】。单击【ArcToolbox】→【Spatial Analyst Tools】→【Extraction】→【Extract by Mask】，设置【Input raster】为【淹没区栅格数据】，【Input raster or feature mask data】为【Building】，【Output raster】为目标输出路径和文件名（图 6-52）。

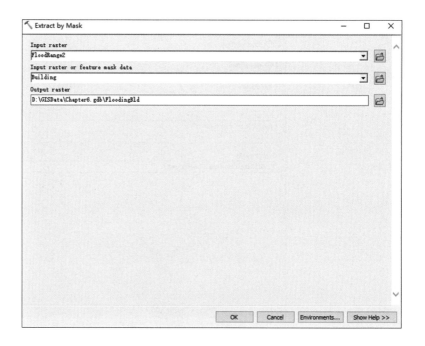

图 6-52　按淹没提取建筑要素

（2）单击【OK】，按淹没提取建筑要素结果如图 6-53 所示。

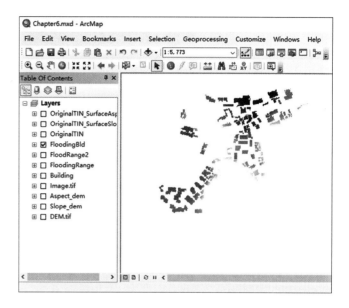

图 6-53　建筑要素提取结果

（3）打开【Raster Calculator】，在【Map Algebra expression】对话框中输入【"FloodingBld" *0】，【Output raster】为目标输出路径和文件名（图 6-54）。

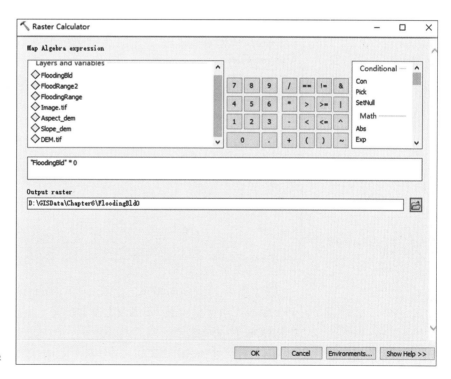

图 6-54　建筑要素栅格值归零

（4）单击【OK】，栅格计算器运算结果如图 6-55 所示。

（5）打开【Raster Calculator】，在【Map Algebra expression】对话框中输入【Con（IsNull（"Flooding Bld 0"），1）】（图 6-56）。

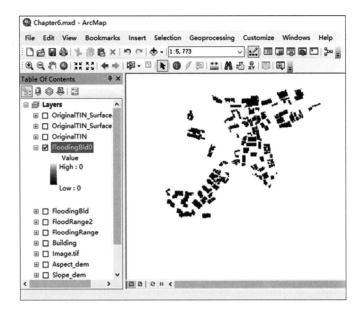

图 6-55 建筑要素栅格格值归零
计算结果

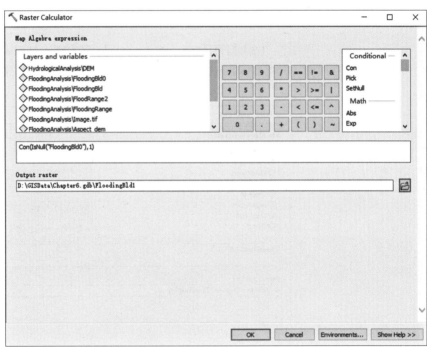

图 6-56 提取流域内非建筑
要素

（6）单击【Environments...】，在【Environment Settings】对话框中单击
【Processing Extent】，设置【Extent】为【Same as layer 有源淹没区分析结果】，
单击【OK】（图 6-57）。

（7）打开【Raster Calculator】，在【Raster Calculator】对话框中输入
【"FloodingBld1" .* "FloodRange2"】，【Output raster】为目标输出路径和文
件名（图 6-58）。

（8）单击【OK】，设置合适的显示色带，提取结果如图 6-59 所示。

（9）打开【Image.tif】图层，最终完成结果如图 6-60 所示。

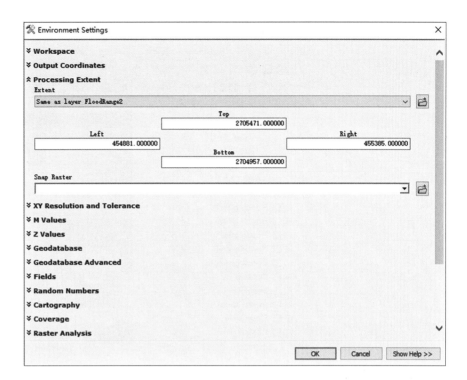

图 6-57 分析环境设置

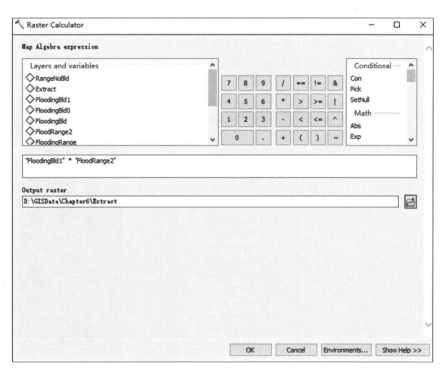

图 6-58 淹没区建筑范围赋值

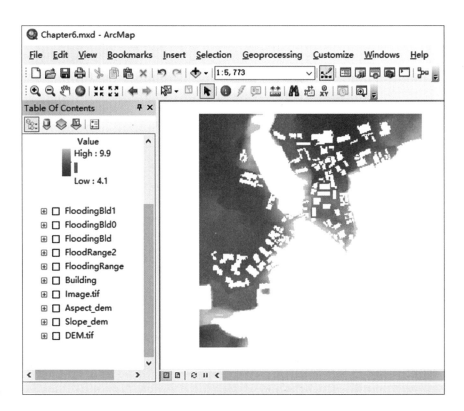

图 6-59　建筑要素剔除结果

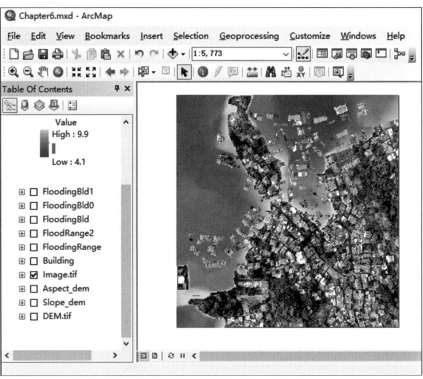

图 6-60　最终完成结果

第7章 三维视觉分析

7.1 三维视觉分析简介

在 ArcGIS 中，三维视觉分析主要针对视域进行。视域指的是从一个或多个观察点可以看到的地表范围，提取视域的过程称为视域分析或可视性分析，视域分析的基础是视线操作。视线是连接观察点和观察目标的线，如果观察范围内任意一点地表或目标高于视线，则该目标对于该观察点为不可视。

视域分析的结果是显示为可视和不可视的二值地图，用两个或多个观察点生成的视域图称为累积视域图，视域分析的准确度取决于 DEM 数据准确度和判断规则。视域分析的参数包括：观察点、观察高度、观察方位角、观察半径、地表曲率、建筑和树木高度等。

7.2 三维数据准备

在 ArcGIS 中，我们通常需要用三维要素进行三维分析，二维要素与三维要素在属性表中的区别是在 Shape 一栏，二维要素显示"Point"，而三维要素显示"Point ZM"表明其带有高程属性（图 7-1）。本节介绍三种将二维要素转化成三维要素的方法。

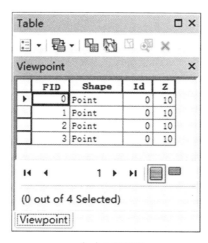
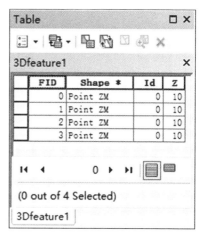

（a）二维要素　　　　　　　　　　　（b）三维要素

图 7-1　二维要素与三维要素的区别

7.2.1 复制要素转为 3D

（1）打开 ArcMap，导入随书数据【\GISData\Chapter7\Viewpoint.shp】
和【\GISData\Chapter7\DEM.tif】（图 7-2）。

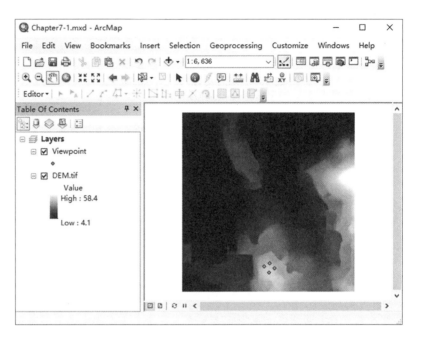

图 7-2　加载实验数据

（2）单击【ArcToolbox】→【Data Management Tools】→【Features】
→【Copy Features】，在【Copy Features】对话框中设置【Input Features】
输入要素为【Viewpoint】图层，【Output Feature Class】为存储路径与文
件名（图 7-3）。

图 7-3　复制要素转为三维要素

（3）单击【Copy Features】对话框下方【Environments...】，在【Environment Settings】中，分别将【M Values】下拉选项中的【Output has M Values】和【Z Values】下拉选项中的【Output has Z Values】点选为【Enabled】（图 7-4）。

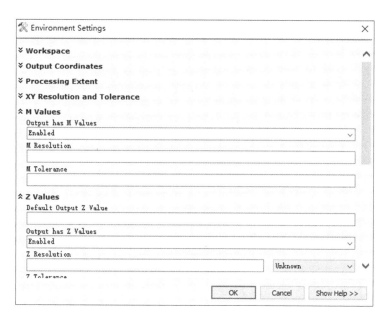

图 7-4　环境设置更改高程属性

（4）单击【OK】，即可将二维的【Viewpoint】图层转为三维【Viewpoint3D1】图层，可打开属性表查看【Shape】一栏，增加了三维属性（图 7-5）。

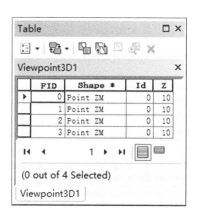

图 7-5　二维要素转为三维要素结果

7.2.2　通过属性转为 3D

（1）单击【ArcToolbox】→【3D Analyst Tools】→【3D Features】→【Feature To 3D By Attribute】，在【Feature To 3D By Attribute】对话框中设置【Input Features】输入要素为【Viewpoint】图层，【Output Feature Class】为存储路径与文件名，【Height Field】下拉选择【Z】字段（图 7-6），将属性表中的【Z】字段作为高程值。

图 7-6　通过属性转为三维要素

（2）单击【OK】，即可将二维的【Viewpoint】图层转为三维【Viewpoint 3D2】图层，可打开属性表查看【Shape】一栏，增加了三维属性（图 7-7）。

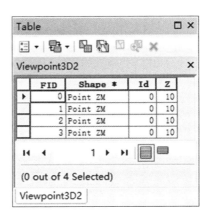

图 7-7　二维要素转为三维要素结果

7.2.3　通过插值转为 3D

（1）单击【ArcToolbox】→【3D Analyst Tools】→【Functional Surface】→【Interpolate Shape】，在【Interpolate Shape】对话框中设置【Input Surface】输入要素为【DEM.tif】图层，【Input Feature Class】为【Viewpoint】图层，【Output Feature Class】为存储路径与文件名，其他选项保持默认即可（图 7-8），意为将【Viewpoint】图层基于 DEM 高程面进行插值，使其赋予高程属性。

（2）单击【OK】，即可将二维的【Viewpoint】图层转为三维【Viewpoint3D3】图层，可打开属性表查看【Shape】一栏，增加了三维属性（图 7-9）。

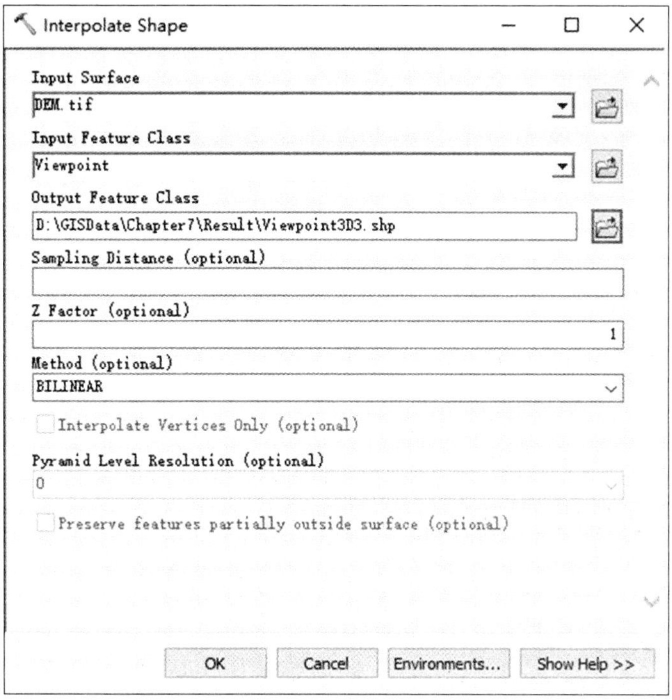

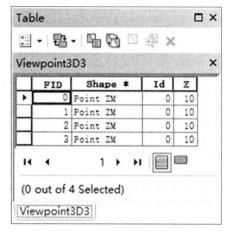

图 7-8 通过插值方式转为三维要素

图 7-9 二维要素转为三维要素结果

（3）打开 ArcScene，导入随书数据【\GISData\Chapter7\Building_footprint.shp】、【Viewpoint3D1.shp】、【Viewpoint3D2.shp】 和【Viewpoint3D3.shp】，即可展现三维效果。其中，【Building_footprint.shp】为建筑基底，【Viewpoint3D1.shp】为高程为地平面的视点，【Viewpoint3D2.shp】是以距离地面 Z =10m 为高程的视点，【Viewpoint3D3.shp】是以 DEM 做插值为其高程值的视点（图 7-10）。

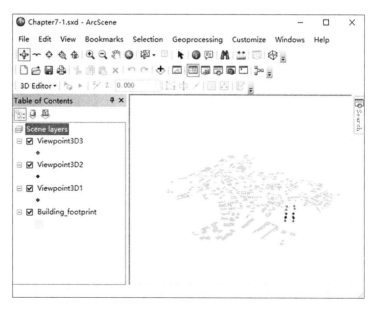

图 7-10 ArcScene 中的三维要素

7.3 通视分析

在鼓浪屿上，有各具特色的"万国建筑"，是吸引游客驻足观赏的重要元素。本节介绍在景区建成环境中，受到不同方向建筑物阻挡时，游客的视线通视情况的三维分析。主要思路是将各建筑物按照层数提取出中心点，游客视线与各中心点连接。叠加建筑要素之后，后方建筑受到前方建筑阻挡，视线在一定空间内的可见范围。该分析可应用于提升景区重要景观点可视环境的风貌优化。

（1）打开 ArcScene，导入随书数据【\GISData\Chapter7\Viewer.shp】和【\GISData\Chapter7\Building_footprint.shp】（图 7-11）。

（2）右键单击菜单栏空白处，勾选调用【3D Editor】工具栏，在【3D Editor】下拉箭头中，单击【Start Editing】。单击【3D Editor】工具栏中的图标，选中【Viewer】图层中的点要素，右键点选【Duplicate Vertical...】（图 7-12）。

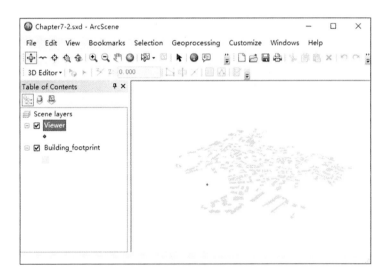

图 7-11　加载实验数据

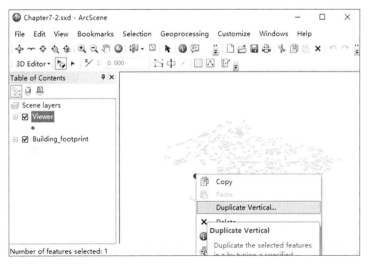

图 7-12　垂直复制视线点

（3）在弹出的【Vertical Offset】中，输入 1.70，即设置参观者视线高度为 1.70m。此时需要注意，【Duplicate Vertical】是将参观者其按 1.70m 高度复制了一次，因此要打开【Viewer】图层属性表，选中第一行，将原有的要素删除，仅保留提高后的视线点（图 7-13）。

（4）先将【Building_footprint.shp】图层导出备份，设置导出路径为【\GISData\Chapter7\Result\Building_footprints】，并将其加载到视图中。然后在菜单栏【Selection】下拉选择【Select By Attributes...】。在【Select By Attributes】对话框中点选【楼层】→【Get Unique Values】→点选【=1】→【OK】（图 7-14）。

（5）单击【3D Editor】工具栏中的图图标，在视图框中右键→【Duplicate Vertical...】→输入数值 3（图 7-15），意为将楼层数为 1 的建筑按照 3m 的层高做一次垂直重复。

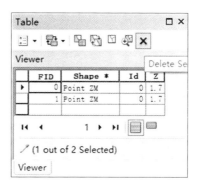

图 7-13　删除原有视线点

图 7-14　选中楼层数为 1 的建筑基底

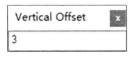

Vertical Offset
3

图 7-15　垂直复制 3m

（6）同理，依次按照属性选择"楼层 =2"的建筑基底，作两次右键→【Duplicate Vertical…】→每次输入数值为 3。

按照属性选择"楼层 =3"的建筑基底作三次右键→【Duplicate Vertical...】→每次输入数值为 3。

按照属性选择"楼层 =4"的建筑基底作四次右键→【Duplicate Vertical...】→每次输入数值为 3。

按照属性选择"楼层 =5"的建筑基底作五次右键→【Duplicate Vertical...】→每次输入数值为 3。

按照属性选择"楼层 =6"的建筑基底作六次右键→【Duplicate Vertical...】→每次输入数值为 3。通过上述处理可将建筑按层数展现，将其设置一个带有边框的符号（图 7-16）。

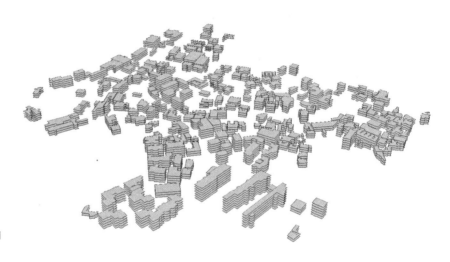

图 7-16　按照楼层数垂直复制
完成后的建筑

（7）打开【Building_footprints】图层属性表，右击【Z】字段→选择【Calculate Geometry】→在【Property】下拉选择【Z Coordinate of Centroid】→单击【OK】（图 7-17），生成每一层建筑质心的 Z 坐标。

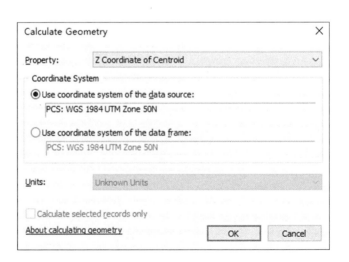

图 7-17　计算楼层质心点的高
程值

（8）在【Building_footprints】图层属性表菜单栏，下拉选择【Export...】，【Output table】设置输出路径为【\GISData\Chapter7\Result\centroid.dbf】（图 7-18），【Save as type】下拉选择输出类型为【dBASE Table】→单击【Save】→单击【OK】，弹出的询问是否加载新表格在当前图层中对话框→单击【Yes】。

图 7-18　导出质心点属性表

（9）将左侧【Table of Contents】切换到【Scene layers】（图 7-19），右击刚刚导出的【centroid】表格→【Display XY Data】，在【Display XY Data】对话框中，分别将【X Field】下拉选择【X】字段，【Y Field】下拉选择【Y】字段，【Z Field】下拉选择【Z】字段，单击【OK】（图 7-20）。相当于每一层生成一个质心，目的是将每层建筑用质心点来替代面状要素（图 7-21）。

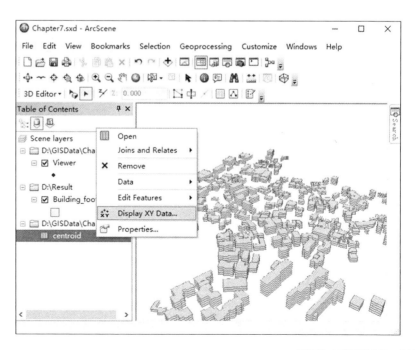

图 7-19　显示建筑楼层质心点

图 7-20　设置质心点高程值

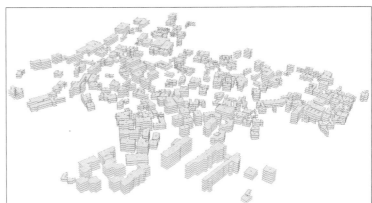

图 7-21　生成后的建筑质心点

（10）打开【Building_footprints】图层属性表，将【Z】字段右键按从小到大排序，选中 Z=0 的要素（图 7-22），即建筑基底（图 7-23）。在左侧窗口中选择【Building_footprints】图层，右键→选择【Properties】，在【Layer Properties】对话框中选【Extrusion】，勾选【Extrude features in layer. Extrusion turns points into vertical lines, lines into walls, and polygons into blocks.】，在【Extrusion value or expression】下面点击右侧计算器→单击【Field】下方的【Height】→单击【OK】，在【Apply extrusion by】选择下拉菜单中的【using it as a value that features are extruded to】（图 7-24），单击【确定】。即可将建筑基底按照建筑高度进行拉伸。

	FID	Shape *	用途	质量	楼层	更认网	Height	X	Y	Z
▶	0	Polygon ZM	纯住宅	一般损	2	127.940955	6	455331	2705007	0
	1	Polygon ZM	纯住宅	一般损	3	177.876362	9	455121	2705155	0
	2	Polygon ZM	底商	一般损	3	209.746103	9	455137	2705182	0
	3	Polygon ZM	纯住宅	基本完	4	131.174175	12	455336	2705204	0
	4	Polygon ZM	纯住宅	基本完	3	151.274016	9	455333	2705053	0

Table — Building_footprints

1 ▶ ▶| ☰ ☰ (262 out of 896 Selected)

Layer3DTOfeature　Building_footprints

图 7-22　属性表中选中建筑基底

（11）单击【ArcToolbox】→【3D Analyst Tools】→【Conversion】→【Layer 3D to Feature Class】，在【Layer 3D to Feature Class】对话框中，【Input Feature Layer】下拉选择【Building_footprints】图层，【Output Feature

Class】设置保存路径【\GISData\Chapter7\Result\Building3D.shp】,单击【OK】
(图 7-25)。生成 MultiPatch 格式的建筑模型 (图 7-26)。

(12) 在左侧窗口中选择【Building_footprints】图层,右击→选择
【Properties】,在【Layer Properties】对话框中选【Extrusion】,取消勾选
【Extrude features in layer. Extrusion turns points into vertical lines,lines into
walls,and polygons into blocks.】,将其展现出原有层叠效果 (图 7-27)。

(13) 在左侧窗口中选择【centroid.Events】图层,右击→【Export】,设
置保存路径【\GISData\Chapter 7\Result\Building_centroid.shp】(图 7-28),弹
出的询问是否加载新表格在当前图层中对话框→单击【Yes】,导入随书数
据【\GISData\Chapter7\Geographic_range.shp】(图 7-29),用作下一步分析。

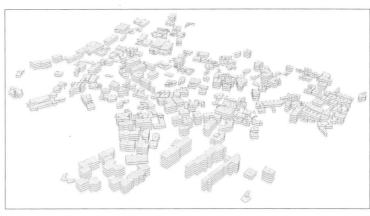

图 7-23　建筑基底选中后

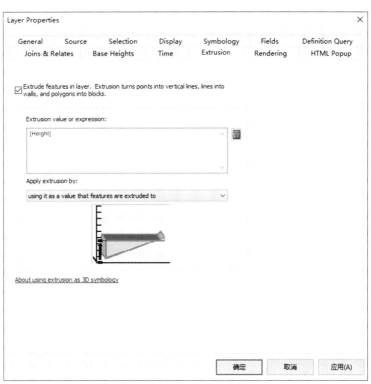

图 7-24　按照楼层高度进行拉伸

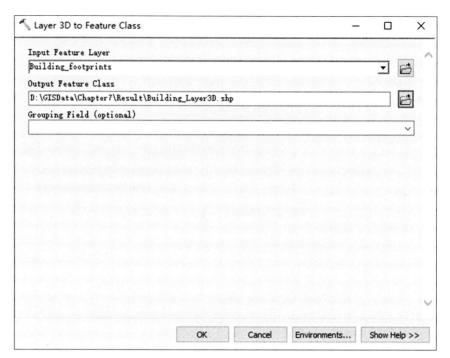

图 7-25　生成建筑体块模型

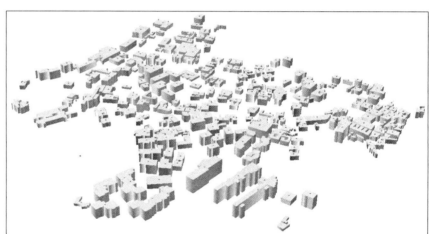

图 7-26　生成后的建筑体块

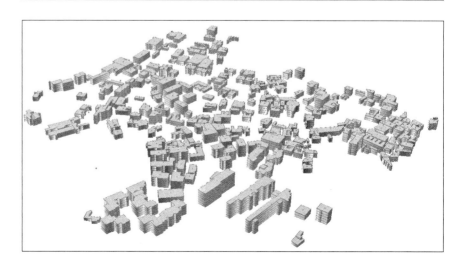

图 7-27　楼层叠加建筑体块

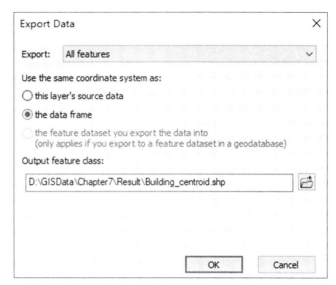

图 7-28　导出建筑质心点为 shp 文件

图 7-29　加载研究范围图层

（14）单击【ArcToolbox】→【Conversion Tools】→【To Raster】→【Feature to Raster】，在【Feature to Raster】对话框中，设置【Input features】输入要素为【Building footprints】，【Field】为下拉字段【Height】，【Output raster】设置输出路径，【Output cell size (optional)】可设置为与 DEM 相同（图 7-30）。单击【Environment...】→【Processing Extent】，下拉选择【Same as layer Geographic_range】单击【OK】(图 7-31)，生成带建筑高度的栅格面（图 7-32)。

（15）单击【ArcToolbox】→【Spatial Analyst Tools】→【Reclass】→【Reclassify】，在【Reclassify】对话框中，【Input raster】下拉选择【Building- DEM】,【Reclass field】为【VALUE】，主要修改【NoData】值修改为【0】，其他保留旧值，【Output raster】设置输出路径（图 7-33）。单击【Environment...】→【Processing Extent】，下拉选择【Same as layer Geographic_range】单击【OK】。生成填补空值后的带建筑高程栅格面（图 7-34 ）。

（16）单击【ArcToolbox】→【3D Analyst Tools】→【Visibility】→【Construct Sight Lines】，在【Construct Sight Lines】对话框中，【Observer Points】下拉选择【Viewer】,【Target Features】下拉选择【Building_centroid】,【Output】设置输出路径，其余默认设置（图 7-35），单击【OK】，生成参观者到每个建筑层质心的视线（图 7-36 ）。

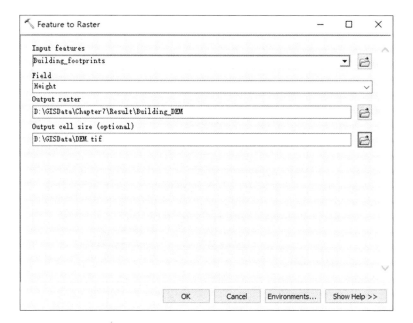

图 7-30　生产带建筑高度的栅格面

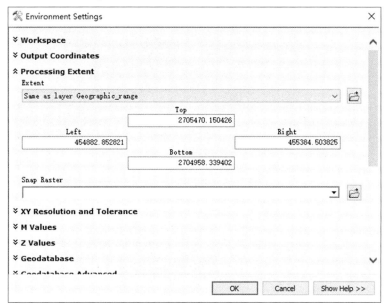

图 7-31　设置栅格处理范围

图 7-32　建筑高度栅格图层

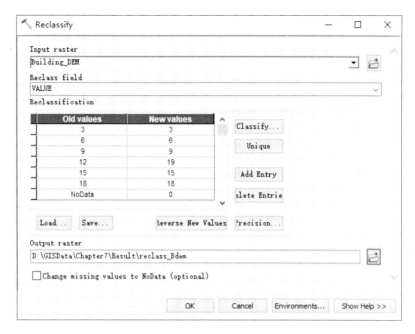

图 7-33　重分类栅格图层

图 7-34　重分类后的建筑栅格
图层

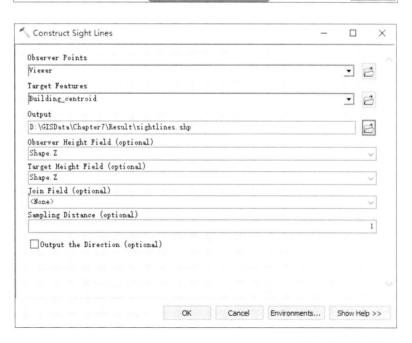

图 7-35　创建视线设置

图 7-36　生成参观者与每层建筑质心点的视线

（17）单击【ArcToolbox】→【3D Analyst Tools】→【Visibility】→【Line of Sight】，在【Line of Sight】对话框中，【Input Surface】下拉选择【reclass_Bdem】，【Input Line Features】下拉选择【sightlines】，【Input Features（optional）】下拉选择【Building3D】，【Output Feature Class】设置输出路径（图 7-37），单击【OK】。即可生成参观者基于视线的通视情况，绿色线代表可视范围，红色线代表不可视范围（图 7-38），可以将视高拉至水平高度，更加直观体现参观者在建成环境中通视情况（图 7-39），辅助景区进一步优化可视面的景观风貌。

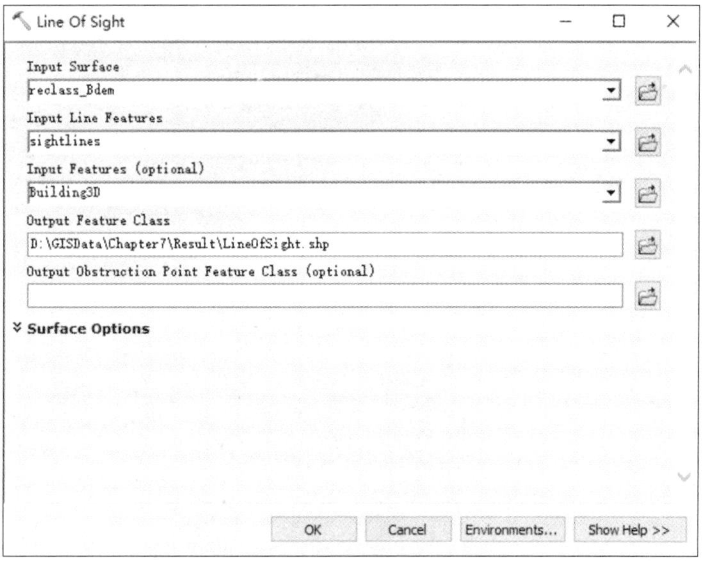

```
Line Of Sight                                            —    □    ×

Input Surface
reclass_Bdem                                              ▼   📂

Input Line Features
sightlines                                                ▼   📂

Input Features (optional)
Building3D                                                ▼   📂

Output Feature Class
D:\GISData\Chapter7\Result\LineOfSight.shp                    📂

Output Obstruction Point Feature Class (optional)
                                                              📂

≫ Surface Options



                              OK    Cancel    Environments...    Show Help >>
```

图 7-37　参观者通视分析设置

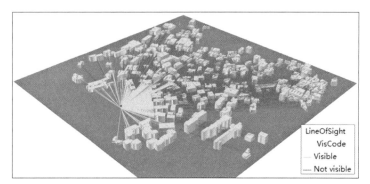

LineOfSight
VisCode
— Visible
— Not visible

图 7-38　参观者通视分析结果

图 7-39　参观者通视分析立面图

7.4　视域分析

本节介绍重要多个景观节点或视觉廊道的可视域分析。

7.4.1　景观点视域分析

（1）打开 ArcMap，导入随书数据【\GISData\Chapter7\Viewpoints3d.shp】、【\GISData\Chapter7\Road_line.shp】和【\GISData\Chapter7\DEM.tif】（图 7-40）。

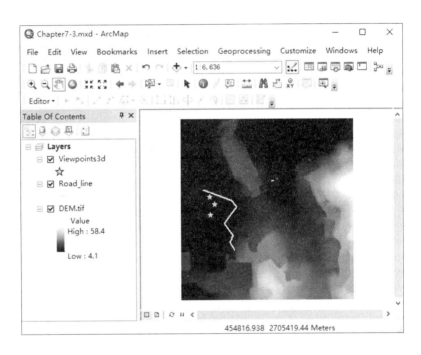

图 7-40　加载实验数据

（2）单击【ArcToolbox】→【3D Analyst Tools】→【Visibility】→【Viewshed】，在【Viewshed】对话框中，【Input raster】下拉选择【DEM.tif】图层，【Input point or polyline observer features】下拉选择【Viewpoints】图层，【Output raster】设置输出路径和名称，其余设置按默认选项，（图 7-41），单击【OK】。生成景观点的视域（图 7-42），其中粉色部分为不可视范围，绿色部分为可视域。

（3）打开生成的【Viewshed】图层属性表（图 7-43），【VALUE】字段中，值为 0 代表不可视范围，值为 1 代表可以被一个景观点可视的范围，值为 2 代表可以被两个景观点可视的范围，值为 3 代表可以被三个景观点可视的范围。【COUNT】为像元数。

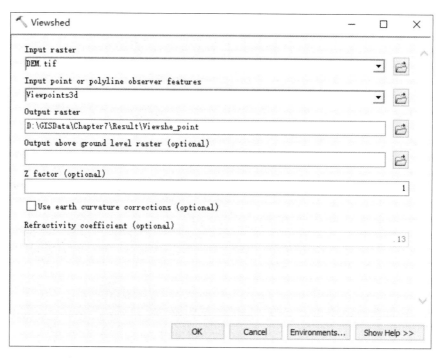

图 7-41 景观点的视域分析设置

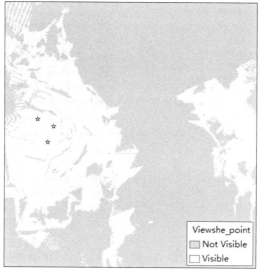

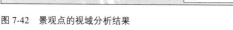

图 7-42 景观点的视域分析结果

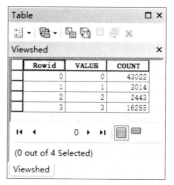

图 7-43 景观点的视域分析结果属性表

7.4.2 景观线视域分析

（1）单击【ArcToolbox】→【3D Analyst Tools】→【Visibility】→【Viewshed】，在【Viewshed】对话框中，【Input raster】下拉选择【DEM.tif】图层，【Input point or polyline observer features】下拉选择【Road_line】图层，【Output raster】设置输出路径和名称，其余设置按默认选项，（图 7-44），单击【OK】。生成景观线的视域（图 7-45），其中粉色部分为不可视范围，绿色部分为可视域。

（2）打开生成的【Viewshe_line】图层属性表（图7-46），【VALUE】字段中，值为0代表不可视范围，值为1代表可以被一个景观线上的折点可视的范围，值越大表示景观线上折点的可视范围越大。【COUNT】为像元数。

注：在ArcGIS中，视域分析的景观点和景观线要素必须基于DEM插值生成的3D要素，即通过7.2.3插值方法生成的要素，其高程为DEM值。

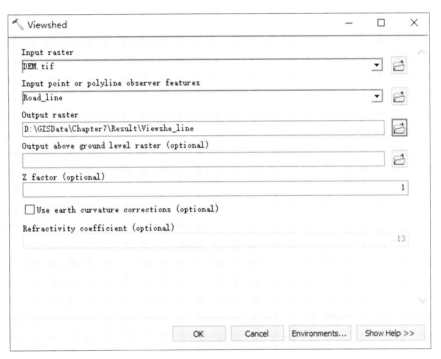

图7-44　景观线的视域分析设置

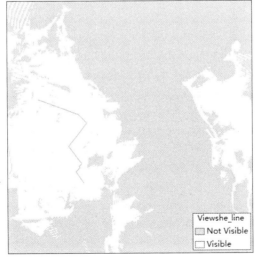

图7-45　景观线的视域分析结果

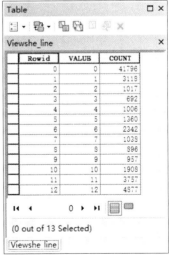

图7-46　景观线的视域分析结果属性表

7.4.3　观察点分析

（1）单击【ArcToolbox】→【3D Analyst Tools】→【Visibility】→
【Observer Points】，在【Observer Points】对话框中设置【Input raster】输入
要素为【DEM.tif】，设置【Input point observer features】为【Viewpoints3d】，
【Output raster】为输出路径与名称，其余设置按默认选项，单击【OK】。
生成观测点的视域（图7-47），生成的8种不同情况下的视域。

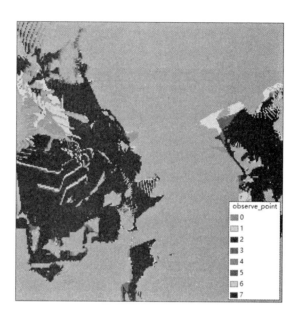

图 7-47　观察点分析结果

（2）打开生成的【Observe_point】图层属性表，观察这8种组合，其
中，OBS1、OBS2、OBS3分别代表三个景观点，其值为0代表不可视，值
为1代表可视（图7-48）。可以下拉菜单【Add Field】，新增字段【TOTAL】，
类型为【Short Integer】，单击【OK】（图7-49）。右键【TOTAL】→【Field
Calculator】，输入公式【TOTAL=[OBS1]+[OBS2]+[OBS3]】（图7-50），单
击【OK】。

Rowid	VALUE	COUNT	OBS1	OBS2	OBS3
0	0	43022	0	0	0
1	1	703	1	0	0
2	2	167	0	1	0
3	3	214	1	1	0
4	4	2144	0	0	1
5	5	875	1	0	1
6	6	1354	0	1	1
7	7	16285	1	1	1

(0 out of 8 Selected)

Observe_point

图 7-48　观察点分析结果属性表

图 7-49 添加观察点汇总（TOTAL）字段　　　　　图 7-50 计算观察点汇总（TOTAL）字段

　　（3）将观察点分析结果符号化显示，双击【Observe_point】，单击【Symbology】→【Value Field】下拉选择【TOTAL】，单击【确定】。即可分级显示总观察点分别为 0、1、2、3 时的可视范围（图 7-51）。

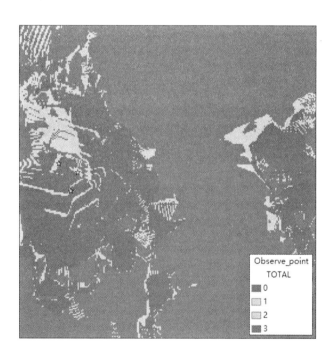

图 7-51 观察点汇总分析结果

7.5 天际线分析

　　在鼓浪屿上，既有建筑又有山体，天际线结构形态良好，为更好地对其进行保护，需要对周边建筑物高度进行控制，因此本节介绍基于视觉敏感性高的点和天际线分析，融合多个视觉敏感点，构建综合控制高度面，新增或修缮建筑的高度应在控制高度面以下，以达到不破坏景区天际线视觉景观的效果。

（1）打开 ArcScene，导入随书数据【\GISData\Chapter7\Viewpoints3d.shp】、【\GISData\Chapter7\Building_footprint.shp】和【\GISData\Chapter7\DEM.tif】（图 7-52）。可先将【Viewpoints3d】图层进行符号化，使其效果更为明显。

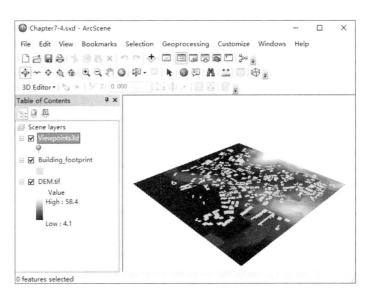

图 7-52　加载实验数据

（2）单击【ArcToolbox】→【3D Analyst Tools】→【Functional Surface】→【Interpolate Shape】，在【Interpolate Shape】对话框中，【Input Surface】下拉选择【DEM.tif】图层，【Input Feature Class】下拉选择【Building_footprint】图层，【Output Feature Class】设置输出路径及名称【\GISData\Chapter7\Result\Building InterpolateShape.shp】（图 7-53），单击【OK】，将建筑基底基于高程面插值。

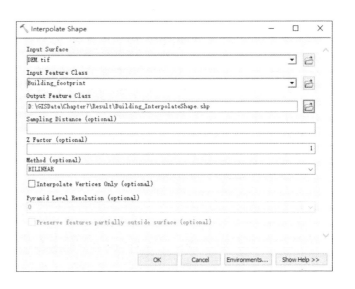

图 7-53　建筑基底基于 DEM 插值

（3）双击【DEM.tif】，单击【Base Heights】→【Elevation from surfaces】→【Floating on a custom surface】→下拉选择【DEM.tif】，其余按默认选项（图 7-54），单击【确定】，生成 DEM 浮动效果（图 7-55）。

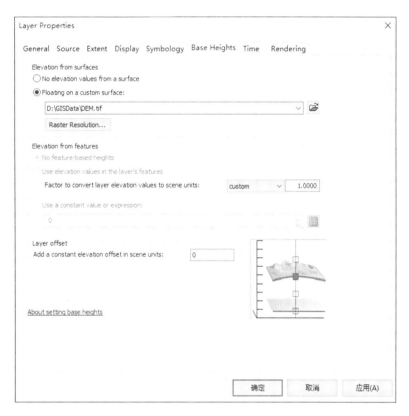

图 7-54　设置 DEM 为浮动界面

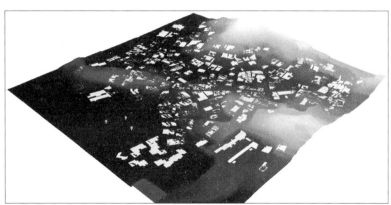

图 7-55　设置 DEM 为浮动界面结果

（4）右击【Building InterpolateShape.shp】图层→【Properties】→【Extrusion】→勾选【Extrude features in layer. Extrusion turns points into vertical lines, lines into walls, and polygons into blocks.】→在【Extrusion value or expression】框中，单击右侧计算器，选择【Height】字段作为拉伸高度→在【Apply extrusion by】框中下拉选择【adding it to each feature's base height】（图 7-56），单击【确定】，拉伸结果如图 7-57 所示。

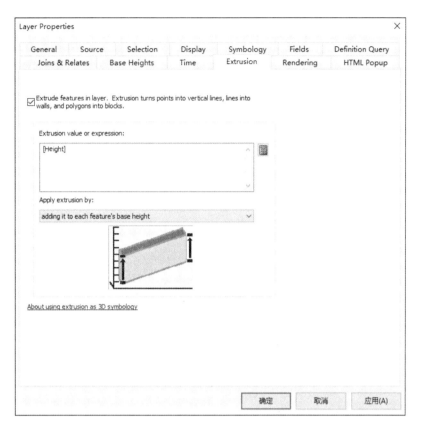

图 7-56 建筑基于高度拉伸

图 7-57 建筑基于高度拉伸结果

（5）单击【ArcToolbox】→【3D Analyst Tools】→【Conversion】→【Layer 3D to Feature Class】，在【Layer 3D to Feature Class】中输入要素【Building_InterpolateShape】，【Output Feature Class】设置输出路径及名称（图 7-58），单击【OK】，生成建筑三维模型（图 7-59）。

（6）打开【Viewpoints】图层属性表，选中第一个视线点（图 7-60），在右侧【ArcToolbox】→【3D Analyst Tools】→【Visibility】→【Skyline】，在【Skyline】对话框中，【Input Observer Point Features】下拉选择【Vewpoints3d】图层，【Input Surface（optional）】下拉选择【DEM.tif】图层，【Virtual Surface Radius（optional）】和【Virtual Surface Elevation（optional）】按照默认设置，【Input Features（optional）】下拉选择【Building_DEM】图层，

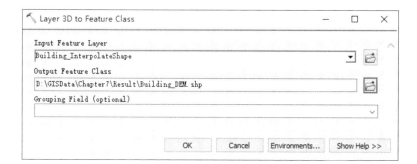

图 7-58 建筑固定为三维模型
设置

图 7-59 转为三维模型后的建
筑体块

【Feature Level of Detail（optional）】按照默认设置，【Output Feature Class】
设置输出路径与名称，在【Skyline Options】下方的【Maximum Horizon
Radius（optional）】输入 500m 作为最大分析半径（图 7-61），单击【OK】，
即可生成基于第一个视线点的天际线（图 7-62）。

（7）单击【ArcToolbox】→【3D Analyst Tools】→【Visibility】→【Construct
Sight Lines】，在【Construct Sight Lines】对话框中设置【Observer Points】
为【Viewpoints3d】，【Target Features】下拉选择【skyline】，【Output】设
置输出路径及名称【\GISData\Chapter7\Result\consightline.shp】，其余选项
默认设置（图 7-63），单击【OK】。生成第一个视线点的视线（图 7-64）。

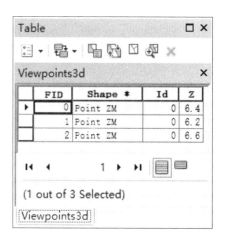

图 7-60　选中第一个视线点

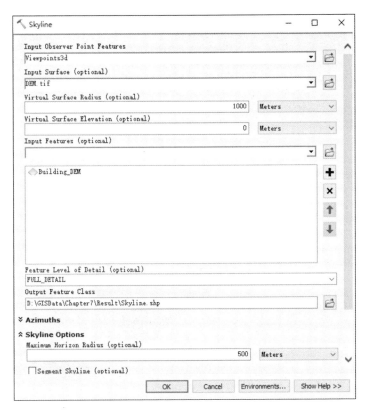

图 7-61 创建视线点一的天际线

图 7-62 视线点一的天际线分析结果

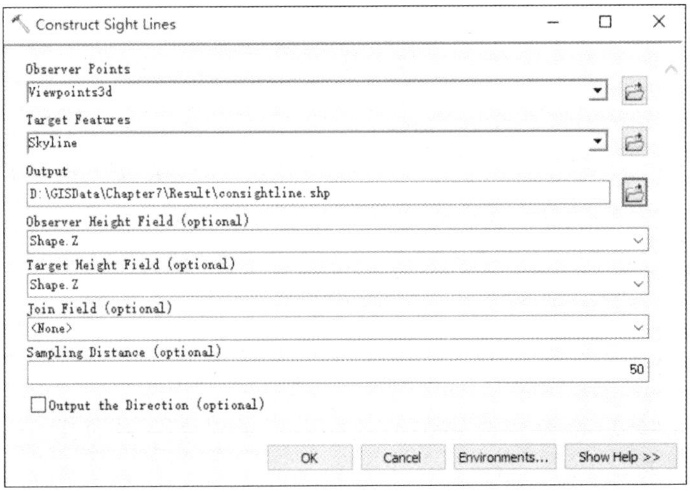

图 7-63 创建视线点一的50m等距视线

图 7-64 视线点一的视线分析
结果

（8）单击【ArcToolbox】→【3D Analyst Tools】→【Data Management】
→【TIN】→【Create TIN】，在【Create TIN】对话框中，设置【Output
TIN】为输出路径，【Coordinate System（optional）】与 DEM 保持一致，设
置为【WGS_1984_UTM_Zone_50N】，【Input Feature Class（optional）】下拉
选择【Viewpoints3d】和【consightline】图层（图 7-65），单击【OK】。即
可生成基于视点、视线和天际线的 TIN（图 7-66），为在第一个视点可视范
围内的控制高度面。

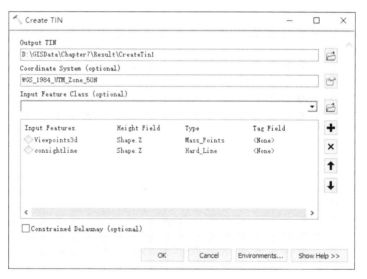

图 7-65 创建基于视点、视线
和天际线的 TIN

图 7-66 基于视点、视线和天
际线的 TIN 结果

（9）单击【ArcToolbox】→【3D Analyst Tools】→【Conversion】→【From TIN】→【TIN to Raster】，在【TIN to Raster】对话框中，【Input TIN】下拉选择【CreateTin1】，【Output Raster】设置输出路径及名称【\GISData\Chapter7\Result\tin1_dem】，其余选项按默认设置（图7-67），单击【OK】，将TIN面转化为栅格形式的控制高度面。

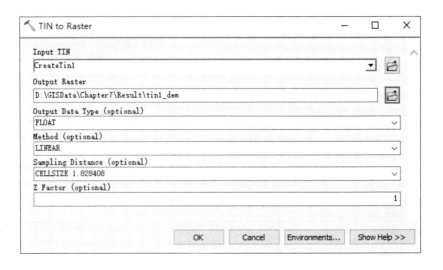

图7-67　TIN转为栅格

（10）双击【tin1_dem】图层，单击【Base Heights】→【Elevation from surfaces】→点选【Floating on a custom surface】→下拉选择【tin1_dem】，其余按默认选项，单击【确定】，即可生成第一个视点的控制高度面（图7-68）。

图7-68　设置控高面浮动效果结果

（11）生成第二、第三个视线点的控制高度面：重复上述步骤（6）～（10），依次生成第二、第三个视线点的天际线分析、视线、TIN以及控制高度面（图7-69）。

注：视线点的数量可以根据实际情况增减，本例选择三个视觉上敏感的点作为视线点。

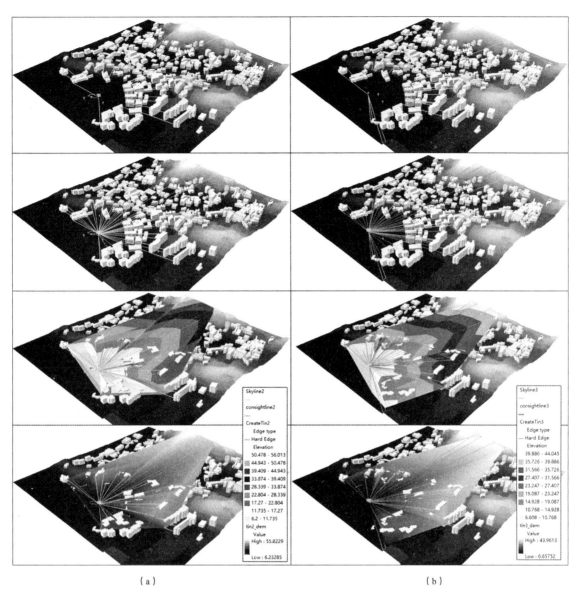

图 7-69　生成视线点二和视线点三的控高面
（a）生成视线点二；（b）生成视线点三

（12）在右侧【Catalog】中，将生成的【tin_dem】右键→【Copy】，在同一个文件夹下右键→【Paste】，生成备份图层【tin1_demcopy】，右键【tin1_demcopy】图层→【Load】→【Load Data...】（图 7-70），在弹出的【Mosaic】对话框中，依次下拉选择【tin2_dem】、【tin3_dem】图层，【Mosaic Operator（optional）】下拉选择【MINIMUM】（图 7-71），单击【OK】。将三个视线点的控高面基于各自的最低高度进行镶嵌融合，生成综合控制高度面。

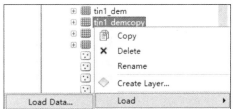

图 7-70 复制栅格并加载

图 7-71 融合栅格面

（13）生成的综合控制高度面是栅格形式，可将其设置浮动效果，并设置可视化颜色效果。双击图层【tin1_demcopy】→【Base Heights】→点选【Floating on a custom surface】，再选择【Symbology】→【Stretched】，单击【确定】。即可生成基于天际线分析的综合控制高度面（图 7-72），新增建筑原则上高度应在该控制高度面之下，否则将破坏视觉敏感点的天际线景观。

图 7-72 基于三个视觉敏感点
的控制高度面结果

第8章　水文流域分析

8.1　水文分析简介

在城市规划领域，规划片区内的排水系统时需要考虑到地表降水与水流方向的特征，应进行水文分析。其中，接受雨水的区域以及雨水到达出水口前所流经的网络被称为水系，常见的水文循环包括降水、蒸发和地下水流等，流经水系的水流只是水文循环的一个子集。ArcGIS 提供了完整的水文分析工具为地表水流建立模型，重点处理水在地表上的运动情况。

8.2　洼地操作

水文分析是在数字高程模型的基础上进行的，但是由于数据的误差以及一些真实存在的地形情况，DEM 表面可能存在着凹陷区域，在进行水流方向计算时，容易对水流方向造成干扰，降低结果的准确度。在进行水文分析操作前，必须保证用于水文分析的 DEM 不存在洼地，如果存在的话，需要进行填洼操作。在实际操作中，有一些洼地在水文分析中需要保留，不能直接进行填洼操作。为了确认哪些洼地需要填平，哪些洼地需要保留，需要对 DEM 进行洼地检测。具体操作步骤如下：

8.2.1　洼地检测

（1）打开 ArcMap，导入随书数据【\GISData\Chapter8\DEM.tif】（图 8-1）。

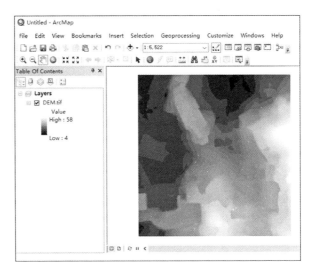

图 8-1　导入 DEM 数据

（2）单击【ArcToolbox】→【Spatial Analyst Tools】→【Hydrology】→【Sink】，在弹出的【Sink】对话框中（图 8-2），在【Input flow direction raster】下拉菜单中选择【DEM.tif】，在【Output raster】中选择输出文件的路径（需要存储在地理信息数据库内）。

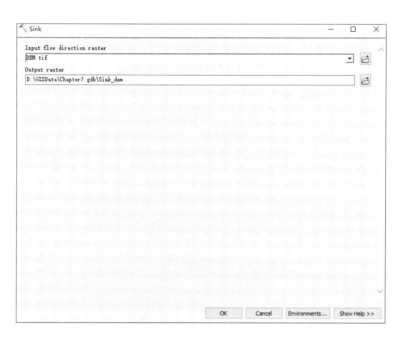

图 8-2　洼地检测

（3）单击【OK】，洼地检测结果如图 8-3 所示。如有需要，可以在填洼操作中进行具体设置，筛除不需要填充的洼地。

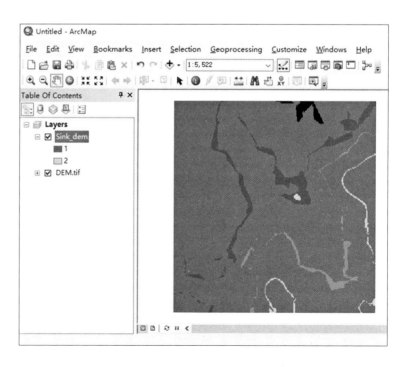

图 8-3　洼地检测结果

8.2.2　填洼

（1）单击【ArcToolbox】→【Spatial Analyst Tools】→【Hydrology】→
【Fill】，在弹出的【Fill】对话框中，【Input surface raster】下拉菜单中选择
【DEM.tif】，在【Output surface raster】中选择输出文件的路径（需要存储
在地理信息数据库内）。有特殊需要的用户可以填写【Z limit】参数，【Z
limit】表示要填充的凹陷点与其水流倾斜点之间的最大高程差，如高程差
大于【Z limit】的值，该点不会被填充（图 8-4）。

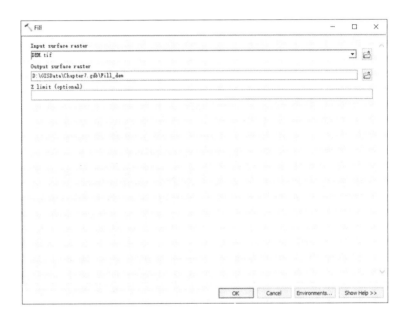

图 8-4　填洼操作

（2）单击【OK】，填洼结果如图 8-5 所示。

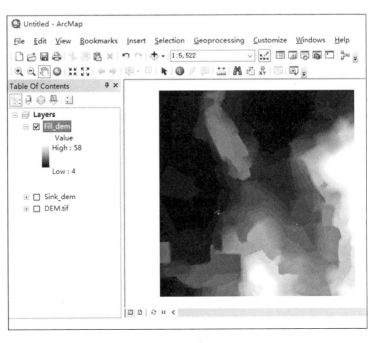

图 8-5　填洼结果

8.3　地表水流分析

ArcGIS 中，地表水流分析包括水流方向、汇流累积量、流程等几个方面。水流方向分析采用八邻域分析算法，即：把地形划分成网格，每个中央栅格都被周边 8 个栅格所包围，中央栅格到周围 8 个栅格中坡度最大的栅格所在的方向即为水流方向。汇流累积量是地表水根据水流方向计算结果汇集到端点上的累积数据。流程是指地面上的某一点沿着水流路径到其流向的端点的最大地面距离的水平投影长度。流程和地面径流的速度相关，直接反映径流对地面土壤的侵蚀力，在水土保持工作中具有重要意义。具体操作步骤如下：

8.3.1　流向分析

（1）在【ArcToolbox】中单击【Spatial Analyst Tools】→【Hydrology】→【Flow Direction】，设置【Input surface raster】为【填洼后的 DEM 数据】，【Output flow direction raster】为目标输出路径（需要存入地理信息数据库中）。【Force all edge cells to flow outward】表示在 DEM 数据边缘的栅格水流方向全部留出 DEM 区域，【Output drop raster】所得数据反映整个区域最大坡降的分布情况，如无特殊需要，保持默认即可（图 8-6）。

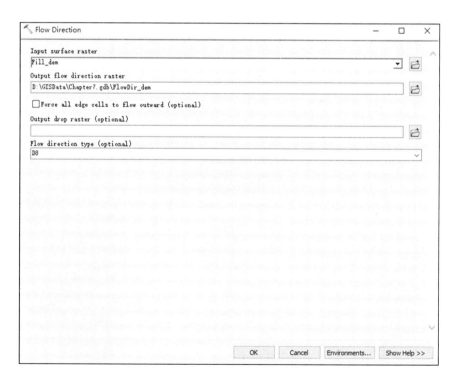

图 8-6　流向分析

（2）单击【OK】，水流方向分析结果如图 8-7 所示。

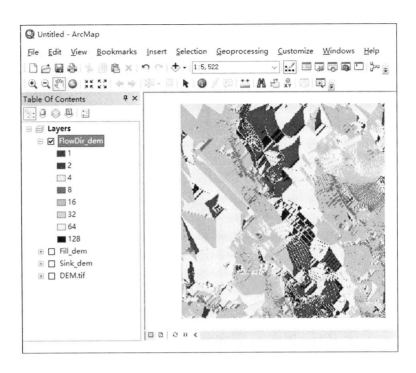

图 8-7　流向分析结果

8.3.2　流量累积分析

（1）单击【ArcToolbox】→【Spatial Analyst Tools】→【Hydrology】→【Flow Accumulation】，设置【Input flow direction raster】为【流向栅格数据】，【Output accumulation raster】为目标输出路径（需要存入地理信息数据库中）。【Input weight raster】表示影响流量累积的权重栅格数据，考虑包括降水、土壤以及植被等在内对径流影响因素，可以更详细地分析地表水流特征。如无特殊需要，保持默认即可（图 8-8）。

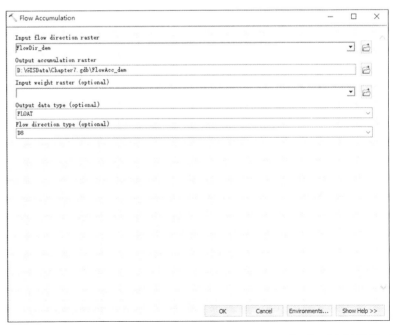

图 8-8　汇流累积量分析

（2）单击【OK】，汇流累积量分析结果如图 8-9 所示。

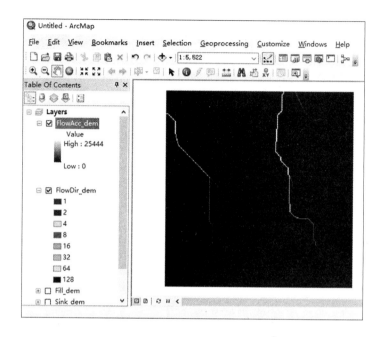

图 8-9　汇流累积量分析结果

8.3.3　河流长度分析

（1）在【ArcToolbox】中单击【Spatial Analyst Tools】→【Hydrology】→【Flow Length】，设置【Input flow direction raster】为【流向栅格数据】，【Output raster】为目标输出路径（需要存入地理信息数据库中）。【Direction of measurement】中，【DOWNSTREAM】代表顺流计算，【UPSTREAM】代表溯流计算。如无特殊需要，其他参数保持默认即可（图 8-10）。

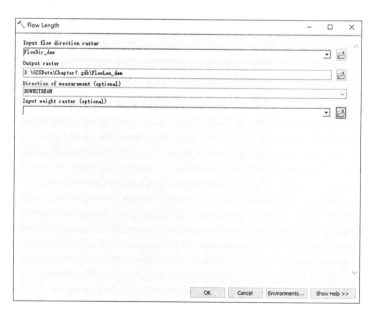

图 8-10　流程分析

（2）单击【OK】，流程分析结果如图 8-11 所示。

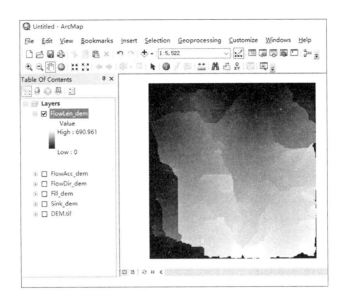

图 8-11　流程分析结果

8.4　河流网络操作

河道网络的相关操作包括河流网络生成与矢量化、河流链接生成，以及最后的河网分级。在汇流累积栅格数据的基础上，在栅格计算器中利用所设定的阈值对整个区域分析并生成一个新的栅格图，其中汇流量大于阈值的栅格设定为 1，即判定为河道。而汇流量小于或等于阈值的栅格设定为无数据，即非河道。阈值可结合不断地尝试和现有地形图等资料辅助检验的方式确定。而对河网进行矢量化的主要目的是方便之后的编辑。

河流链接记录河网中结点之间的连接信息，形成河网的基础结构。河流链接的每条弧段连接着两个作为出水点或汇合点的结点，或者连接着作为出水点的结点和河网起始点。通过提取河流链接可以得到每一个河网弧段的起始点和终止点。同样，也可以得到该汇水区域的出水点。这些出水点对于水量、水土流失等研究具有重要意义，同时也为进一步的流域分割做好了准备。具体操作步骤如下：

（1）单击【ArcToolbox】→【Spatial Analyst Tools】→【Map Algebra】→【Raster Calculator】，在弹出的【Raster Calculator】对话框中（图 8-12），输入公式【Con（"FlowAcc_dem">800,1)】，其中 800 为阈值，可根据生成的河网结果灵活调整。在【Output raster】为目标输出路径（需要存入地理信息数据库中）。

（2）单击【OK】，栅格河流网络提取结果如图 8-13 所示。

（3）单击【ArcToolbox】→【Spatial Analyst Tools】→【Hydrology】→【Stream to Feature】，设置【Input stream raster】为【River Net-dem】，【Input flow direction raster】为【Flow Dir-dem】，【Output polyline features】为目标输出路径（需要存入地理信息数据库中）。【Simplify polylines（optional）】操作可以简化河流网络矢量化的结果，用户可以根据需要勾选（图 8-14）。

图 8-12　栅格河流网络提取操作

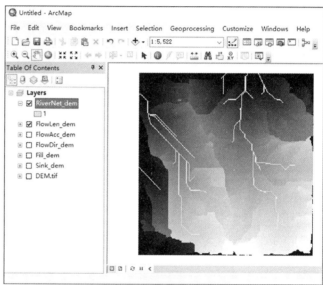

图 8-13　栅格河流网络提取结果

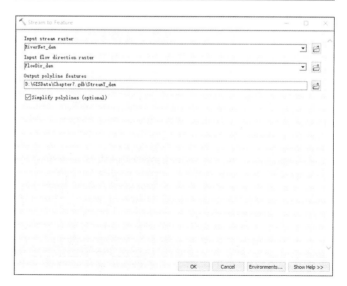

图 8-14　河流网络矢量化操作

（4）单击【OK】，河流网络矢量化结果如图 8-15 所示。

（5）单击【ArcToolbox】→【Spatial Analyst Tools】→【Hydrology】→【Stream Link】（图 8-16），设置【Input stream raster】为【RiverNet_dem】，【Input flow direction raster】为【FlowDir_dem】，【Output raster】为目标输出路径（需要存入地理信息数据库中）。【Stream Link】工具将栅格河网分割成不包含汇合点的栅格河网片段，属性表中记录每个片段包含的栅格个数。

（6）单击【OK】，河流链接结果如图 8-17 所示。

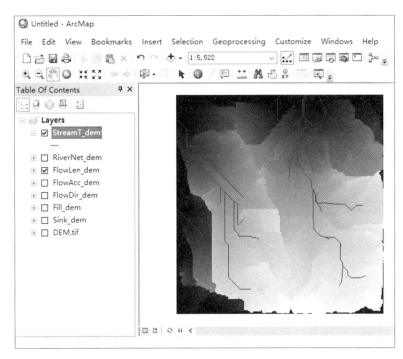

图 8-15　河流网络矢量化结果

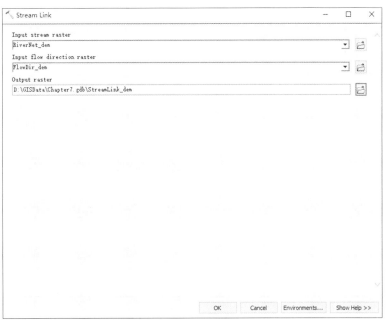

图 8-16　河流链接生成操作

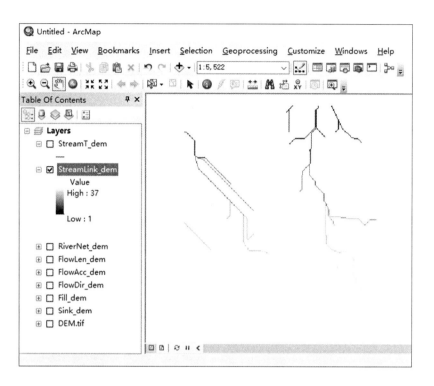

图 8-17　河流链接结果

（7）单击【ArcToolbox】→【Spatial Analyst Tools】→【Hydrology】→
【Stream Order】（图 8-18），设置【Input stream raster】为【RiverNet_dem】，
【Input flow direction raster】为【FlowDir_dem】，【Output raster】为目标输
出路径(需要存入地理信息数据库中)。【Method of stream ordering(optional)】
提供两种分级方式，用户可根据需求选择（图 8-19 ）。

（8）单击【OK】，河流分级结果如图 8-20 所示。

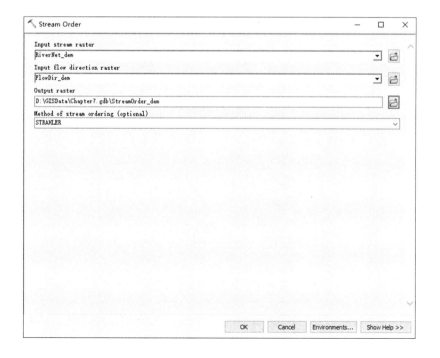

图 8-18　河流分级操作

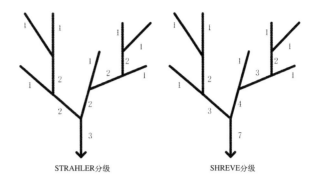

图 8-19 两类分级方式

STRAHLER分级   SHREVE分级

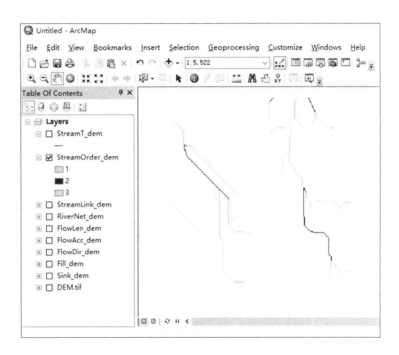

图 8-20 河流分级结果

8.5 流域划分

在水文分析中,集水区域是指流经其中的水流和其他物质从一个公共的出水口排出从而形成的一个集中的排水区域。可以用流域盆地、集水盆地或水流区域等来描述流域。分水岭数据显示了每个流域汇水面积的大小。在流域分析过程中,汇水区出水口(或点)指代流域内水流的出口,是整个流域的最低处,分水岭是流域间的分界线。而分水线包围的区域称为一条河流或水系的流域,流域分水线所围成的区域面积就是流域面积。具体操作步骤如下:

(1)单击【ArcToolbox】→【Spatial Analyst Tools】→【Hydrology】→【Basin】(图 8-21),设置【Input flow direction reaster】为【FlowDir_dem】,【Output raster】为目标输出路径(需要存入地理信息数据库中)。

图 8-21 河流盆域划分操作

（2）单击【OK】，河流盆域划分结果如图 8-22 所示。

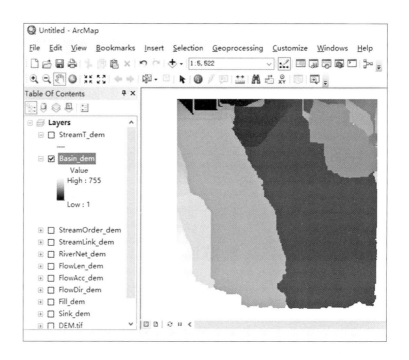

图 8-22 河流盆域划分结果

（3）单击【ArcToolbox】→【Spatial Analyst Tools】→【Hydrology】→【Snap Pour Point】（图 8-23），设置【Input raster or feature pour point data】为【StreamLink_dem】，【Pour point field】为【Value】，【Input accumulation raster】为【FlowAcc_dem】，【Output raster】为目标输出路径（需要存入地理信息数据库中）。

（4）单击【OK】，汇水区出水口捕捉结果如图 8-24 所示。

图 8-23　捕捉汇水区出水口的
操作

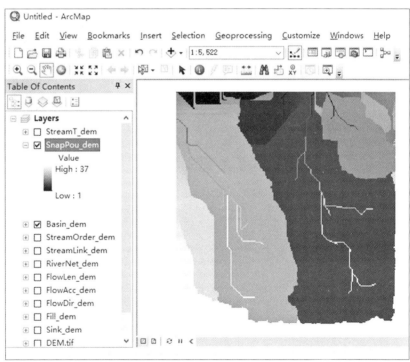

图 8-24　汇水区出水口捕捉
结果

（5）单击【ArcToolbox】→【Spatial Analyst Tools】→【Hydrology】→
【Watershed】（图 8-25），设置【Input flow direction raster】为【FlowDir_dem】，
【Input raster or feature pour point data】为【SnapPou_dem】，【Output raster】为
目标输出路径，其余保持默认即可。

（6）单击【OK】，分水岭划分结果如图 8-26 所示。

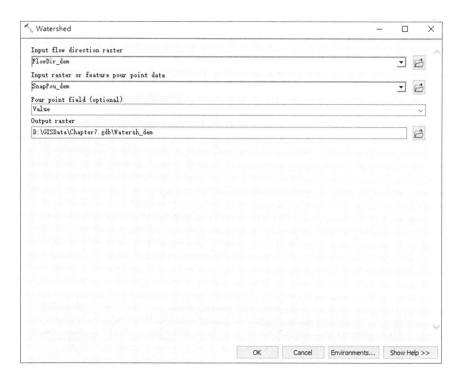

图 8-25　分水岭划分操作

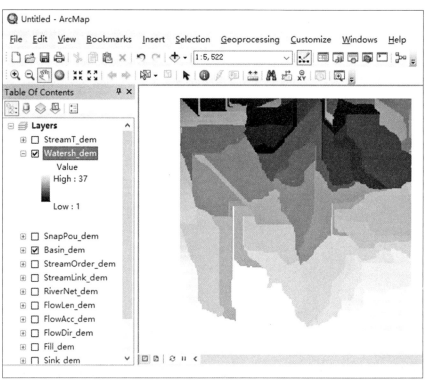

图 8-26　分水岭划分结果

第9章 影像提取分析

在实际应用中，我们经常遇到缺少现成的矢量数据，需要将电子地图矢量化，或者将遥感影像提取地物的场景。本章节介绍利用开源影像数据提取建筑、路网的矢量数据，以及基于 Landsat8 TM 遥感影像提取地表覆盖的两种方法。

9.1 影像提取矢量

本节介绍基于天地图数据，运用 ArcScan 工具，矢量化提取道路中心线和建筑外轮廓的操作流程。其基本原理是将电子地图的色彩范围进行重分类二值化，以前景色和背景色区分识别出道路网络或建筑轮廓，ArcScan 工具可将二值化后的影像图自动矢量化，提取道路网络或建筑轮廓。

"天地图"是国家测绘地理信息局建设的地理信息综合服务网站（图 9-1）。它是"数字中国"的重要组成部分，是国家地理信息公共服务平台的公众版。它提供了较为详细的基础底图，可满足一般研究需求，可通过电子地图下载器进行下载。

图 9-1 天地图国家地理信息公共服务平台

9.1.1 建筑轮廓矢量化

（1）首先，打开天地图的官网，将图层缩放至所需大小，本例以鼓浪屿上某一个小区作为案例（图 9-2）。关闭地名图层，仅呈现基础底图，将

图 9-2 选择合适的下载范围

该区域下载，保存为 TIF 格式文件。

（2）下载好的电子地图，加载到 ArcMap 中，如果出现图层不匹配的情况，需要对导入的电子地图进行地理配准处理，参见本书第 2 章。

（3）在【Catalog】中右击目标路径，单击【New】→【Shapefile】，在【Create New Shapefile】对话框中，设置【Name】为【GLY_Building】，【Feature Type】下拉选择【Polygon】，【Spatial Reference】要与下载的影像图一致，可点选右下方【Edit】→【Import...】→选择之前保存的影像图→【Add】→【确定】（图 9-3），即可将空间参考设置成与影像图一致的墨卡托投影（图 9-4），单击【OK】。再运用同样的方法，新建一个线状要素图层【GLY_Building1】。

（4）在菜单栏中单击【Customize】→【Extensions】，勾选【ArcScan】，单击【Close】（图 9-5），激活该模块。

（5）【Add Data】→双击【Gulangyu_TD.tif】→选择任意波段，本例选【Band_2】，然后单击【Add】加载单波段影像图（图 9-6）。

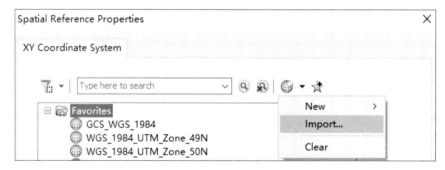

图 9-3 以空间参考方式设置坐标系

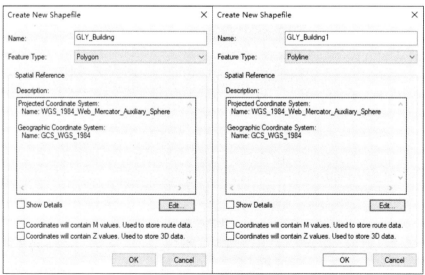

图 9-4 新建面图层和线图层

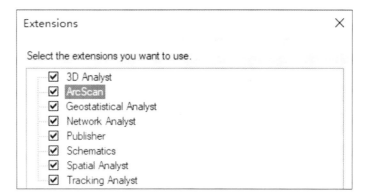

图 9-5　激活 ArcScan 模块

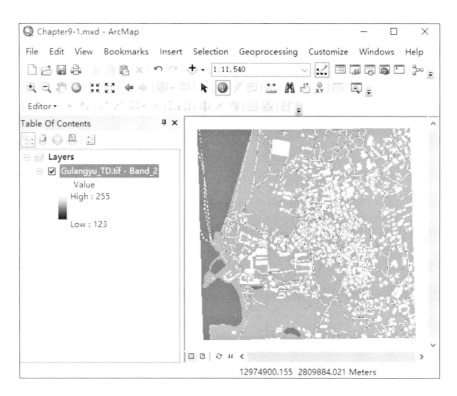

图 9-6　加载单波段影像图

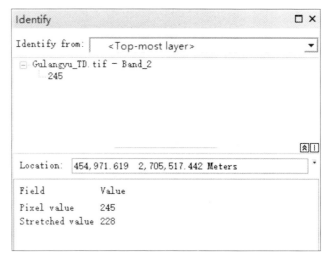

图 9-7　识别建筑像素值

（6）影像呈现不同深浅的灰色，单击菜单栏中的◎图标，点选图层中的建筑要素，即可呈现建筑的像素值，Value=245（图9-7）。

（7）单击【ArcToolbox】→【Spatial Analyst Tools】→【Reclass】→【Reclassify】→单击右侧【Classify】，在【Classification】对话框中，设置【Method】下拉【Manual】，【Classes】设置成【3】级，在右侧【Break Values】设置间断值为244.99999、245.00001、255（图9-8），单击【OK】，返回到【Reclassify】对话框，设置【New values】列为0，1，0，【Output raster】设置保存路径及名称（图9-9），单击【OK】。这步的目的是提取像素值为245的像元作为前景色，其他像元作为背景色，将单波段影像二值化（图9-10）。

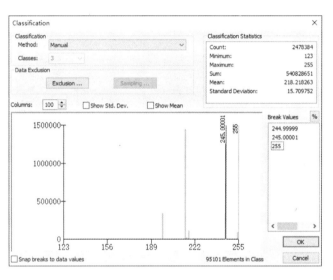

图9-8　对单波段影像重分类

图9-9　设置重分类值及保存路径

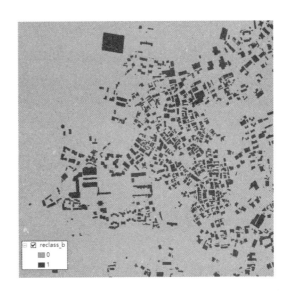

图 9-10 单波段影像重分类
　　　　结果

（8）在菜单栏空白处右键→勾选【ArcScan】，然后在【Editor】工具条中打开地图的编辑状态。单击【ArcScan】工具条→【Vectorization】→下拉选择【Vectorization Setting】，在【Vectorization Settings】对话框中，设置【Maximum Line Width】=100，【Noise Level】=65，【Compression Tolerance】=0.3，【Smoothing Weight】=2（图 9-11），单击【Apply】。

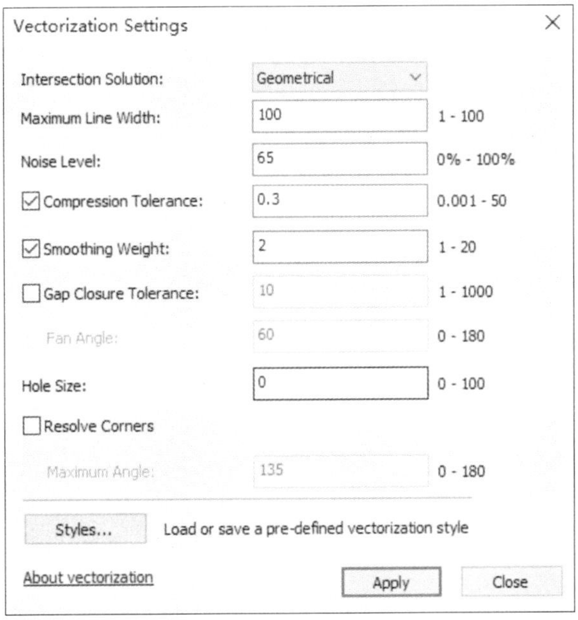

图 9-11 设置矢量化建筑物
　　　　参数

（9）单击【ArcScan】工具条→【Vectorization】→下拉选择【Options】，在【Vectorization Options】中，【Vectorization Method】点选【Outline】（图 9-12），单击【确定】，设置矢量化建筑物外轮廓。

（10）在【ArcScan】工具条→【Vectorization】→下拉选择【Show Preview】（图 9-13），深蓝色多边形代表矢量化后的效果。

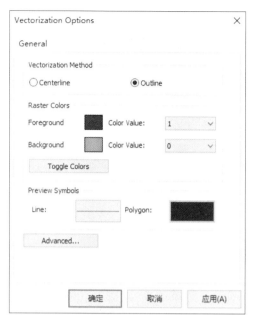

图 9-12　设置矢量化建筑物外轮廓

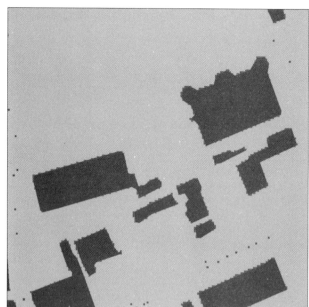

图 9-13　预览矢量化建筑物效果

（11）在【ArcScan】工具条→【Vectorization】→下拉选择【Generate Feature】，在【Generate Features】对话框中，设置【Choose the polygon layer to add the outlines to】，点击【Template】，选择【GLY_Building】图层；设置【Choose the line layer to add these lines to】，点击【Template】，选择【GLY_Building1】图层，单击【OK】。即可生成建筑物外轮廓矢量结果（图 9-14）。

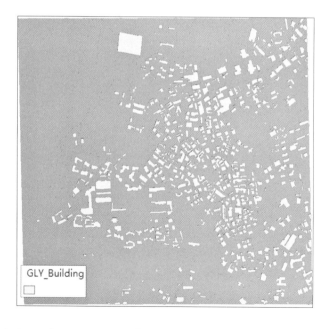

图 9-14　生成矢量化建筑物

（12）打开【GLY_Building】矢量图层属性表，下拉菜单栏【Add

Field】，设置字段名称为【area】，【Type】为【Double】（图 9-15），单击 OK。右键【area】字段，【Calculate Geometry】，在【Calculate Geometry】对话框设置【Property】为【Area】，【Units】为【Square Meters[sq m]】（图 9-16），单击 OK，即可生成建筑面积。右键【area】字段，单击【Sort Ascending】，即可按面积从小到大排序，选中面积小于 5 的要素（图 9-17），将其删除，即可得到删除异常值后的建筑面积，停止编辑，保存。

（13）生成的矢量化建筑效果如图 9-18 所示。

9.1.2　道路中心线矢量化

（1）下载影像与地理配准，参见 9.1.1。

（2）在右侧【Catalog】右击本章文件夹，单击【New】→【Shapefile】，在【Create New Shapefile】对话框中，设置【Name】为【GLY_Road】，【Feature Type】下拉选择【Polyline】，【Spatial Reference】要与下载的影像

图 9-15　添加面积字段

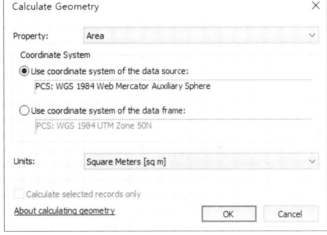

图 9-16　计算矢量化建筑物的面积

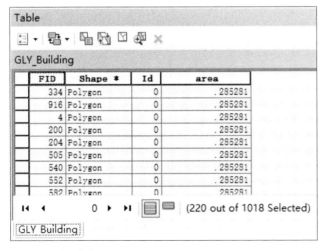

图 9-17　删除异常值

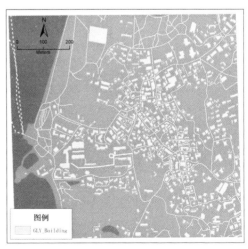

图 9-18　矢量化建筑效果图

图一致，可点选右下方【Edit...】→【Import】→选择之前保存的影像图→
【Add】→【确定】，即可将空间参考设置成与影像图一致的墨卡托投影
（图 9-19），单击【OK】。

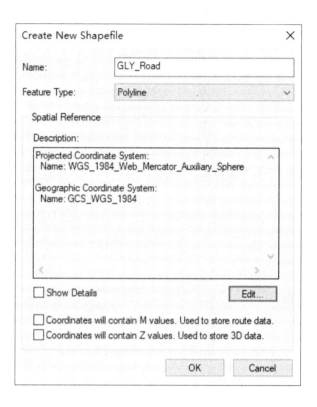

图 9-19　新建线要素图层

（3）单击【Add Data】→双击【Gulangyu_TD.tif】→选择任意波段，
本例选【Band_2】→单击【Add】加载单波段影像图。

（4）单击菜单栏中的◉图标，点选图层中的道路要素，即可呈现道路
的像素值，Value=254（图 9-20）。

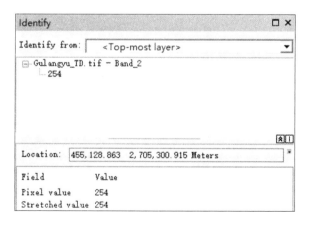

图 9-20　识别道路都像元值

（5）在右侧【ArcToolbox】→【Spatial Analyst Tools】→【Reclass】
→【Reclassify】→单击右侧【Classify】，在【Classification】对话框中，设

置【Method】下拉【Manual】,【Classes】设置成【3】级,在右侧【Break Values】设置间断值为253.99999、254.00001、255(图9-21),单击【OK】,返回到【Reclassify】对话框,设置【New values】列为0,1,0,【Output raster】设置保存路径及名称(图9-22),单击【OK】。这步目的是提取像素值为254的像元作为前景色,其他像元作为背景色,将单波段影像二值化(图9-23)。

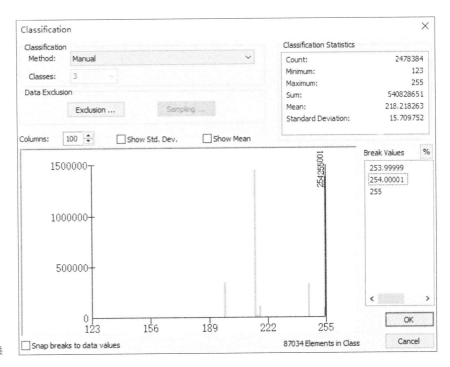

图 9-21　对单波段影像重分类

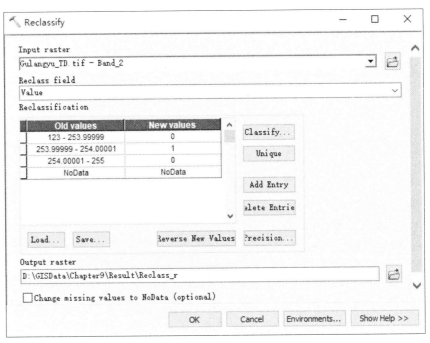

图 9-22　设置重分类值及保
存路径

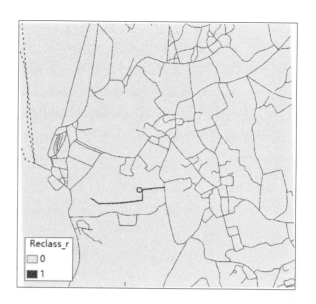

图 9-23　单波段影像二值化
　　　　结果

（6）在菜单栏空白处右键→勾选【ArcScan】，点击开始编辑→选择要
编辑的内容是【GLY_Road】图层，单击【OK】。在【ArcScan】工具条→
【Vectorization】→下拉选择【Vectorization Settings】，在【Vectorization Set-
tings】对话框中，设置【Maximum Line Width】=100，【Noise Level】=65，
【Compression Tolerance】=0.025，【Smoothing Weight】=3（图 9-24），单击
【Apply】设置矢量化道路参数。

Vectorization Settings		×
Intersection Solution:	Geometrical ∨	
Maximum Line Width:	100	1 - 100
Noise Level:	65	0% - 100%
☑ Compression Tolerance:	0.025	0.001 - 50
☑ Smoothing Weight:	3	1 - 20
☐ Gap Closure Tolerance:	10	1 - 1000
Fan Angle:	60	0 - 180
Hole Size:	0	0 - 100
☐ Resolve Corners		
Maximum Angle:	135	0 - 180
Styles...	Load or save a pre-defined vectorization style	
About vectorization	Apply	Close

图 9-24　设置矢量化道路参数

（7）在【ArcScan】工具条→【Vectorization】→下拉选择【Options】，
在【Vectorization Options】中，【Vectorization Method】点选【Centerline】
（图 9-25），单击【确定】设置矢量化道路中心线。

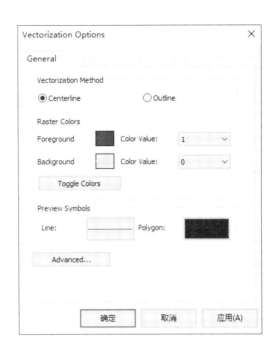

图 9-25 设置矢量化道路中心线

（8）在【ArcScan】工具条→【Vectorization】→下拉选择【Show Preview】预览矢量化道路中心线效果（图 9-26），红色细线代表矢量化后的效果。

（9）在【ArcScan】工具条→【Vectorization】→下拉选择【Generate Feature】，在【Generate Features】对话框中，设置【Choose the line layer to add the centerlines to】，点击【Template】，选择【GLY_Road】图层，单击【OK】。即可生成道路中心线矢量化结果（图 9-27）。

（10）打开【GLY_ Road】矢量图层属性表，下拉菜单栏【Add Field】，设置字段名称【Name】为【length】，类型为【Double】（图 9-28），单击 OK。右键【area】字段，【Calculate Geometry】，在【Calculate Geometry】对话框设置【Property】为【Length】，【Units】为【Meters[m]】（图 9-29），单击 OK，即可生成道路长度。右键【Length】字段，单击【Sort Ascending】，

图 9-26 预览矢量化道路中心线效果

图 9-27 生成矢量化道路

图 9-28　添加道路长度字段

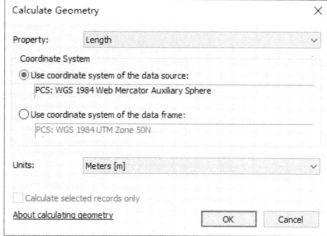

图 9-29　计算矢量化道路的长度

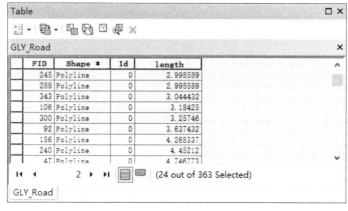

图 9-30　删除异常值

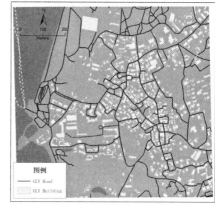

图 9-31　矢量化道路结果图

即可按长度从小到大排序，选中长度小于 4 的要素，将其删除，即可得到删除异常值后的道路，对区域西侧航线虚线线段，也可将其选中删除（图 9-30），停止编辑，保存。

（11）道路拓扑检查：详见 10.2。

（12）生成的矢量化道路效果如图 9-31 所示。

9.2　影像提取地物

本节介绍在 ArcGIS 里基于 Landsat8 TM 遥感影像提取地表覆盖的 2 种方法：监督分类与非监督分类。影像分类的目的是为了将图像中的像元划分成不同的类别，根据像元在不同波段的波谱亮度、空间结构特征或者其他信息，按照某种规则或算法实现分类。遥感图像分类主要用于地物类别的区分。

本节数据来源于开源数据平台地理空间数据云。地理空间数据云平台是由中国科学院计算机网络信息中心科学数据中心建设并运行维护。以中国科学院及国家的科学研究为主要需求，逐渐引进国际上不同领域的数据资源，并对其进行加工、整理、集成，最终实现数据的集中式公开服务、在线计算等。作为地理数据资源开放平台，用户可以免费注册并下载数据。

9.2.1 数据准备

（1）下载影像数据：注册并登录地理空间数据云，点击高级检索，选择数据集为 Landsat 8 OLU_TIRS 卫星数字产品，点选覆盖较为完整的景遥感影像（条带号：119，行编号：43）（图 9-32），下方以黄色高亮显示所选数据集以及数据状态，右侧下载图标以蓝色显示表示有数据，灰色表示数据缺失，点选数据信息图标可以进一步查看数据详细信息（图 9-33），这里主要看云量信息，云量越少越适合做影像提取地物。

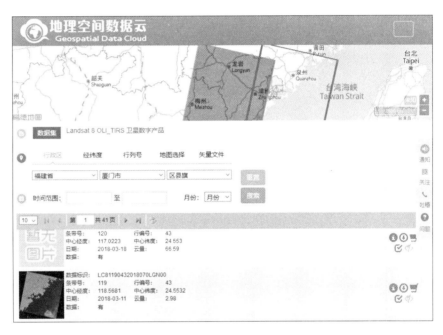

图 9-32 地理空间数据云下载遥感影像

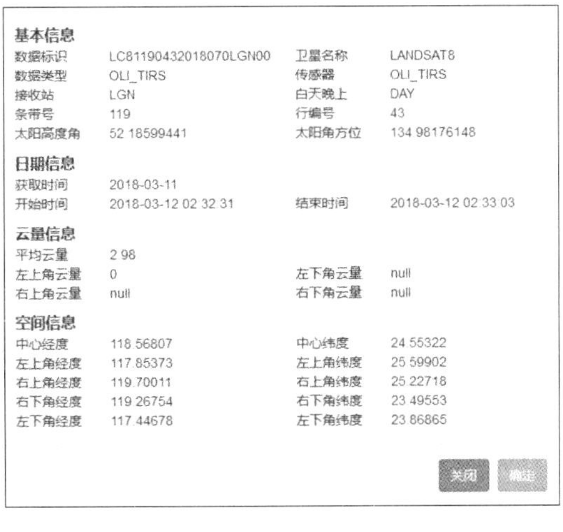

图 9-33 查看影像数据详细信息

（2）将下载好 Landsat8 遥感影像通过【Add Data】操作导入 ArcMap
（图 9-34），弹出的对话框询问是否为该图层创建金字塔，选择【OK】。

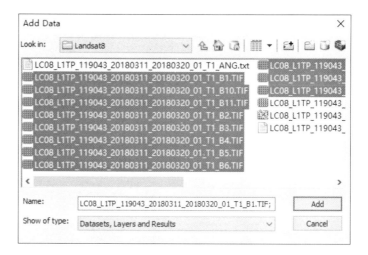

图 9-34　加载 11 个波段遥感
　　　　影像

（3）加载的遥感影像呈现单波段灰色（图 9-35），需要进行波段融合。
单击【ArcToolbox】→【Data Management Tools】→【Raster】→【Raster
Processing】→【Composite Bands】,在【Composite Bands】对话框中,【Input
Rasters】依次下拉选择【B1】到【B11】波段,【Output Raster】设置输出
路径为【\GISData\Chapter9\Result\composite】（图 9-36），单击【OK】。波
段融合后呈现彩色效果,可将【Table Of Contents】中的【B1】～【B11】
图层删除。

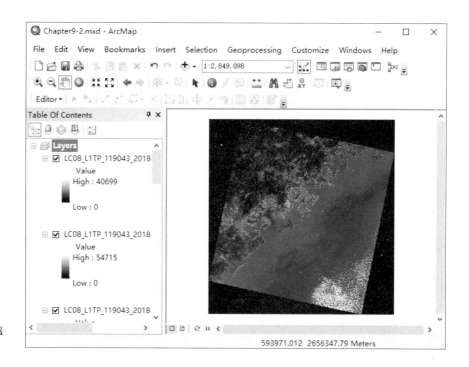

图 9-35　加载后的单波段遥
　　　　感影像

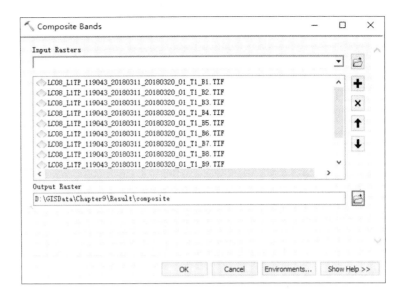

图 9-36 波段融合设置

（4）不同波段组合呈现不一样的颜色效果，可便于识别解译不同地物类型，表 9-1 提供了常见波段组合的主要用途。右击图层→【Layer Properties】→【Symbology】→【RGB Composite】，可切换不同的波段组合，如：【Red】下拉选择【compositec4】，【Green】下拉选择【compositec3】、【Blue】下拉选择【compositec2】（图 9-37），单击【确定】，可呈现真彩色。

Landsat8 波段介绍与波段组合应用   表 9-1

| Landsat8 波段 | | | Landsat8 波段组合 | |
波段	波长范围（μm）	空间分辨率（m）	R、G、B	主要用途
1- 海岸波段	0.433 ~ 0.453	30	4、3、2	自然真彩色
2- 蓝波段	0.450 ~ 0.515	30	7、6、4	城市
3- 绿波段	0.525 ~ 0.600	30	5、4、3	标准假彩色，常用于植被分类，水体识别
4- 红波段	0.630 ~ 0.680	30	6、5、2	农业；植被类型丰富，便于植被分类
5- 近红外波段	0.845 ~ 0.885	30	7、6、5	对大气层穿透能力较强
6- 短波红外 1	1.560 ~ 1.660	30	5、6、2	健康植被
7- 短波红外 2	2.100 ~ 2.300	30	5、6、4	陆地 / 水；水体边界清晰，利于海岸识别；植被有较好显示，但不便于区分具体植被类别
8- 全色波段	0.500 ~ 0.680	15	7、5、3	移除大气影响的自然表面
9- 卷云波段	1.360 ~ 1.390	30	7、5、4	短波红外
10- 热红外 1	10.60 ~ 11.19	100	6、5、4	植被分析
11- 热红外 2	11.50 ~ 12.51	100		

9.2.2 监督分类

监督分类是使用被确认类别的样本像元去识别其他未知类别像元的过程，其中这些已被确认类别的像元就是训练样本。在监督分类中，必须事先提取出代表总体特征的训练数据以及事先了解影像中有几种类别。这样

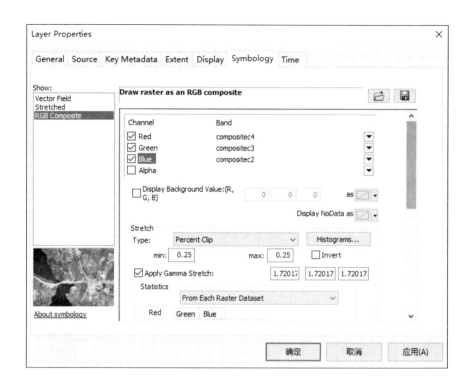

图 9-37　真彩色波段组合

就可以通过学习样本的先验知识，对整体数据进行分类。

（1）打开 ArcMap，导入融合波段后的【composite.shp】作为研究区范围。

（2）在右侧【Catalog】下方右击【\GISData\Chapter9\Result】路径，单击【New】→【Shapefile】，在【Create New Shapefile】对话框中，设置【Name】为【signature】，【Feature Type】选择【Polygon】，【Spatial Reference】选择【WGS_1984_UTM_Zone_50N】（图 9-38），单击【OK】新建训练样本图层。

图 9-38　新建训练样本面状
　　　　图层

（3）右击【composite】图层→【Properties】→【Symbology】→【RGB Composite】→下拉箭头设置 3 个波段为 5，4，3（表 9-1），单击【确定】。设置【signature】图层为编辑状态，用绘制多边形工具，建立区域内多个水体选区（图 9-39）。

注：建立训练样本不需要按照水体边界勾画，只需要在水体区域内画出多边形即可，训练样本要均匀分布在研究区范围内，数量一般 10～20 个。

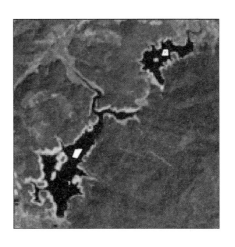

图 9-39　水体的训练样本

（4）右击【composite】图层→【Open Attribute Table】，将刚刚画出的所有水体训练样本选中，在【Edit】菜单栏下拉→【Merge】，在【Id】字段中将其命名为【1】（图 9-40），合并水体的训练样本。

Table						Table				
signature						signature				
	FID	Shape *	Id				FID	Shape *	Id	
▶	0	Polygon	0				0	Polygon	1	
	1	Polygon	0							
	2	Polygon	0							
	3	Polygon	0							
	4	Polygon	0							
	5	Polygon	0							
	6	Polygon	0							
	7	Polygon	0							
	8	Polygon	0							
	9	Polygon	0							
I◄ ◄ 1 ► ►I						I◄ ◄ 1 ► ►I				
(10 out of 10 Selected)						(0 out of 1 Selected)				
signature						signature				

图 9-40　合并水体的训练样本

（5）右击【composite】图层→【Properties】→【Symbology】→【RGB Composite】→下拉箭头设置 3 个波段为 7，6，4（表 9-1）。将【signature】图层处于编辑状态，用绘制多边形工具，建立区域内多个建设用地选区

（图 9-41）。绘制完成后，同步骤（4），合并建设用地的训练样本，并在【Id】字段中将其命名为【2】。

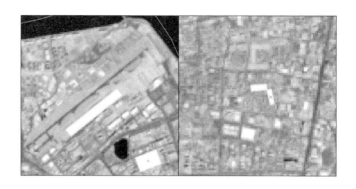

图 9-41　建设用地的训练样本

（6）右击【composite】图层→【Properties】→【Symbology】→【RGB Composite】→下拉箭头设置三个波段为 6，5，2（表 9-1）。将【signature】图层处于编辑状态，用绘制多边形工具，建立区域内多个耕地选区（图 9-42）。绘制完成后，同步骤（4），合并耕地的训练样本，并在【Id】字段中将其命名为【3】。

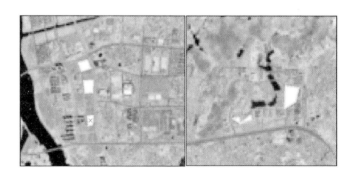

图 9-42　耕地的训练样本

（7）右击【composite】图层→【Properties】→【Symbology】→【RGB Composite】→下拉箭头设置三个波段为 6，5，2（表 9-1）。将【signature】图层处于编辑状态，用绘制多边形工具，建立区域内多个林地选区（图 9-43）。绘制完成后，同步骤（4），合并林地的训练样本，并在【Id】字段中将其命名为【4】。

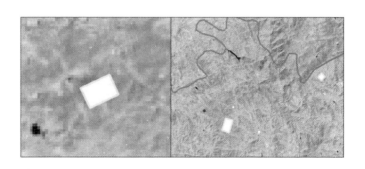

图 9-43　林地的训练样本

（8）右击【composite】图层→【Properties】→【Symbology】→【RGB Composite】→下拉箭头设置 3 个波段为 6，5，2（表 9-1）。将【signature】图层处于编辑状态，用绘制多边形工具，建立区域内多个裸地选区（图 9-44）。绘制完成后，同步骤（4），合并裸地的训练样本，并在【Id】字段中将其命名为【5】。

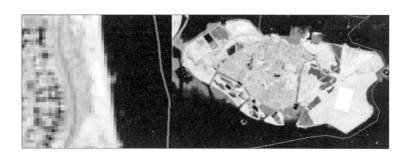

图 9-44　裸地的训练样本

（9）所有用地类型都提取训练样本后，可将属性表新增字段【landuse】把每个 Id 值对应的地类名称标注（图 9-45）。

图 9-45　训练样本管理与重命名

（10）单击【ArcToolbox】→【Spatial Analyst Tools】→【Multivariate】→【Create Signatures】，在【Create Signatures】对话框中，【Input raster bands】选择【composite】图层，【Input raster or feature sample data】选择【signature】图层，【Sample field】选择【Id】字段，【Output signature file】设置输出路径【\GISData\Chapter9\Result\signature1.GSG】（图 9-46），单击【OK】。

（11）在右侧【ArcToolbox】→【Spatial Analyst Tools】→【Multivariate】→【Maximum Likelihood Classification】，在【Maximum Likelihood Classification】对话框中，设置【Input raster bands】为【composite】，【Input

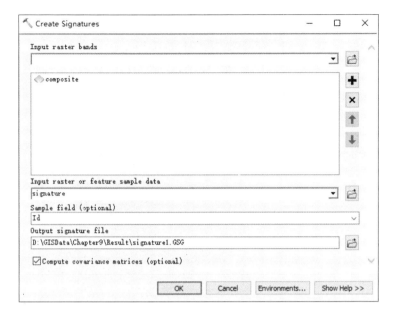

图 9-46　创建训练样本文档

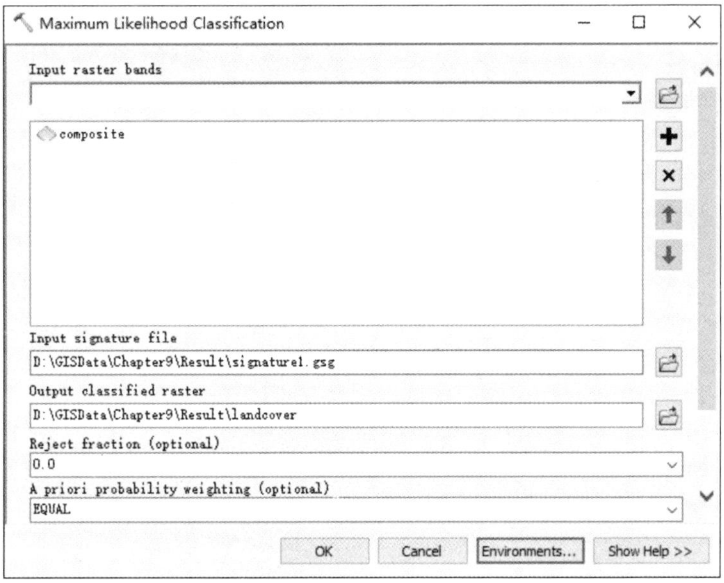

图 9-47　最大似然法分类设置

signature file】为【\GISData\Chapter9\Result\signature1.gsg】,【Output clas-
sified raster】为输出路径及名称（图 9-47）。单击下方【Environment...】,
设置【Raster Analysis】→【Mask】为合适的输出范围, 单击【OK】, 即可
最大似然法生成监督分类结果。

9.2.3　非监督分类

非监督分类不预先确定类别, 而是直接对相似的像元进行归类, 根
据归类的结果来确定类别。当我们没有训练样本, 又对研究区域不熟悉
时, 或对图像中包含的目标物不明确时, 采用此方法。在 ArcGIS 中进行
非监督分类, 主要使用 ISO 聚类非监督分类工具（Iso Cluster Unsupervised

Classification）。使用该方法时，需要指定希望分出来的类别的数量，并且根据需要调整迭代的次数、类的最小尺寸、采样间隔。

（1）打开 ArcMap，导入随书数据融合波段后的【composite.shp】

（2）单击【ArcToolbox】→【Spatial Analyst Tools】→【Multivariate】→【Iso Cluster Unsupervised Classification】，在【Iso Cluster Unsupervised Classification】对话框中，【Input raster bands】选择【composite】图层，【Number of classes】输入【30】，【Output classified raster】设置保存路径及名称（图9-48），单击下方【Environments...】，在【Environment Settings】对话框中，【Raster Analysis】→【Mask】选择合适的出图边界，单击【OK】执行非监督分类。

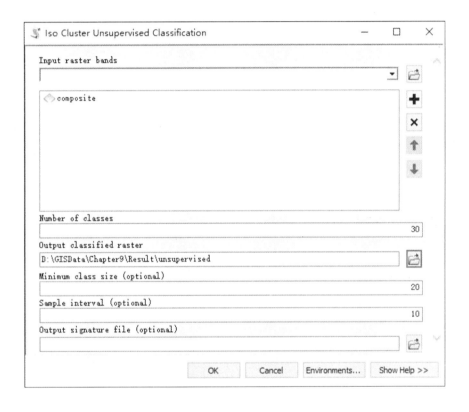

图 9-48　设置非监督分类

（3）执行完成后，工具将地图数据分出了 11 个地类。其过程是先将全幅遥感影像进行计算，分选出 30 种地类，掩膜范围内共分选出了其中的 11 种地类，将地类根据实际调研或更高精度影像进行目视解译，对其进行规整合并与符号化（图9-49）。

（4）单击【ArcToolbox】→【Spatial Analyst Tools】→【Reclass】→【Reclassify】，将非监督分类结果进行合并与重分类，【Input raster】设为【unsupervised】，【Reclass field】为【VALUE】，新旧值对应关系如下：$1 \rightarrow 1$，$2 \rightarrow 5$，$3 \rightarrow 6$，$4 \rightarrow 4$，$5 \rightarrow 1$，$6 \rightarrow 1$，$7 \rightarrow 3$，$8 \rightarrow 2$，$9 \rightarrow 2$，$10 \rightarrow 2$，$11 \rightarrow 7$，【Output raster】设置输出路径及名称（图9-50），单击【OK】。

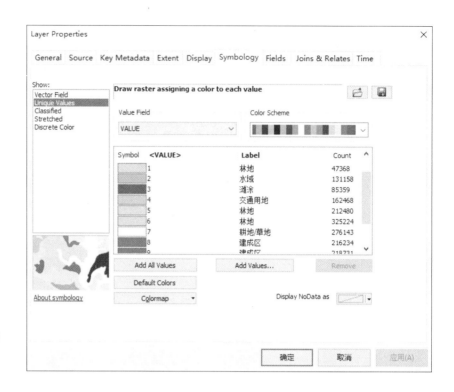

图 9-49 目视解译与合并相同地类

（5）右击【Reclass_luc】图层→【Properties】→【Symbology】→【Unique Values】，设置地类的颜色及标签，其中 1→林地，2→建设用地，3→耕地\草地，4→交通用地，5→水域，6→滩涂，7→裸地，根据用地类型更改颜色，单击【OK】，即可生成非监督分类结果。

图 9-50 重分类非监督分类结果

第 10 章　网络可达分析

10.1　网络分析简介

网络分析（Network Analysis）是依据拓扑关系（结点与弧段的连通性），通过分析网络元素的空间及属性。以数学理论模型为基础，对网络的性能特征进行多方面研究的一种分析计算。在 GIS 环境中，网络分析可用于解决的问题众多，如：从一个地方移动到另外一个地方，可以经过多条道路线，求取运输费用最低的路线？拟建一个消防站，如何确定消防车 10min 车程内的所有街道？

网络分析是 GIS 空间分析的重要功能。分为 2 种类型：道路交通网络（如：街道、铁路线）和实体网络（如：河流、排水管网、电力网络）。典型的网络分析包括：最佳路径分析、最佳服务设施分析和服务区域分析。在 ArcGIS 中进行网络分析时，首先需要创建网络图层，然后在这一网络图层中添加网络位置，并设置需要分析的各种选项，或增加它的时间通行和距离通行的属性选择等，最后执行分析过程。

10.2　检查拓扑

在地理数据库中，拓扑是定义点要素、线要素以及多边形要素共享重叠几何的方式的排列布置。地理数据库包括一个拓扑数据模型，该模型对简单要素（点、线及多边形要素类）、拓扑规则以及具有共享几何的要素之间的拓扑集成坐标使用开放式存储格式。该数据模型能够为参与拓扑的要素类定义完整性规则和拓扑行为。

网络的拓扑检查是进行网络分析的基础。所谓拓扑，指的是空间数据的位置关系，地理对象的拓扑关系主要有 3 种：①相邻关系，指对象之间是否在某一边界重合，如：行政区中的城市边界。②重合关系，指对象之间是否在某一局部互相覆盖，如：公交线路和城市道路之间的关系。③连通关系，指对象之间能够进行信息传递和空间移动，连通关系可以确定通达性。

ArcGIS 在地图中包括了用于显示拓扑关系、错误和异常的拓扑图层，还包括一组用于拓扑查询、编辑、验证以及纠错的工具。导致拓扑错误的原因有多种，如：数字化过程中遗漏某些实体；某些实体重复录入；定位的不准确等，许多拓扑冲突都有可用于纠正错误的修复方案。但是一些拓扑规则没有预定义的修复方式。发现拓扑错误后，可使用"修复拓扑错误"工具 选择地图上的错误，或从【Error Inspector】中选择错误。

10.2.1 线要素的拓扑检查

本节以修复路网的拓扑关系为例，介绍典型线要素拓扑错误的处理方法。

（1）打开 ArcMap，导入随书数据【\GISData\Chapter10\TP_Road.shp】（图 10-1）。

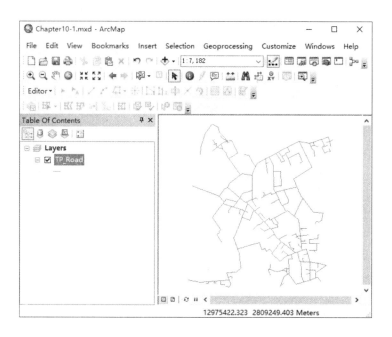

图 10-1　加载实验数据

（2）在右侧【Catalog】中右击【\GISData\Chapter10\Result】，单击【New】→【File Geodatabase】，将新建数据库重命名为【Topology】（图 10-2）。

图 10-2　新建文件地理数据库

（3）在【Catalog】中右击【\GISData\Chapter10\Result\Topology.gdb】，单击【New】→【Feature Dataset】，在【New Feature Dataset】对话框中，【Name】输入【Topology】，单击【下一步】，【Choose the coordinate system that will be used for XY coordinates in this data.】，选择【WGS_1984_UTM_Zone_50N】坐标系，单击【下一步】，【Choose the coordinate system that will be used for Z coordinates in this data.】按照默认设置，单击【下一步】，【XY Tolerance】按照默认容差，单击【Finish】。

（4）在【Catalog】中右击【\GISData\Chapter10\Result\Topology.gdb\Topology】，单击【Import】→【Feature Class（single）】，将【TP_Road】图层导入，单击【OK】。即可将路网导入数据库，以构建拓扑（图 10-3）。

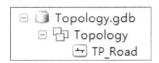

图 10-3 导入要素数据集

（5）在【Catalog】中右击【\GISData\Chapter10\Result\Topology.gdb\ Topology】，单击【New】→【Topology】（图 10-4），在【New Topology】向导栏中，单击【下一步】；在【Enter a name for your topology】设置拓扑名称，【Enter a cluster tolerance】可根据需求设定容差，本例按照默认设置，单击【下一步】；在【Select the feature classes that will participate in the topology】，勾选【TP_ Road】，单击【下一步】；在【Enter the number of ranks】按照默认设置，单击【下一步】；【Specify the rules for the topology】，单击右侧【Add Rule】，在【Add Rule】对话框中，【Rule】下拉选择所需规则，根据图 10-5 中所示依次选择线状拓扑错误类型，单击【下一步】；在【Summary】中确认所需建立的拓扑错误，并单击【Finish】。

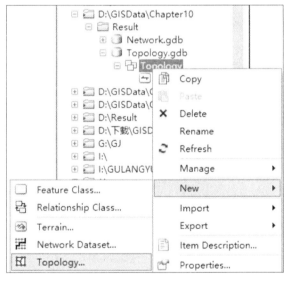

图 10-4 新建拓扑

图 10-5 添加线要素拓扑规则

（6）将建立好的拓扑导入视图框，点击【Yes】，开始验证拓扑错误（图 10-6）。

（7）右键菜单栏空白处，调用【Topology】工具条（图 10-7），将图层处于编辑状态，打开工具条最右侧的错误查看器【Error Inspector】，可以查看视图框内的错误，修正拓扑错误后，可单击图标，重新验证拓扑。

（8）出现【Must Not Overlap】错误的线段，拓扑图中呈现红色线段，在错误查看器中，右击该类错误→【Subtract...】，删除重叠线段（图 10-8）。

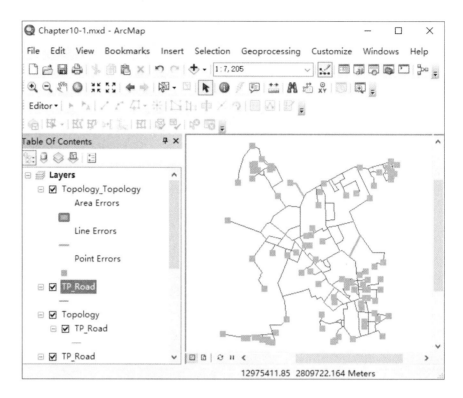

图 10-6　导入并验证拓扑

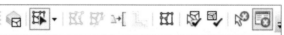

图 10-7　拓扑处理工具条

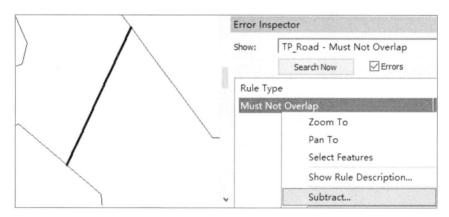

图 10-8　线要素重叠处理方法

（9）出现【Must Not Have Dangles】错误，可右键→编辑节点，将其连接到邻近节点上，也可通过绘制草图，连接两个相邻节点，新增线段合并到道路中（图 10-9）。

（10）出现【Must Not Have Dangles】错误，若同属一条道路，可右键，单击【Merge...】，将节点合并（图 10-10）。

（11）处理完后的道路网络，在道路尽头和边缘仍然显示存在悬挂点错误，但是实际上并非是拓扑错误，可右键→【Mark as Exception】，将其标为例外，直至全图拓扑错误一一排查，更新验证无误之后，停止编辑，保存（图 10-11）。

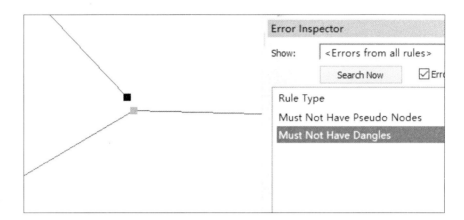

图 10-9　线要素悬挂点处理
　　　　方法

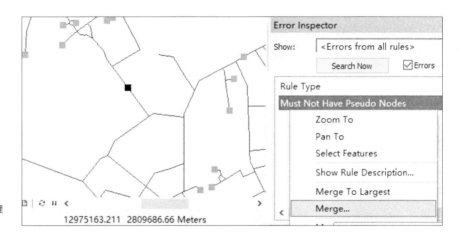

图 10-10　线要素伪节点处理
　　　　　方法

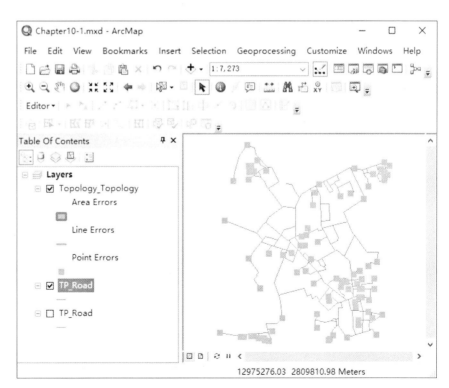

图 10-11　拓扑处理后的道路

10.2.2　面要素的拓扑检查

本节以土地利用与道路表面的融合为例，介绍典型面要素拓扑错误的处理方法。

（1）打开 ArcMap，导入随书数据【\GISData\Chapter10\Road_surface.shp】和【\GISData\Chapter10\Landuse.shp】（图 10-12），可以发现，两个图层之间存在重叠与间隙。

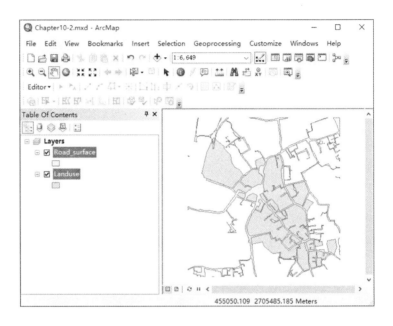

图 10-12　加载实验数据

（2）单击【ArcToolbox】→【Analyst Tools】→【Overlay】→【Union】，在【Union】对话框中，【Input Features】下拉选择【Landuse】和【Road_surface】，【Output Feature Class】设置输出路径及名称（图 10-13），单击【OK】。

图 10-13　图层融合设置

（3）在【Catalog】中右击【\GISData\Chapter10\Result】，单击【New】→【File Geodatabase】，将其重命名为【Topology】，在该数据库下，新建要素数据集【LanduseTP】，并将【Landuse_Union】图层导入（图10-14）。

图10-14　创建文件数据库、要素数据集并导入要素

（4）在【Catalog】中右击【\GISData\Chapter10\Result\Topology.gdb\LanduseTP】，单击【New】→【Topology】，在【New Topology】向导栏中，单击【下一步】；在【Enter a name for your topology】设置拓扑名称，【Enter a cluster tolerance】可根据需求设定容差，本例按照默认设置，单击【下一步】；在【Select the feature classes that will participate in the topology】，勾选【Landuse_Union】，单击【下一步】；在【Enter the number of ranks】按照默认设置，单击【下一步】；【Specify the rules for the topology】，单击右侧【Add Rule】，在【Add Rule】对话框中（图10-15），【Rule】下拉选择所需规则，依次选择面拓扑错误验证规则（图10-16），单击【下一步】；【Summary】中确认所需建立的拓扑错误，并单击【Finish】。

（5）将建立好的拓扑以拖动方式导入视图框，点击【Yes】，开始验证拓扑（图10-17）。

（6）打开拓扑工具栏中的【Error Inspector】　。有些拓扑错误的间隙很小，右键选择【Zoom To】，可缩放至间隙。对【Must Not Have Gaps】（图10-18），有以下处理方式：

1）在错误上右键选择【Create feature】,将缝隙部分生成一个新的要素，然后利用【Editor】下的【Merge】将生成的面合并到相邻的一个面里。

2）选中周围的几个图斑，选择【Auto-complete polygon】，用草图工具自动完成多边形，会在缝隙区域自动生成多边形，然后使用【Merge】合并到相邻面里。

3）可以直接修改要素节点去除重叠部分（图10-19）。

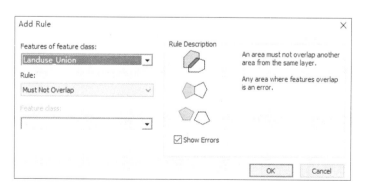

图10-15　添加拓扑规则框

图 10-16　添加面要素拓扑规则

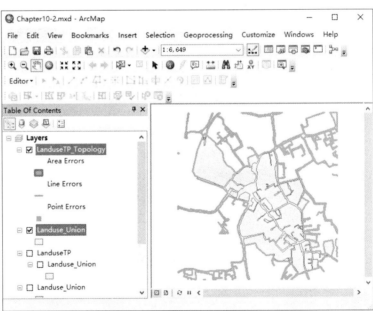

图 10-17　加载并验证拓扑

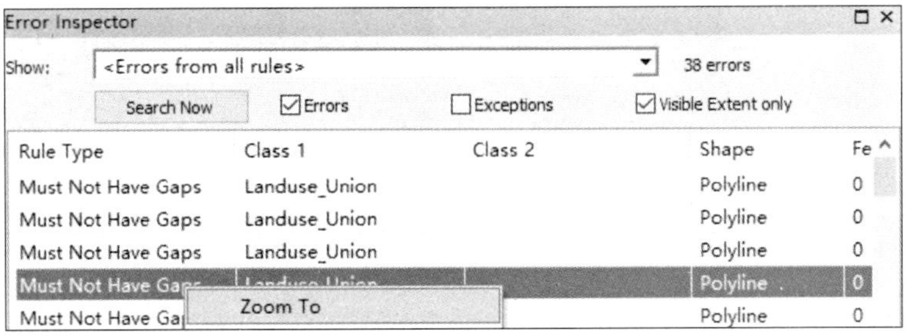

图 10-18　缩放至间隙拓扑错误

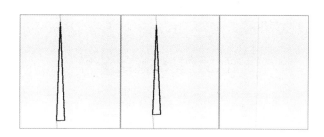

图 10-19 间隙错误修改前后
　　　　对比

（7）对【Must Not Overlap】有以下处理方式：

1）在错误上右键选择【Merge】，将重叠部分合并到其中一个面里。

2）在错误上右键选择【Create feature】,将重叠部分生成一个新的要素，然后利用【Editor】下的【Merge】把生成的面合并到相邻的一个面里。

3）用【Editor】下【Clip】直接裁剪掉重叠部分。

4）可以直接修改要素节点去除重叠部分（图 10-20）。

（8）处理完内部的拓扑错误后，通常面要素的最外围一圈会被认为是缝隙，这种错误可以通过【Mark as Exception】排除。直至全图拓扑错误一一排查，更新验证无误之后，停止编辑，保存（图 10-21）。

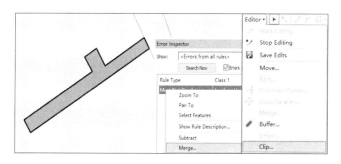

图 10-20 不能重叠拓扑错误
　　　　处理方式

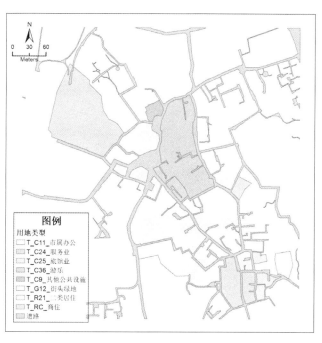

图 10-21 面要素拓扑错误处
　　　　理结果图

10.3 基础网络分析

10.3.1 构建网络数据集

（1）打开 ArcMap，导入随书数据【\GISData\Chapter10\Road.shp】（图 10-22），先将其作一次导出备份，保存至【GISData\Chapter10\Result】下。

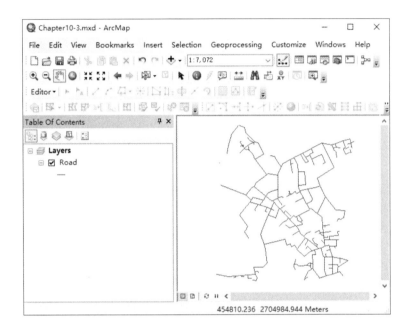

图 10-22 加载实验数据

（2）在菜单栏【Customize】→【Extensions】→勾选【Network Analyst】（图 10-23），启用该模块，单击【Close】。

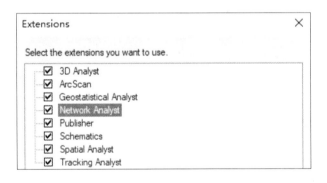

图 10-23 激活网络分析模块

（3）网络分析前需要为路网设置步行通过时间、车行通过时间、道路长度等网络属性。为了简化计算，做出如下假设：

道路的步行速度为 1.5m/s，即为 90m/min。

"干道"的车速为 40km/h，即为 666.67m/min。

"支路"的车速为 20km/h，即为 333.33m/min。

"小路"的车速为10km/h，即为166.67m/min。

鼓浪屿上的出行方式以步行为主，本例设置速度为步行速度。

打开【Road.shp】属性表，现有道路仅有【1ength】字段，单击菜单栏【Add Field】，新增【time】和【speed】两个字段【Type】选择【Double】（图10-24），右键【speed】字段→【Field Calculator】，输入【speed=90】，右键【time】字段→【Field Calculator】，输入【time=[length]/[speed]】（图10-25），单击【OK】，即可生成道路网络时间成本（图10-26）。

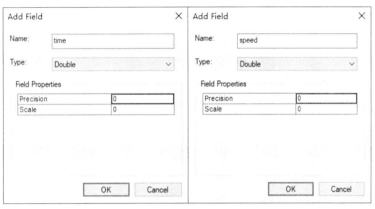

图10-24 新增时间和速度字段

图10-25 设置速度并计算道路时间成本

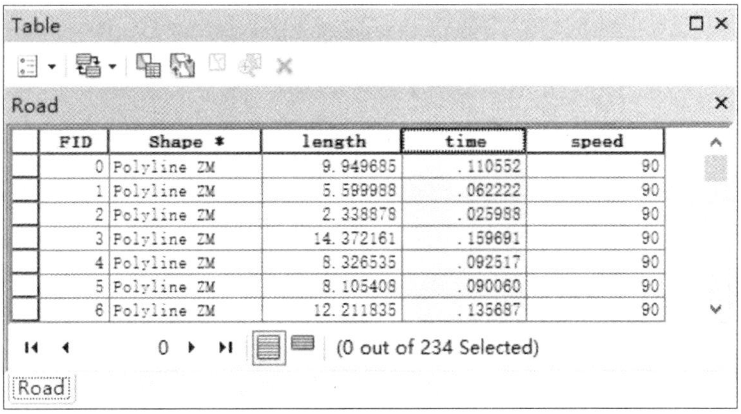

	FID	Shape *	length	time	speed	
	0	Polyline ZM	9.949685	.110552	90	
	1	Polyline ZM	5.599988	.062222	90	
	2	Polyline ZM	2.338879	.025988	90	
	3	Polyline ZM	14.372161	.159691	90	
	4	Polyline ZM	8.326535	.092517	90	
	5	Polyline ZM	8.105408	.090060	90	
	6	Polyline ZM	12.211835	.135687	90	

0 out of 234 Selected)

图10-26 添加时间成本后的道路属性表

（4）在【Catalog】中右击【Road.shp】，单击【New Network Dataset...】（图 10-27），开启【New Network Dataset】向导框，进行以下操作：

图 10-27　新建网络数据集

1）【Enter a name for your network dataset】，设置网络名称【Road_ND】，单击【下一步】。

2）【Do you want to model turns in this network?】，询问是否构建转弯要素，这里保留默认设置，单击【下一步】。

3）【Connectivity】中，单击【Connectivity】，在弹出的设置连通性对话框中，【Connectivity Policy】选择【Any Vertex】（图 10-28），单击【OK】，【下一步】。

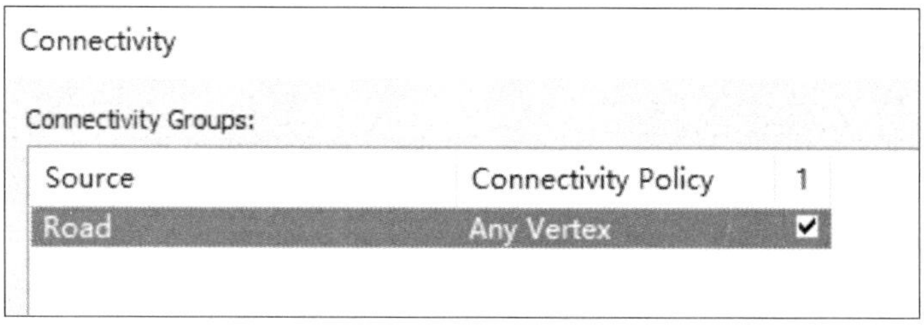

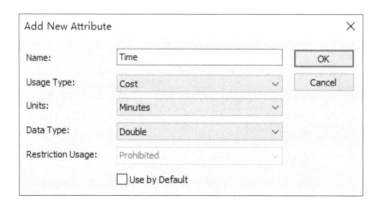

图 10-28　设置连通性为任意节点

4）【Specify the attributes for the network dataset】，这里仅显示了路程成本，单击右侧【Add】，在【Add New Attribute】对话框中，【Name】命名为【Time】，【Usage Type】选择【Cost】，【Units】选择【Minutes】，【Data Type】选择【Double】（图 10-29），单击【OK】，即可为网络数据集新增时间成本属性（图 10-30），单击【下一步】。

图 10-29　新增时间成本属性

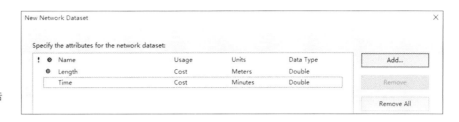

图 10-30 添加完时间成本后
的对话框

5）【How would you like to model the elevation of your network features?】，询问是否为道路网络增加高程属性，按照默认设置，单击【下一步】。

6）【Travel Mode】，若选择不同的交通出行方式，如：选择地铁、公交、步行等，可在此添加不同出行方式，本例出行方式仅为步行，按照默认设置，单击【下一步】。

7）【Do you want to establish driving directions settings for this network dataset?】，询问是否为道路网络增加行驶方向属性选择【No】，单击【下一步】。

8）【Summary】，检查网络数据集构建是否符合需求，单击【Finish】，即可完成网络数据集构建。在弹出的【是否立即构建网络数据集】对话框中，单击【是】，【是否添加网络数据集至地图中】对话框中，单击【是】。创建完成后的网络数据集如图 10-31 所示。

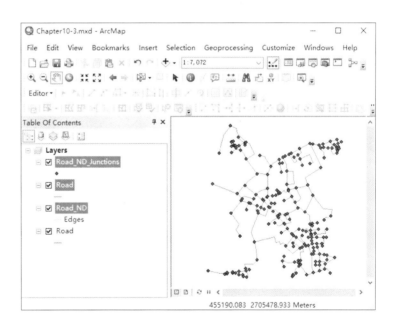

图 10-31 构建完成后的网络
数据集

10.3.2 最短路径分析

（1）在菜单栏空白处右击，勾选【Network Analyst】，将其固定至菜单栏，下拉【Network Analyst】，网络分析主要包含：1）【New Route】最短路径分析。2）【New Service Area】服务区分析。3）【New Closest Facility】最近服务设施。4）【New OD Cost Matrix】新建 OD 成本矩阵。5）【New Vehicle Routing Problem】车辆路线问题。6）【New Location-Allocation Options】位置分配（图 10-32）。首先选择【New Route】。

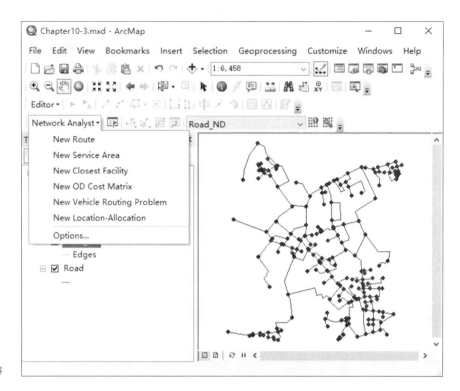

图 10-32 网络分析主要内容

（2）点选【Network Analyst】工具条中的图标，在窗口中显示【Network Analyst window】（图 10-33）。

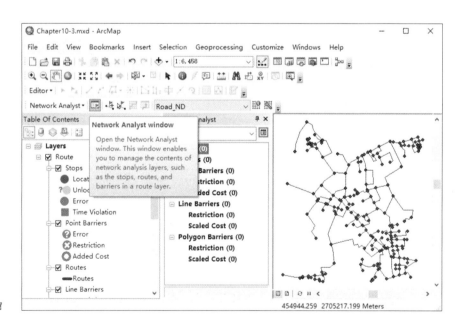

图 10-33 调用网络分析视窗

（3）单击【Network Analyst】窗口下的【Stops（0）】，添加最短路径分析点的位置有 2 种方式：1）单击网络分析工具栏中的图标，直接在地图上点选。2）右键【Stops（0）】→【Load Locations...】，将现有位置点导入（图 10-34）。

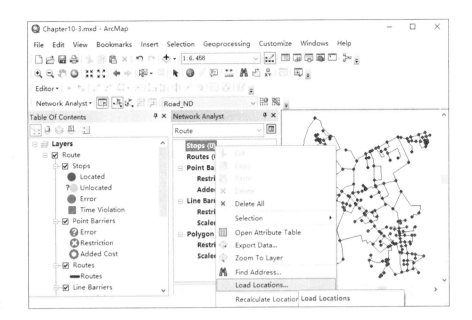

图 10-34 加载分析点位置

（4）加载随书数据【\GISData\Chapter10\Scenic.shp】至图层中，右键
【Network Analyst】窗口下的【Stops（0）】→【Load Locations】，在【Load
Locations】对话框中【Load From】下拉选择【Scenic】图层，单击【OK】，
再单击网络分析工具条中的【Solve】▦图标，即可求出两个景点之间的最
短路径（图 10-35）。生成的最短路径线要素可导出保存。

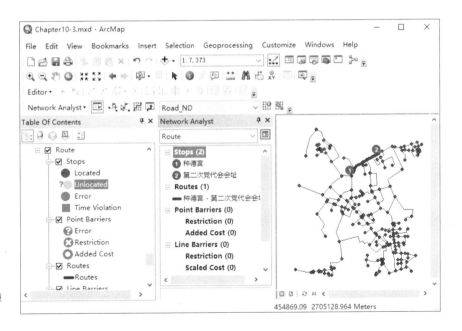

图 10-35 两个景点之间最短
路径分析结果

（5）若遇到道路维修，则需要重新选择其他最短路径。选中【Network
Analyst】窗口中的【Restriction】，单击网络分析工具条中的▦图标，在地图
上添加路障，再单击【Solve】▦图标，重新求解，即可生成新的最短路径
（图 10-36）。

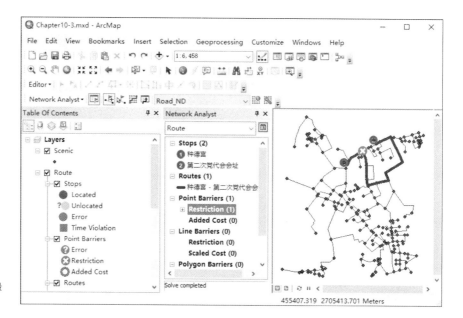

图 10-36 添加障碍物后的最短路径分析结果

10.3.3 服务区分析

（1）在【Network Analyst】工具条下拉菜单选择【Service Area】，菜单栏【Add】→加载随书数据【\GISData\Chapter10\Toilet.shp】至图层中，右键【Network Analyst】窗口中的【Facilities】→【Load Locations】,将【Toilet】图层加载至服务设施点（图 10-37）。

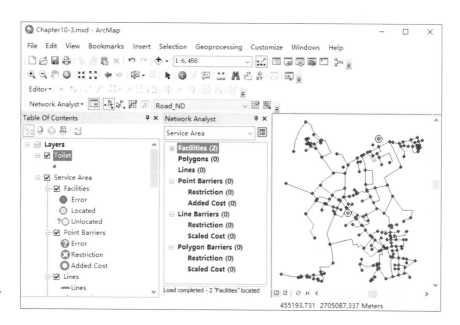

图 10-37 添加公厕点为服务设施点

（2）单击【Network Analyst】窗口中的网络属性圖图标，在【Layer Properties】对话框的【Analysis Settings】中设置阻抗【Impedance】为【Length(Meters)】，间断点【Default Breaks】为【100，200，300】（图 10-38），【Polygon Generation】设置【Polygon Type】取消勾选【Trim Polygons】，

【Multiple Facilities Options】选择【Merge by break value】，单击【确定】，再单击【Solve】▦图标。意为以路程成本为阻抗，计算服务设施的100米、200米、300米服务范围。对计算结果不进行修剪，依据断裂值合并（图10-39），生成基于路程阻抗的服务范围结果如图10-40。

图10-38 设置路程成本为道路阻抗

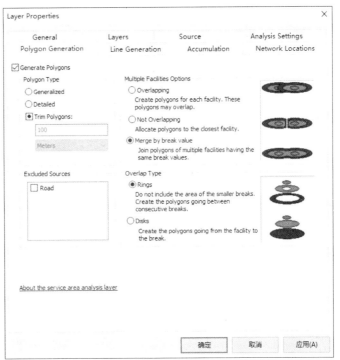

图10-39 设置服务区生成效果

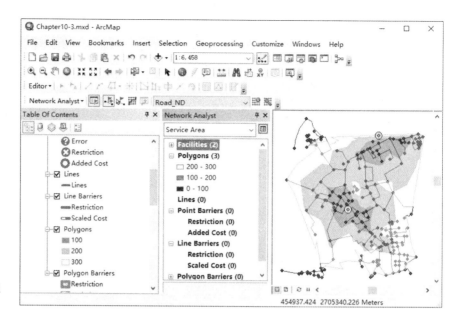

图 10-40 基于路程成本的服
务区分析结果

（3）再次单击【Network Analyst】窗口中的网络属性圆图标，在【Layer Properties】对话框的【Analysis Settings】选项卡中，设置阻抗【Impedance】为【Time（Minutes）】，间断点【Default Breaks】为【1，2，3】（图 10-41），单击【确定】，单击【Solve】圞图标。意为以时间成本为阻抗，计算服务设施的 1 分钟，2 分钟，3 分钟服务范围，生成基于时间阻抗的服务范围等时圈结果，如图 10-42 所示。

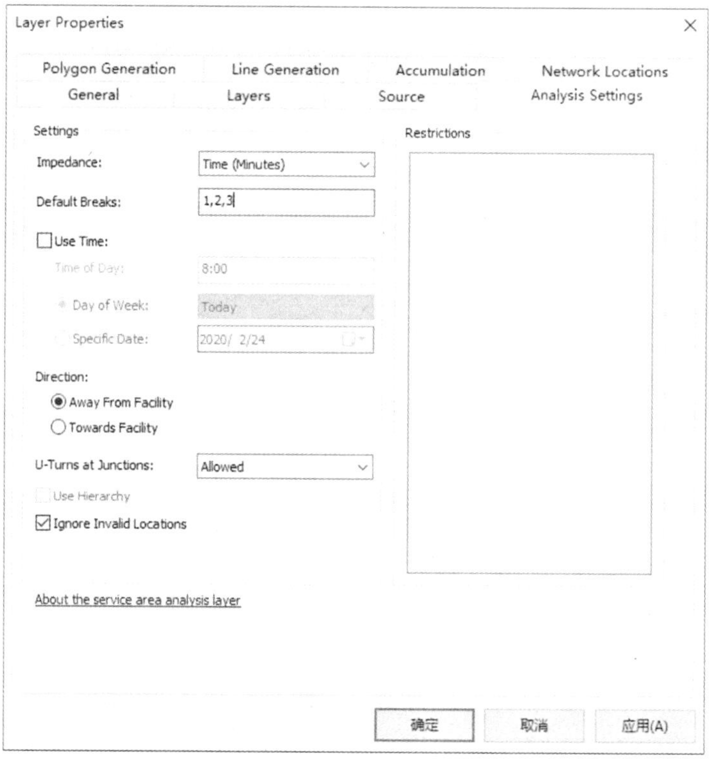

图 10-41 设置时间成本为道
路阻抗

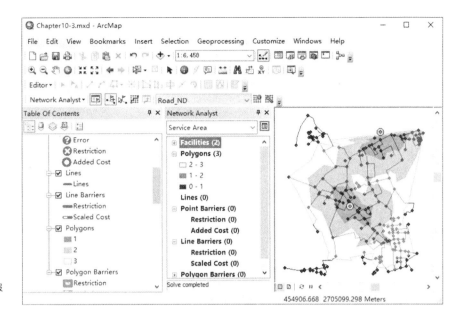

图 10-42 基于时间成本的服务区分析结果

10.3.4 最近服务设施

（1）在【Network Analyst】工具条下拉菜单选择【New Closest Facility】，加载随书数据【\GISData\Chapter10\PublicService.shp】和【HouseNum.shp】至图层中，右键【Network Analyst】窗口中的【Facilities】→【Load Locations】，将【PublicService】图层加载至服务设施点。

（2）右击【Network Analyst】窗口中的【Facilities】→【Load Locations】，将【HouseNum】图层加载至服务设施点（图 10-43）。

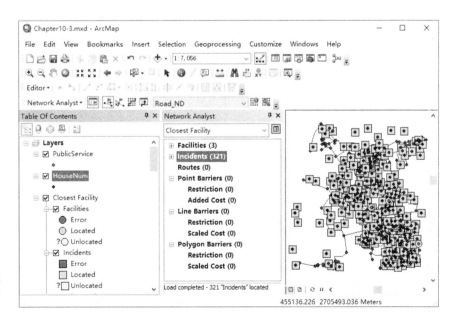

图 10-43 设置公共服务为设施点、家庭住址为事件点

（3）单击【Solve】 ▦ 图标。即可求出 321 个家庭住址【HouseNum】分别可到达的最近公共服务设施结果，在【PublicService】图层中展示（图 10-44）。

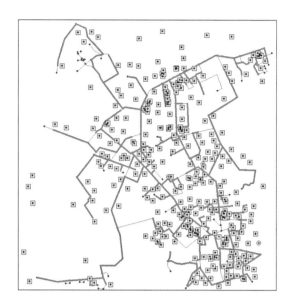

图 10-44　生成每个家庭的最
近公共服务设施及
路径

10.3.5　OD 成本矩阵

（1）在【Network Analyst】工具条下拉菜单选择【OD Cost Matrix】，
加载随书数据【\GISData\Chapter10\Scenic.shp】和【Hotel.shp】至图层中，
右击【Network Analyst】窗口中的【Origins】→【Load Locations】，将
【Scenic】图层加载至起始点；右键【Network Analyst】窗口中的【Destina-
tions】→【Load Locations】，将【Hotel】图层加载至终点（图 10-45）。

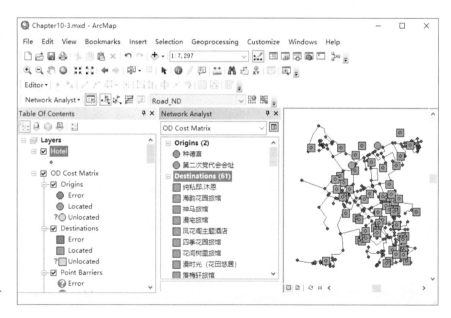

图 10-45　设置景点为起始点、
宾馆为目标点

（2）单击【Solve】▦图标。即可求出每个景点到达每个目的地的路程
成本（图 10-46）。OD 成本矩阵在图上呈现出起始点和终点直线连接网络，
打开 OD 连线【Line】属性表，可以查看每个起始点【OriginID】到终点
【DestinationID】的总路程成本【Total_Length】（图 10-47）。

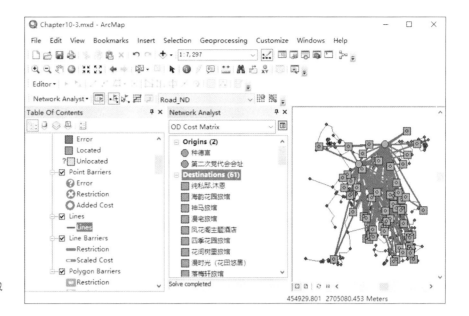

图 10-46 OD 成本矩阵生成结果

Table

Lines

	Name	OriginID	DestinationID	DestinationRank	Total_Length
▸	种德宫 - 四季星空旅馆	1	10	1	11.549794
	种德宫 - 阳光久久旅馆	1	31	2	40.351772
	种德宫 - 小葛同学主题客栈	1	49	3	61.759166
	种德宫 - 听海寺景度假别墅	1	54	4	71.759548
	种德宫 - 落梅轩旅馆	1	9	5	79.489114
	种德宫 - 365私家庭院	1	46	6	79.489114

(0 out of 122 Selected)

Lines

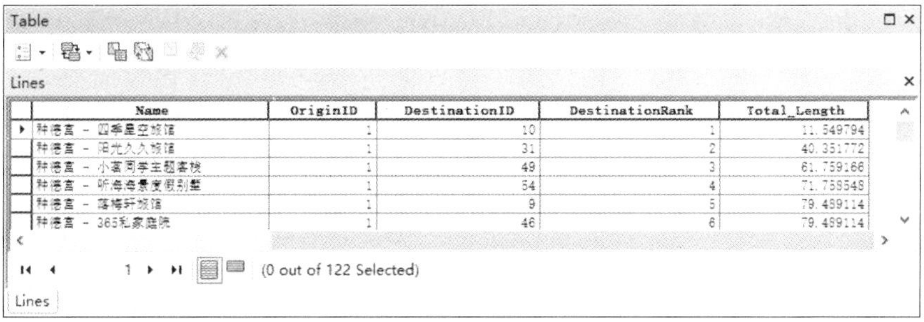

图 10-47 OD 成本矩阵属性表

10.3.6 位置分配分析

ArcGIS 中“位置分配”的基本原理是：在给定需求和已有设施空间分布的情况下，让系统在用户指定的系列候选设施选址中，从中挑选出指定个数的设施选址。而挑选的原则是根据特定优化模型决定的，挑选的结果是实现模型设定的优化方式，如：设施的可达性最佳、设施的使用效率最高或设施的服务范围最广等。

（1）在【Network Analyst】工具条下拉菜单选择【Location-Allocation】，加载随书数据【\GISData\Chapter10\Toilet.shp】和【GPS.shp】，右击【Network Analyst】窗口中的【Facilities】→【Load Locations】，将【Toilet】图层加载至设施点；右击【Network Analyst】窗口中的【Demand Points】→【Load Locations】，将【GPS】图层加载至需求点（图 10-48）。

（2）单击【Network Analyst】窗口中的网络属性图标，在【Layer Properties】对话框的【Advanced Settings】中，设置【Problem Type】为【Minimize Impedance】，【Facilities To Choose】减少至【1】，单击【确定】（图 10-49）。

（3）单击【Solve】图标。即可求出在当前范围的两个现有公厕中，依据最小化阻抗原则，应该优先提升服务等级的设施点（图 10-50）。

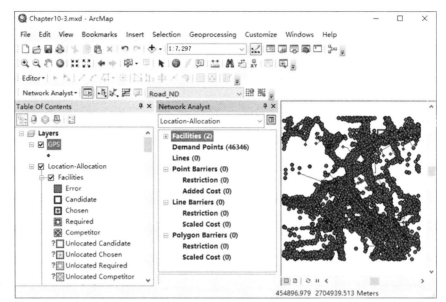

图 10-48　添加公厕为设施点、
　　　　　GPS 点为需求点

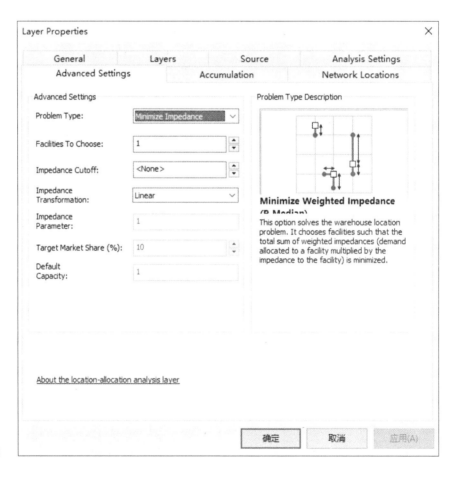

图 10-49　设置位置分配属性

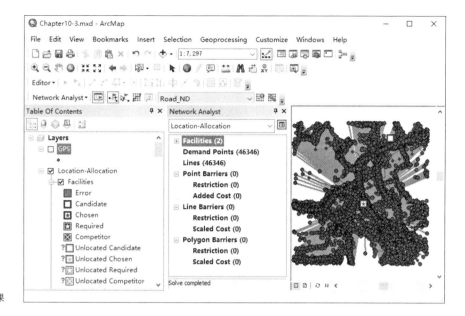

图 10-50　最优位置求解结果

10.4　构建网络方向与转弯限制

10.4.1　构建网络的方向限制

（1）打开 ArcMap，加载随书数据【\GISData\Chapter10\Result\Road. shp】至图层中，导出备份为【\GISData\Chapter10\Result\Road1.shp】，并将【Road1.shp】图层重新加载进 ArcMap，移除【Road.shp】（图 10-51）。

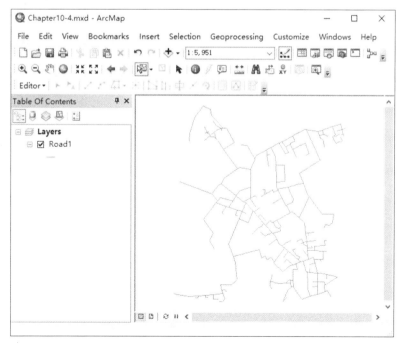

图 10-51　加载实验数据

（2）右击【Road1.shp】图层，单击【Layer Properties】→【Symbology】→【Symbol】，在【Symbol Selector】对话框中，更改路网符号为【Arrow Right Middle】（图10-52），单击【OK】，即可显示道路的方向。

注：此时显示的道路方向是道路作为矢量要素绘制过程中的方向，并不是道路行驶方向，默认情况下，每条道路都是双向通行的。

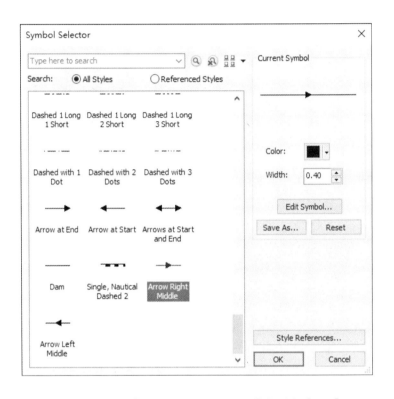

图 10-52　符号化道路方向

（3）打开【Road1.shp】图层属性表，下拉【菜单栏】→【Add Field】，在【Add Field】对话框设置【Name】为【oneway】，【Type】为【Text】，【Length】为【3】（图10-53），单击【OK】，即可生成路网的方向属性字段。

图 10-53　添加路网的方向属
　　　　　性字段

（4）在菜单栏中，单击▦图标，选中需要设置正向单行的道路（图 10-54）。打开属性表，切换至选中内容框，右键【oneway】→【Field Calculator】，输入【oneway="FT"】单击【OK】。意为将选中的两段道路设置为与箭头方向相同的单行道，FT 为英文"From-To"的缩写，结果如图 10-55 所示。

图 10-54　选择正向单行道路

	FID	Shape *	length	time	speed	oneway
	162	Polyline ZM	57.142327	.634915	90	FT
	163	Polyline ZM	36.302754	.403364	90	FT

图 10-55　设置正向单行道路属性

（5）在菜单栏中，单击▦图标，选中需要设置反向单行的道路（图 10-56）。打开属性表，切换至选中内容框，右键【oneway】→【Field Calculator】，输入【oneway="TF"】（图 10-57），单击【OK】，将选中的两段道路设置为与箭头方向相同的单行道。其余未设置方向的路段默认双向通行。

（6）在【Catalog】中右击【\GISData\Chapter10\Result\Road1.shp】新建网络数据集【New Network Dataset...】（图 10-58），弹出构建【New Network Dataset】向导框，前三步默认设置，在第四步【Specify the attributes for the network dataset】，自动识别出单道【Oneway】的限制属性（图 10-59），若未识别出，则单击右侧【Add...】手动添加【Attribute：Oneway】，网络数据集构建其他步骤按照默认设置，单击【Finish】并将其加载至图中。

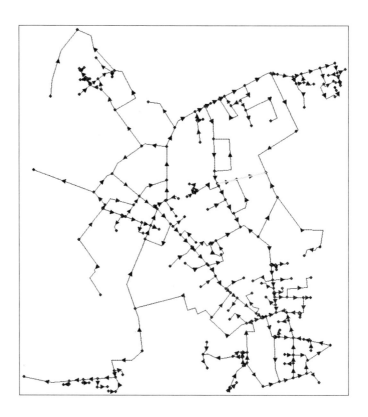

图 10-56　选择负向单行道路

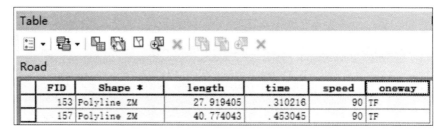

图 10-57　设置负向单行道路
　　　　　属性

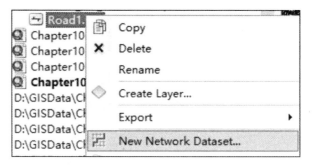

图 10-58　构建单行道网络数
　　　　　据集

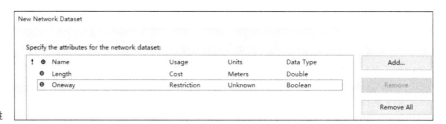

图 10-59　添加道路单行道属性

（7）符号化网络数据集，将路网设置【Arrow Right Middle】符号，并调用网络分析工具下的【New Route】最短路径分析，图中选中要素为设置了正向单行道的路段。单击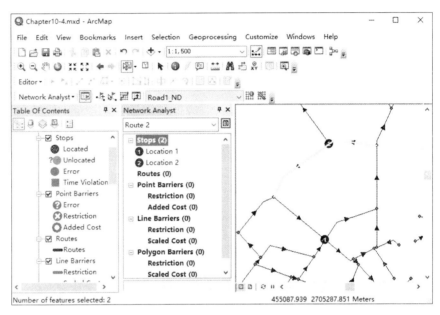任意添加两个位置点（图10-60），并单击【Solve】求解。可以发现，从位置点①到位置点②，最短路径依照刚刚设置的正向单行道限制做出了调整（图10-61）。

图 10-60　在正向单行道路两侧添加停靠点

图 10-61　求解验证正向单行道路

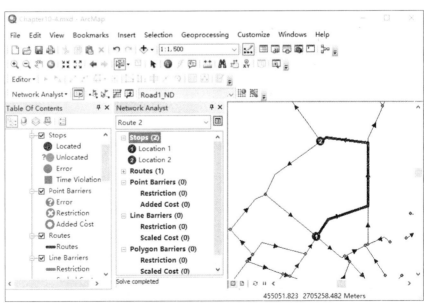

（8）调用网络分析工具下的【New Route】最短路径分析，图中选中要素为设置了反向单行道的路段。单击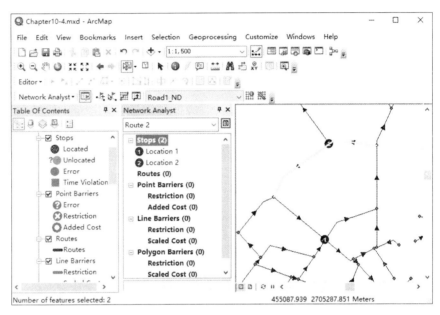任意添加两个位置点（图10-62），并单击【Solve】求解。可以发现，从位置点①到位置点②，最短路径依照刚刚设置的反向单行道限制做出了调整（图10-63）。

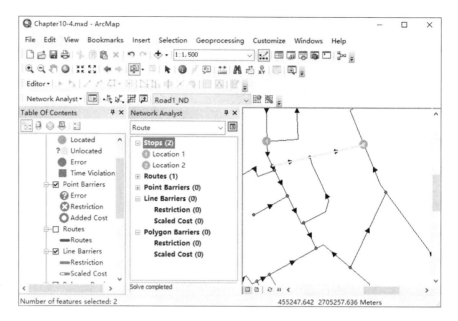

图 10-62 在负向单行道路两
侧添加停靠点

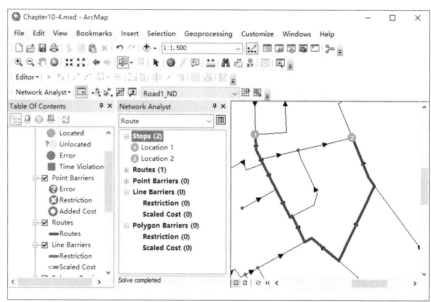

图 10-63 求解验证负向单行
道路

10.4.2 构建网络的转弯限制

（1）打开 ArcMap，加载 随 书 数 据【\GISData\Chapter10\Result\Road.
shp】至图层中，右键【Export】导出备份为【\GISData\Chapter10\Result\Road3.
shp】（图 10-64），并将【Road3.shp】图层重新加载，移除【Road.shp】。

（2）在【Catalog】中右击【\GISData\Chapter10\Result】文件夹，单击
【New】→【Turn Feature Class...】（图 10-65），在【Create Turn Feature Class】
对话框中，进行设置（图 10-66），单击【OK】创建转弯要素。

（3）在【Catalog】中右击【\GISData\Chapter10\Result\Road3.shp】，单
击【New Network Dataset】，弹出构建【New Network Dataset】向导框，在
第二步【Do you want to model turns in this network?】对话框中，点选【Yes】，

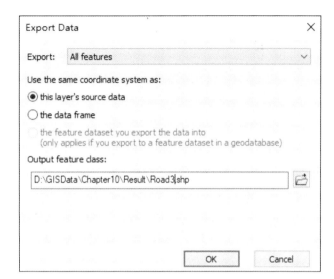

图 10-64 路网导出备份

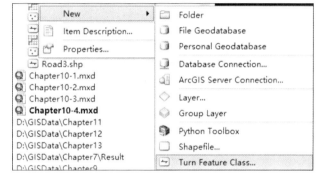

图 10-65 新建转弯要素

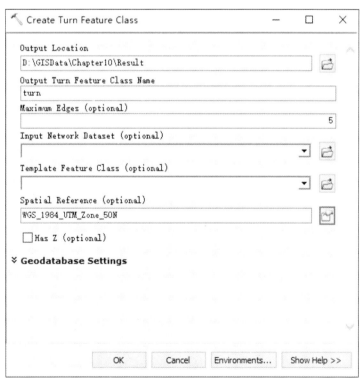

图 10-66 设置转弯要素

在下方的【Turn Sources】选择【turn】(图 10-67),网络数据集构建其他步骤按照默认设置,单击【Finish】并将其加载至图中。

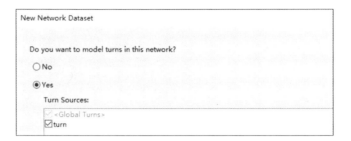

图 10-67 构建带转弯要素的网络数据集

(4)设置【turn】图层处于编辑状态,使用草图工具,绘制转弯限制要素,绘制禁止左转(图 10-68)。

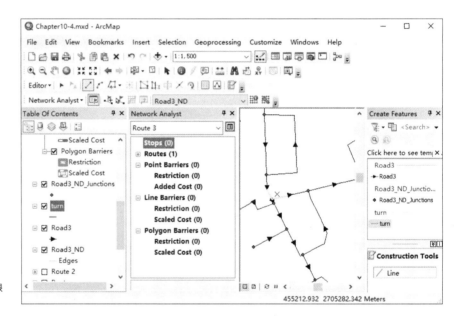

图 10-68 绘制禁止左转限制要素

(5)在【Catalog】中右击【\GISData\Chapter10\Result\Road3_ND.nd】,单击【Road3_ND.nd】→【Properties】→【Network Dataset Properties】→【Attributes】→【Add...】(图 10-69),在【Add New Attribute】设置转弯要素【turn】,【Usage Type】为要素【Restriction】,【Restriction Usage】为禁止要素【Prohibited】(图 10-70),单击【OK】;再次双击新建的【turn】,在【Elevators】对话框中,【Type】选择【Constant】,【Value】选择【Use Restriction】(图 10-71),单击【OK】,单击【确定】。再次右击【Road3_ND.nd】→【Build】,重新更新网络数据集,并将网络重新拖动至图层中。

(6)单击【Network Analyst】工具条→下拉选择【New Route】,在转弯要素附近添加位置点①和位置点②(图 10-72),单击【Solve】求解。可以发现,从位置点①到位置点②,最短路径依照刚刚设置的【禁止左转】做出了调整(图 10-73)。

图 10-69 在网络数据集属性
中增加转弯属性

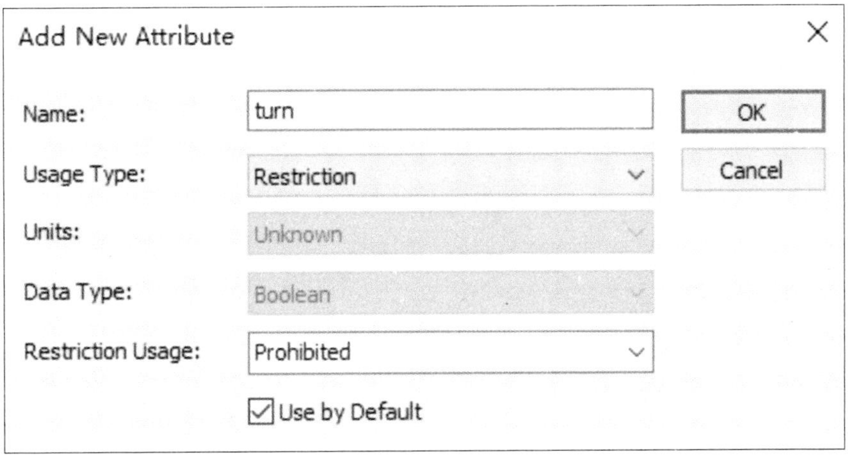

图 10-70 设置转弯属性为限
制要素

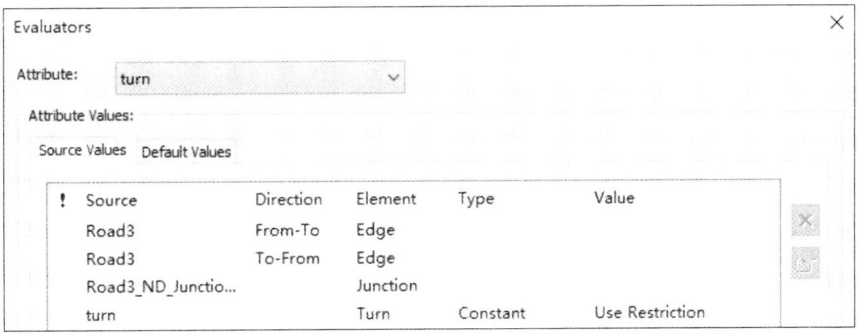

图 10-71 查看转弯要素设置
情况

图 10-72 在禁止左转路口两
侧设置停靠点

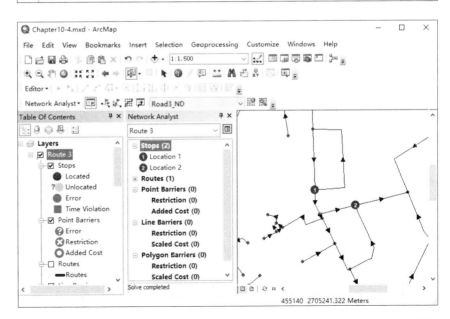

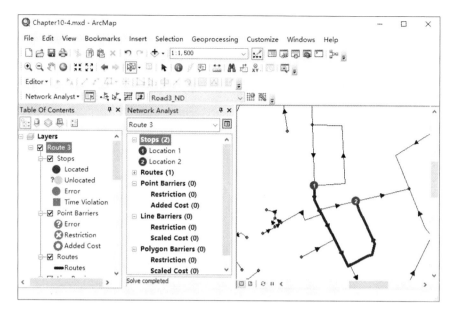

图 10-73　求解验证禁止左转
　　　　　要素

10.5　OD 成本矩阵的应用

10.5.1　基于最小阻抗的区域可达性分布

本节利用 OD 成本矩阵，以时间作为可达性的阻抗，统计各个路口的可达性和路网的可达性，求解研究区道路网络的可达性分布图。

（1）打开 ArcMap，首先构建网络数据集，导入随书数据【\GISData\Chapter10\Result\Road_ND_Junctions】（图 10-74）。

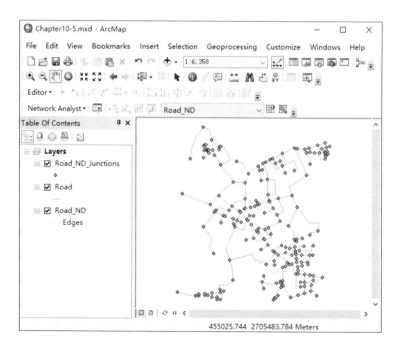

图 10-74　加载实验数据

（2）首先确保【Customize】→【Extension】→【Network Analyst】模块处于激活状态，在【Network Analyst】工具条下拉菜单【New OD Cost Matrix】，并打开网络分析窗口，右键【Origins】→【Load Locations】→【Load From】选择【Road_ND_Junctions】；右键【Destinations】→【Load Locations】→【Load From】选择【Road_ND_Junctions】，即起始点和终点均加载道路网络节点（图 10-75 ）。

（3）打开网络分析窗口属性表▦，在【Layer Properties】对话框中，【Analysis Settings】选项卡设置【Impedance】为【Time（Minutes）】（图 10-76 ），单击【确定】。单击【Solve】▦求解，即可生成基于时间阻抗的 OD 成本矩阵（图 10-77 ）。

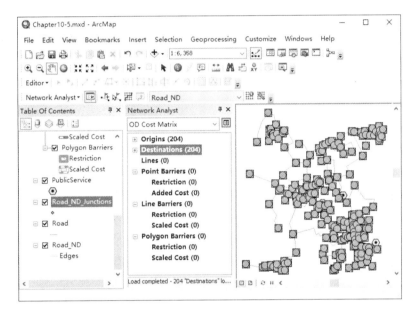

图 10-75　设置起始点和终点

图 10-76　设置时间成本为道
　　　　　路网络阻抗

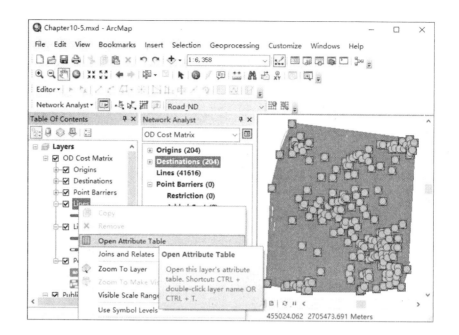

图 10-77　OD 成本矩阵计算
　　　　结果

（4）右击【Line】图层→【Open Attribute Table】，右击起始点【Origi-nID】字段→【Summarize…】（图 10-78），在【Summarize】对话框中，【Choose one or more summary statistics to be included in the output table】勾选【Total_Time】下方的【Sum】，【Specify output table】设置导出路径及名称为【\GISData\Chapter10\Result\ 可达性计算表 .dbf】（图 10-79），单击【OK】。在弹出的询问【是否在地图中添加结果表】，单击【是】。

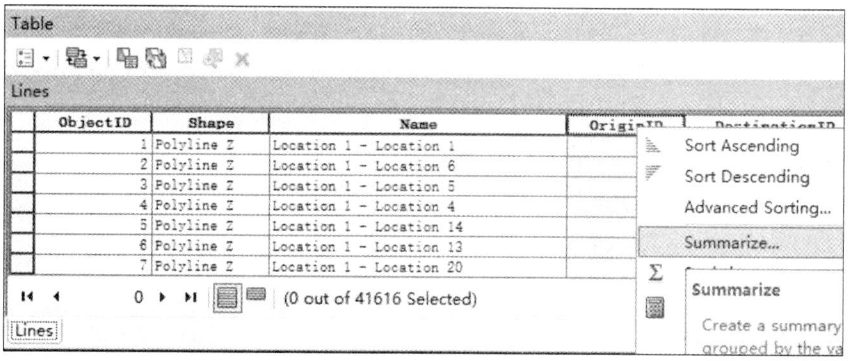

图 10-78　按照起始点汇总
　　　　计算

（5）打开【可达性计算表 .dbf】的属性表，新增字段【可达性】，【Type】设置为【Double】（图 10-80），单击【OK】。右击【可达性】字段→【Field Calculator】，在【Field Calculator】对话框中，输入公式【可达性 =[Sum_Total_]/203】（图 10-81），单击【OK】，求出某一起始点到起始点以外其他各网络节点的平均出行时间成本作为该点的可达性（图 10-82）。

（6）右击【Origins】图层，单击【Joins and Relates】→【Join】，在【Join Data】对话框中，【What do you want to join to this layer】下拉选择【Join attributes from a table】，基于【ObjectID】连接，【Choose the table to join to

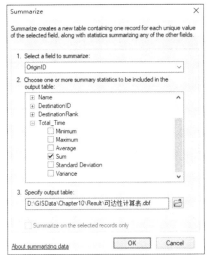

图 10-79 汇总起始点总的出行时间

图 10-80 新增可达性字段

图 10-81 计算起点到其他各个终点的平均出行时间

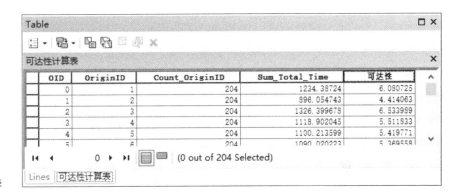

图 10-82 可达性计算结果表

this layer, or load the table from disk】, 下拉选择【可达性计算表】, 基于【OriginID】连接（图 10-83）, 单击【OK】。在弹出的是否创建索引【Create Index】对话框, 单击【否】。

（7）双击【Origins】图层, 单击【Symbology】→选择按数量分级【Quantities】→【Graduated colors】,【Fields】→【Value】→下拉选择【可达性】, 并设置渐变色（图 10-84）, 单击【确定】。关闭其他图层, 仅留下【Origins】图层, 红色代表可达性高, 蓝色代表可达性低（图 10-85）。

（8）单击【ArcToolbox】→【Spatial Analyst Tools】→【Interpolation】→【IDW】, 在【IDW】对话框中, 设置输入要素为【OD Cost Matrix\ Origins】,【Z value field】下拉选择【可达性计算表.可达性】, 其余选项按照默认设置（图 10-86）, 单击【OK】, 意为运用反距离加权法对空间进行插值, 生成一幅直观的连续的可达性分布图, 结果如图 10-87 所示, 可达性时间阻抗越小, 代表可达性越高。

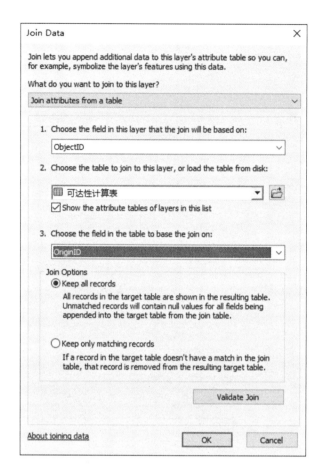

图 10-83　关联可达性属性到
　　　　　起始点图层

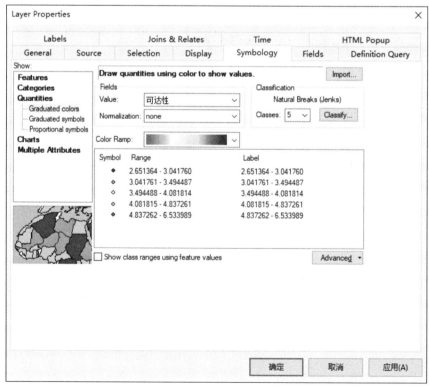

图 10-84　符号化可达性

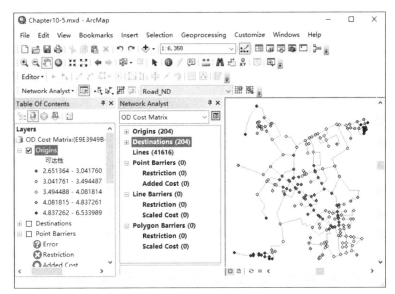

图 10-85　基于最小时间阻抗
　　　　 的网络节点可达性

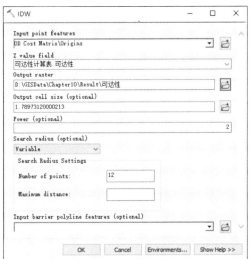

图 10-86　反距离加权插值设置

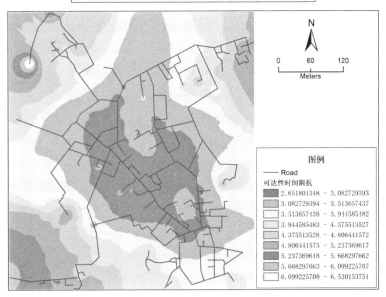

图 10-87　基于最小时间阻抗的
　　　　 区域可达性分布图

10.5.2 OD 成本矩阵制作空间联系强度图

城市之间、区域之间往往具有一定的经济、交通联系，对这些联系可以通过 OD 成本矩阵，绘制出社会经济空间联系强度图。本节以区域中的家庭住址【House Num】和商业网点【POI】之间的联系为例，绘制联系强度图。

（1）打开 ArcMap，导入随书数据【\GISData\Chapter10\HouseNum.shp】、【POI.shp】，并构建网络数据集【Road_ND_Junctions】（图 10-88）。

注：网络数据集的构建方法详见 10.3.1。

（2）首先确保【Customize】→【Extension】→【Network Analyst】模块处于激活状态，在【Network Analyst】工具条下拉菜单选择【New OD Cost Matrix】，并打开网络分析窗口，右键【Origins】→【Load Locations】→【Load From】选择【POI】；右键【Destinations】→【Load Locations】→【Load From】选择【HouseNum】，单击【Solve】求解，即可生成从商业网点到家庭住址的 OD 成本矩阵（图 10-89）。

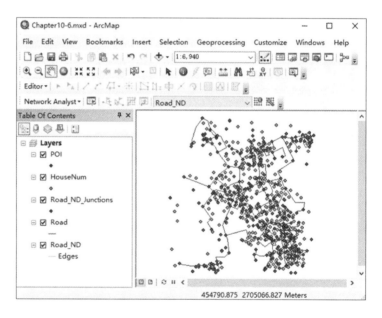

图 10-88　加载实验数据

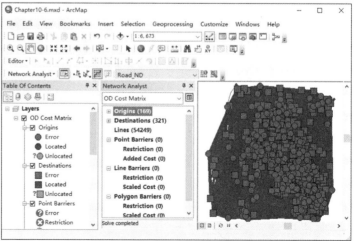

图 10-89　求解家庭住址到 POI 的 OD 成本矩阵

（3）在【Network Analyst】窗口下右击【Lines】→【Export Data】，设置输出路径为【\GISData\Chapter10\Result\Relation_Intensity.shp】（图 10-90），单击【OK】，即可导出 OD 成本矩阵线段。

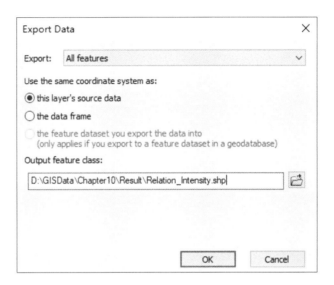

图 10-90　导出 OD 成本矩阵
　　　　　线段

第11章 空间句法分析

11.1 空间句法简介

空间句法是一种用来描述和分析空间的数学方法。从空间句法的概念及内涵解读，空间是指建构意义的客观存在的物理环境，句法指空间的有效组合及形成这种关系的限定性法则。空间句法理论并不是就物质空间论物质空间，而是提出人与环境的范式。人与环境的相互作用来源于空间形态，它是社会活动中的其中一个部分。故而，在城市空间分析过程中，它结合了空间形态与人类活动，把空间本身的建构、更新归于社会活动的一部分，讨论人如何使用环境、环境如何影响人的问题。

空间句法理论针对三个问题进行研究：（1）空间形态的组构规律，即空间形态的几何限定法则组构模式。（2）社会对空间形态的作用，社会怎样在组织城市空间形态里完成自身的存在及延续，即人如何使用环境。（3）环境如何影响人，空间形态对人的社会行为的影响等。

"空间组构"是空间句法的核心概念。"组构"指的是由相互独立的空间构建而成的一组整体性关系。空间句法当中，对于空间的理解和概括，发展出了几种不同的数学模型。一种是"凸空间"，通过这种规则，可以把实际的建筑空间，转译成为由凸空间组成的系统。还有一种是"轴线图/线段图"，可以按照一套既定的规则，用直线去概括空间，将空间转译成为由一些直线组成的系统。此外还有视区概念、代理人概念等。

空间句法的量化指标包括深度值、整合度、选择度、连接度、智能度等。深度值表示单元空间到其他单元空间的最短距离，深度值越低，出行成本就越小。整合度表示单元空间和其他空间的集聚与离散程度，整合度越高说明该空间的可达性和便捷性越强。选择度指单元空间在系统任意两个空间最短路径中出现的频率，体现的是空间的交通穿行度，及其在交通穿行中的潜力。连接度表示单元空间和其他空间相交的数目，直接体现空间之间联系的紧密与否。智能度是整体空间和局部空间的线性相关值，既表示单元空间整体和局部的整合程度，又表示行为主体区别整体空间和局部空间格局的难易程度。

综上所述，空间句法的研究范式认为，人与环境的作用通过空间组构完成，空间是社会经济活动的一部分，同时建成空间反作用于人类活动。空间句法理论对于人与环境解读，类似于《道德经》中事物"有无相成"的思想，由有而见无，由无而见有，有无相互对照，人与环境交互影响。不过，在科学理论背景下，空间句法运用量化的方法，更加精确地说明空间是如何起作用的。因此，空间句法除了哲学和科学的理论，还运用精确的量化方法开展空间分析，包括：社会、经济、人文等因素，既概括研究了传统规划理论中的经典思路，又将这些思路结合计算机数据运算，给出了具有可操作性的计算思路与计算方式。

空间句法常用的分析软件有 Depthmap 系列软件、sDNA 工具箱等。Depthmap 系列软件由伦敦大学学院开发，是空间句法的基础计算软件，目前已停止更新，用户可以选用由伦敦大学学院空间句法实验室的 TasosVaroudis 进一步开发的 depthmapX 进行空间句法分析。在 ArcGIS 平台上，可以选择英国卡迪夫大学开发的 sDNA 插件，实现空间句法分析。

11.2　基于 depthmapX 的空间句法分析

11.2.1　分析前的准备

（1）下载 depthmapX 软件，下载页面为：http://otp.spacesyntax.net/zh-hans/software-and-manuals/zh-hans-depthmap/，可选择与电脑适配的 depthmapX 软件，下载完成解压，打开文件夹中的 Depthmap.exe 即可运行软件。

注：随书数据【\GISData\Chapter11】中附带 depthmapX 0.50 软件，可直接使用。

（2）打开 ArcMap，导入随书数据【\GISData\Chapter11\Road.shp】和【Road_surface.shp】（图 11-1）。右击【Road】图层→【Data】→【Export To CAD】，在【Output Type】中，推荐选择较老版本的 dxf 文件【DXF_R2004】，【Output File】设置输出路径【\GISData\Chapter11\Result\Road_ExportCAD.dxf】（图 11-2）；同样地，将【Road_surface】输出为【\GISData\Chapter11\Result\Road_surface_ExportCAD.dxf】。输出完成后，关闭 ArcGIS。

注：depthmapX 软件的计算与存储路径均不得含有中文字符，否则程序报错。

（3）打开【depthmapX 0.50】软件，界面包括菜单栏、工具栏、图层及资源列表、选中图层的结果计算列表、视图区以及状态栏（图 11-3）。

11.2.2　凸空间分析

（1）单击菜单栏【File】→【New】，新建视图窗口，这一步也可通过单击工具栏快捷键

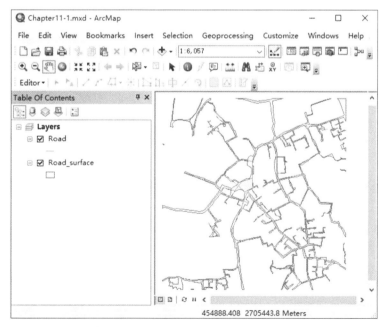

图 11-1　加载实验数据

图 11-2 导出为 DXF 文件

图 11-3 depthmapX 界面

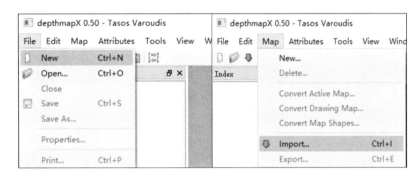

图 11-4 新建文档与导入地图

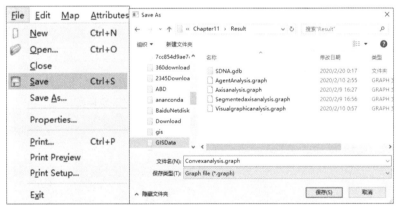

图 11-5 保存方式与路径名称

【New】图标实现。单击菜单栏【Map】→【Import...】（图 11-4），选择随书数据【\GISData\Chapter11\convex.dxf】，这一步也可通过单击工具栏【Import...】图标实现。

（2）单击菜单栏【File】→【Save】，将新建图层保存至【\GISData\Chapter11\Result】文件夹下，命名为【Convexanalysis】，保存类型为【Graph file（*. graph）】，这一步可通过单击工具栏快捷键【Save】图标实现。同样地，需要注意保存路径及名称仅能设置英文及数字字符，不可输入汉字（图 11-5）。

图 11-6 绘制凸空间

（3）在菜单栏【Map】下选择【New】，在下拉菜单选择【Convex Map】，单击【OK】，开始绘制，点选工具栏中的绘制多边形工具（图 11-6），对每个凸视面空间做闭合多边形，绘制过程若出现画错，可以单击【Edit】下的【Undo】撤销，绘制完成后如图 11-7 所示。

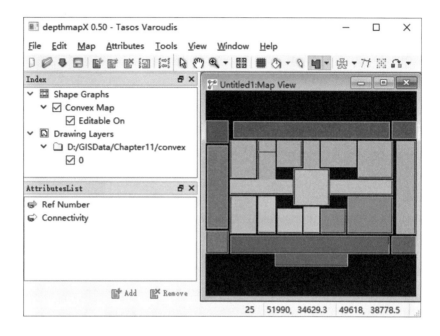

图 11-7 绘制完成后的凸空间

（4）首先切换至【Connectivity】视图窗口（图 11-8），单击工具条中的【Link】图标，根据空间实际连通关系进行连接，如果出现连接错误，在【Link】下拉选择【Unlink】取消连接，再继续操作即可。连接结果如图 11-9 所示。

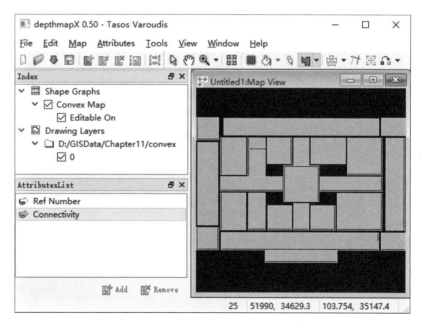

图 11-8 检查凸空间的连接性

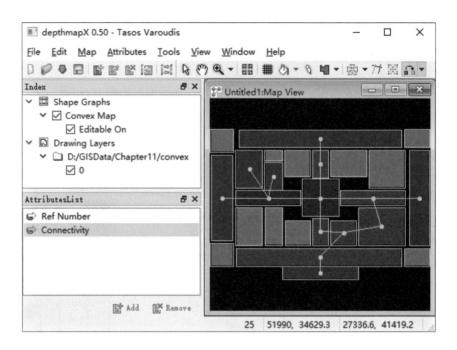

图 11-9 凸空间关联结果

（5）单击 ⬚ 箭头，点选任意凸空间，可以显示该空间连接其他空间的数值，该数值即连接值。

（6）单击菜单栏【Tools】→【Axial/Convex/Pesh】→【Run Graph Analysis...】（图 11-10），在【Radius】选择【n】（图 11-11），单击【OK】进行凸空间的全局整合度计算。结果如图 11-12 所示，左侧运算结果框中，蓝色箭头指示【Integration [HH]】，意为全局整合度，右侧图框中，越接近红色，代表全局整合度越高，空间可达性高；越接近蓝色，代表全局整合度越低，空间可达性越低。

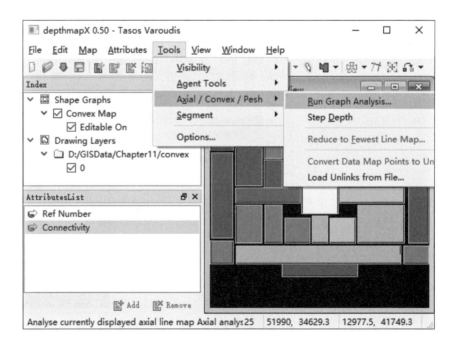

图 11-10 凸空间运算

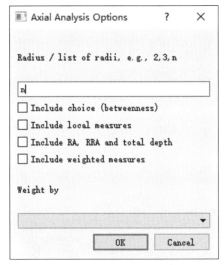

图 11-11　计算凸空间的全局整合度

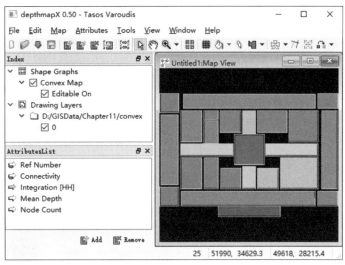

图 11-12　凸空间的全局整合度计算结果

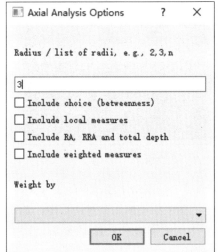

图 11-13　计算凸空间的局部整合度

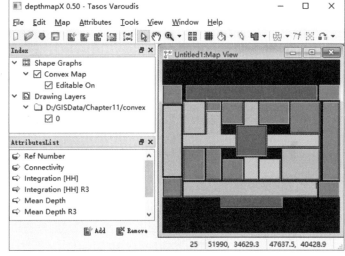

图 11-14　凸空间的局部整合度计算结果

（7）单击菜单栏【Tools】→【Axial/Convex/Pesh】→【Run Graph Analysis】，在【Radius】输入【3】（图 11-13），单击【OK】进行凸空间的局部整合度运算。结果如图 11-14 所示，左侧运算结果框中，蓝色箭头指示【Integration [HH]R3】，意为半径为 3 步的局部整合度，右侧图框中，红色代表局部整合度越高，空间可达性高;越接近蓝色，代表局部整合度越低，空间可达性越低。

11.2.3　轴线分析

（1）绘制轴线有 3 种方法：1）在 CAD 或者 ArcGIS 中绘制好的轴线存储为 dxf 文件，导入 depthmapX。2）在 depthmapX 中，手动绘制。3）在 depthmapX 中，自动绘制。无论运用哪种方法，都要确保用最长且最少的轴线穿过所有的凸空间，并且轴线必须相互连接，否则会出现错误。以下分别展示 3 种方法。

方法①：在 CAD 或者 ArcGIS 中绘制好的轴线存储为 dxf 文件，导入 depthmapX。该方法是最常用的，它可以较方便绘制并减少错误。

打开 depthmapX，单击【File】→【New】，再单击【Map】→【Import】→导入【\GISData\Chapter11\Result\Road_ExportCAD.dxf】，导入后的轴线图如图 11-15 所示。

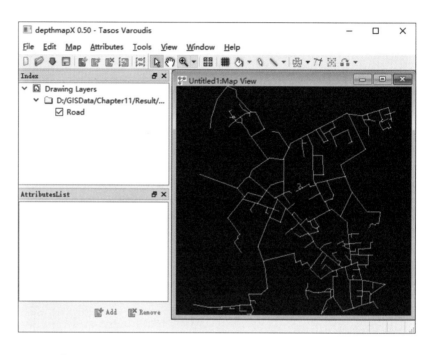

图 11-15　导入 CAD 绘制的
　　　　　 轴线绘制

方法②：在 depthmapX 中，单击【File】→【New】创建新的工程文件，然后单击【Map】→【New】（图 11-16），在【New Map】对话框中，选择【Axial Map】，单击【OK】。单击工具栏中的绘制线条工具 图标，即可开始手动绘制（图 11-17），绘制完成后保存。

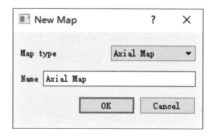

图 11-16　创建的轴线图层

方法③：在 depthmapX 中，单击【New】→【Import】→加载【\GISData\Chapter11\Result\Road_surface_ExportCAD.dxf】，导入道路路面的底图。单击工具栏中的自动绘制轴线图 图标，再单击路面任意位置即可自动生成轴线图（图 11-18）。

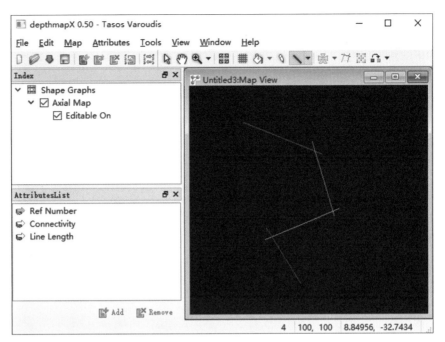

图 11-17　在 depthmapX 中绘
制轴线图

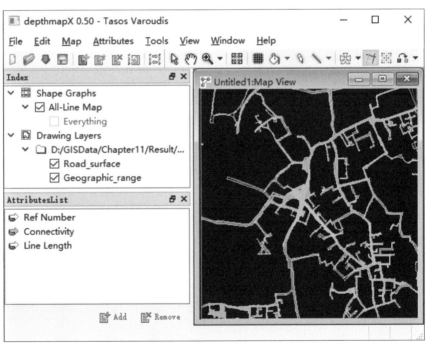

图 11-18　自动生成轴线图

　　自动生成的轴线图放大后可发现线条错综复杂（图 11-19），单击
【Tools】→【Axial\Convex\Pesh】→【Reduce to Fewest Line Map】，即可自
动删减轴线（图 11-20）。然而经过验证，删减后轴线效果未能满足"最长
且最少"的原则（图 11-21）。因而不推荐使用自动绘制轴线图的方法。
　　（2）打开 depthmapX，单击【File】→【New】，再单击【Map】→【Import】
→ 加载【\GISData\Chapter11\Result\Road_ExportCAD.dxf】，将其保存为

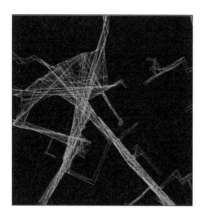

图 11-19　自动生成的轴线图局部放大

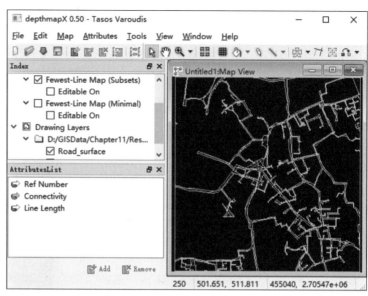

图 11-20　简化后的轴线图

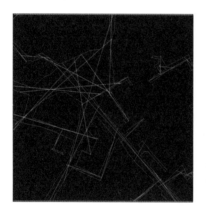

图 11-21　简化后的轴线图局部放大

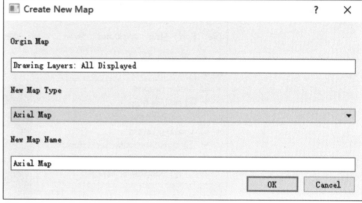

图 11-22　创建新的轴线图

【\GISData\Chapter11\Result\Axisanalysis.graph】。

　　（3）单击【Map】→【Convert Drawing Map】，在【Create New Map】对话框中，选择【Axial Map】（图 11-22），单击【OK】。目的是将轴线图转换成 depthmapX 可运算的格式。

　　（4）单击菜单栏【Tools】→【Axial/Convex/Pesh】→【Run Graph Analysis...】（图 11-23），在【Radius】选择【n】（图 11-24），单击【OK】。首先检查线段连接情况，在左侧运算结果框【AttributesList】下单击【Node Count】，若图面所有轴线呈现绿色，代表连接正确；若呈现红色，代表部分轴线未连接。未连接部分轴线需要修正，在左侧图层框勾选【Axial Map】图层下的【Editable On】，编辑轴线连接到相邻轴线上。再次进行全局整合度运算，检查线段连接情况。计算结果如图 11-25 所示，左侧运算结果框中，蓝色箭头指示【Integration [HH]】，意为全局整合度，右侧图层框中，越接近红色，代表全局整合度越高，空间可达性高；越接近蓝色，代表全局整合度越低，空间可达性越低。

（5）单击菜单栏【Tools】→【Axial\Convex\Pesh】→【Run Graph Analysis】，在【Radius】输入【3】（图 11-26），单击【OK】。结果如图 11-27 所示，左侧运算结果框中，蓝色箭头指示【Integration [HH]R3】，意为局部整合度，右侧图层框中，越接近红色，代表局部整合度越高，局部空间可达性高；越接近蓝色，代表局部整合度越低，局部空间可达性越低。

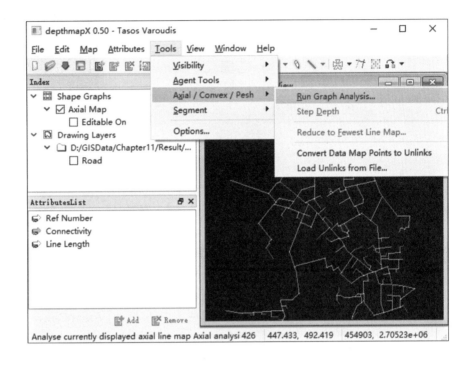

图 11-23　轴线分析运算

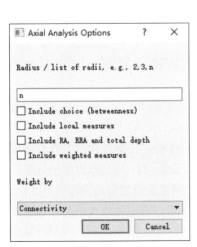

图 11-24　设置轴线分析全局整合度

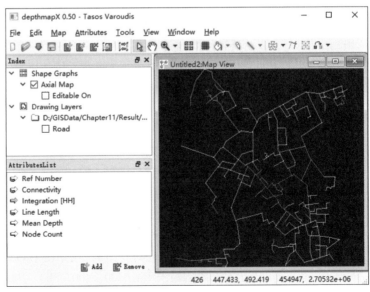

图 11-25　轴线分析全局整合度计算结果

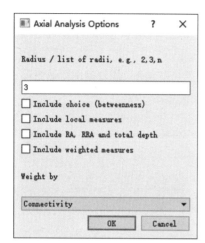

图 11-26　设置轴线分析局部整合度

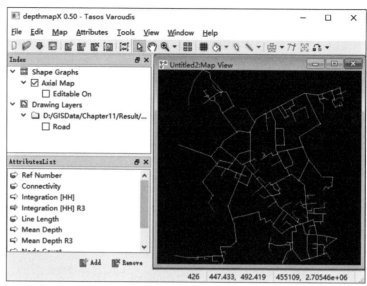

图 11-27　轴线分析局部整合度计算结果

11.2.4　线段分析

（1）打开 depthmapX，单击【File】→【New】，再单击【Map】→【Import】→加载【\GISData\Chapter11\Result\Road_ExportCAD.dxf】，将其保存为【\GISData\Chapter11\Result\Segmentedaxisanalysis.graph】。

（2）单击【Map】→【Convert Drawing Map】，在【Create New Map】对话框中，选择【Axial Map】，单击【OK】。

（3）单击菜单栏【Tools】→【Axial\Convex\Pesh】→【Run Graph Analysis】，在【Radius】选择【n】，【Weight by】下拉选择【Connectivity】，单击【OK】。在左侧运算结果框【AttributesList】下拉单击【Node Count】，若图面所有轴线呈现绿色，代表连接正确（图 11-28）；若呈现红色，代表部分轴线未连接，未连接部分轴线需要通过编辑，在左侧图层框，勾选【Axial Map】图层下的【Editable On】，编辑轴线连接到相邻轴线上。再次作全局整合度运算，检查线段连接情况。

（4）单击菜单栏【Map】→【Convert Active Map】，在【Create New Map】选择【Segment Map】，单击【OK】。即可转换图面为线段分析图面（图 11-29）。

（5）单击菜单栏【Tools】→【Segment】→【Run Angular Segment Analysis...】（图 11-30），在【Segment Analysis Options】对话框中，系统默认点选了【Tulip Analysis（Faster）Tulip Bins（4 to 1024）1024】意为计算时候简化取值；勾选【Include choice（betweenness）】，保留选择度的计算结果；在【Radius Type】点选【Metric】，意为如果截取局部空间结构进行计算，则按照米制半径进行范围划定；在【Radius】可以根据地块大小输入合适半径，本例输入【n，200，400，800，1000】，其中 n 代表全局，不同计算半径之间要用英文逗号隔开；【Weight by】可以选择权重，本例选择【Segment

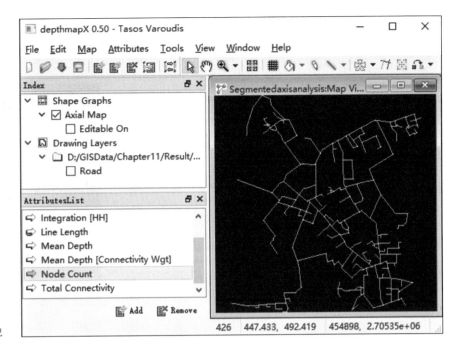

图 11-28　检查线段连接情况

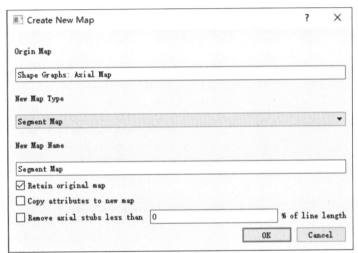

图 11-29　新建线段分析图面

Length 】，意为以分段轴线长度为权重（图 11-31），单击【 OK 】，计算结果
会自动跳转到选择度上（图 11-32），可以点选查看其他运算结果，选择度
表示道路被穿行的潜力。

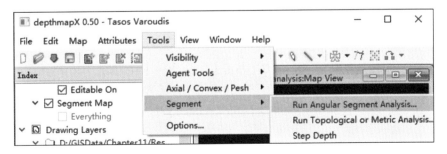

图 11-30　运行线段分析

图 11-31　设置线段分析参数

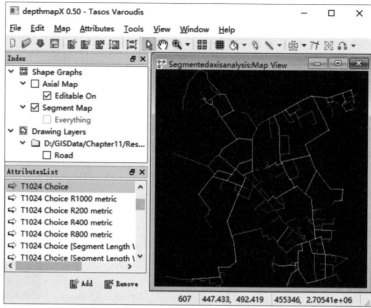

图 11-32　选择度计算结果

（6）在【Window】→【Colour Range】，在【Set Colour scale】对话框中，下拉选择【depthmapX Classic】，单击【Apply to All】（图 11-33），单击【Close】，可更改颜色范围。

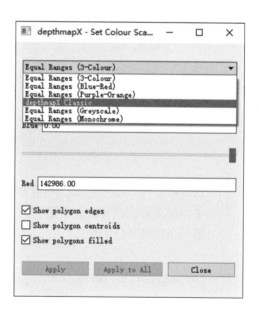

图 11-33　设置符号颜色范围

（7）单击【Tools】→【Segment】→【Run Topological or Metric Analysis...】（图 11-34），在【Analysis Options】点选【Topological（Axial）】，【Radius（Metric units）】输入【n】（图 11-35），单击【OK】。线段的拓扑选择度分析结果如图 11-36 所示。

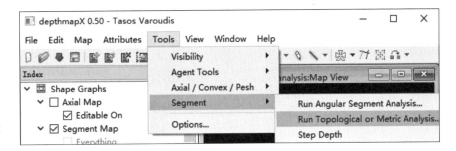

图 11-34 线段的拓扑选择度
分析

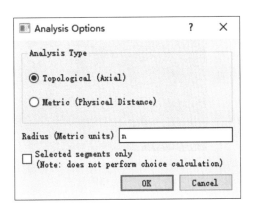

图 11-35 设置线段拓扑选择
度分析

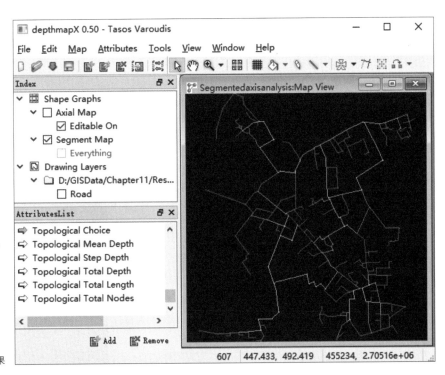

图 11-36 拓扑选择度分析结果

（8）分段轴线的步深分析：选中任意轴线→【Tools】→【Segment】→
【Step Depth】，分别点选【Angular Step】、【Topological Step】以及【Metric
Step】（图 11-37），结果即为不同类型步长深度下该轴线与其他轴线之间的
空间关系（图 11-38）。

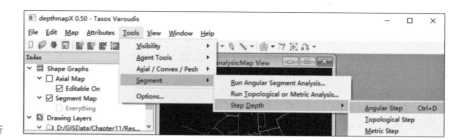

图 11-37 设置步长深度分析

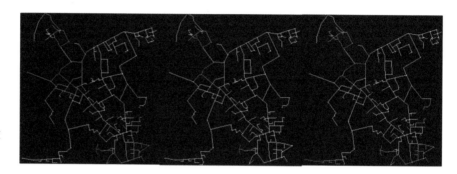

图 11-38 不同类型步长深度
分析结果（角度、
拓扑、米制）

11.2.5 视线分析

（1）打开 depthmapX，单击【File】→【New】，再单击【Map】→【Import】→加载随书数据【\GISData\Chapter11\Original.dxf】（图 11-39），将工程文件保存为【\GISData\Chapter11\Result\Visibility.graph】。

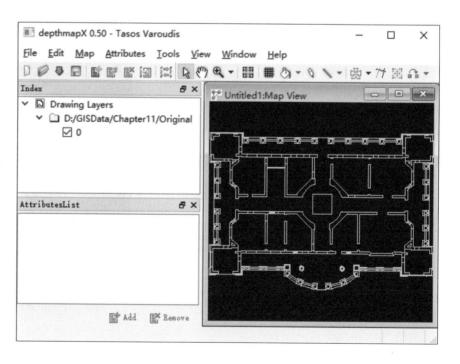

图 11-39 加载实验数据

（2）单击菜单栏【Tools】→【Visibility】→【Set Grid】（图 11-40），在【Set Grid Properties】中，设置网格大小为【500】（图 11-41），单击【OK】。这一步骤可通过单击工具栏【Set Grid】▦图标实现。

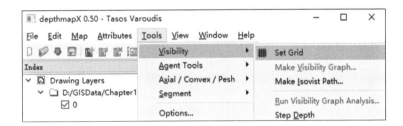

图 11-40　创建网格

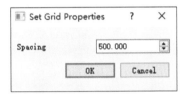

图 11-41　设置网格大小

（3）单击工具栏中的填充工具，下拉选择【Standard Fill】（图 11-42），单击图中的开放空间。填充完成后，可关闭网格视图，在【View】下拉取消勾选【Show Grid】，灰色区域即视线分析的空间（图 11-43）。

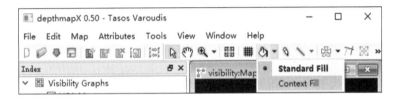

图 11-42　填充分析范围

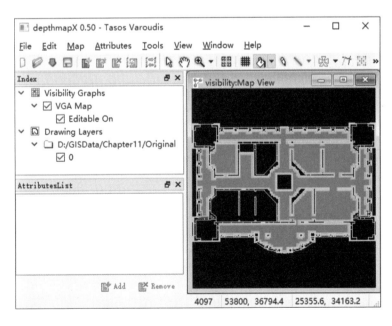

图 11-43　分析范围填充结果
　　　　　并隐藏网格

（4）单击工具栏【Tools】→【Visibility】→【Make Visibility Graph...】（图 11-44），在【Make Graph Options】对话框中，不勾选任何选项，单击【OK】，即可生成视线分析的【Connectivity】结果（图 11-45），意为从某个元素向外看，一共看到几个其他的元素。

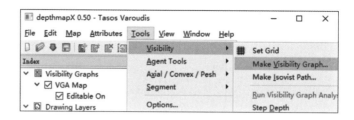

图 11-44　创建可见性图

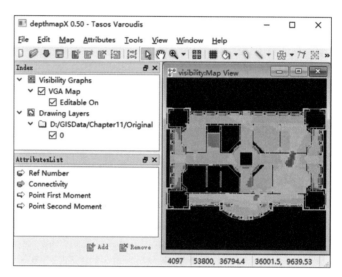

图 11-45　可见性图运算结果

（5）单击工具栏【Tools】→【Visibility】→【Run Visibility Graph Analysis...】（图 11-46），在【Analysis Options】对话框中，【Analysis Type】→点选【Caloulate isovist properties】（图 11-47），单击【OK】。即可生成等视域图（图 11-48），它是衡量从某一个点出发可以看到元素的多少。

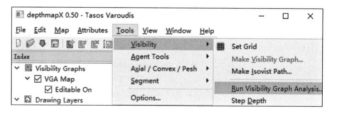

图 11-46　运行视线分析

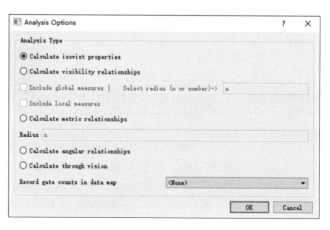

图 11-47　设置视线分析

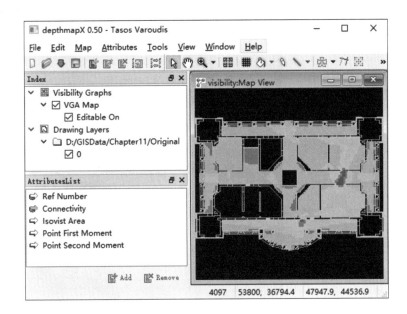

图 11-48　等视线图分析结果

（6）选中入口处几个单元格，分别单击工具栏【Tools】→【Visibility】
→【Step Depth】下的【Visibility Step】、【Metric Step】和【Angular Step】
（图 11-49），即可根据不同类型的步深生成 3 种视线结果（图 11-50）。其
中，【Visibility Step】表示从选择集往外看，就算一步深度，在一步深度
的区域内往外看，能直接看到的算两步深度，以此类推。【Metric Step】执
行后出现两个结果，都是米制距离，分别添加了限制条件。其中【Metric
Step Shortest-Path Angle】考虑实际距离，按最短路程计算，【Metric Step
Shortest-Path Length】考虑转角，路径所转过的角度加总后最小的参与计算。
【Angular Step】表示从选择集出发，到达某一个其他的元素最小要转过多
少角度，并将这个值汇总到最终空间上。因此，颜色越红，表示从选择集
出发，越要转过更大的角度才能到达。

（7）单击菜单栏【Tools】→【Visibility】→【Run Visibility Graph
Analysis...】（图 11-51），在【Analysis Options】中的【Analysis Type】选
择【Calculate visibility relationships】，并勾选【Include global measures】和
【Include local measures】，在【Select radius（n or number）】中，输入【n】
（图 11-52），单击【OK】。结果如图 11-53 所示，左侧运算结果框中，蓝色
箭头指示【Visual Integration [HH]】，意为全局整合度，Integration [HH] 值
越高的，表示这个元素只需要较少的转折，就能被系统中的其他元素看到。

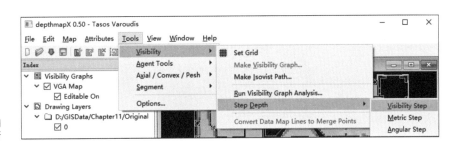

图 11-49　视线分析中的不同
　　　　　类型步长深度分析

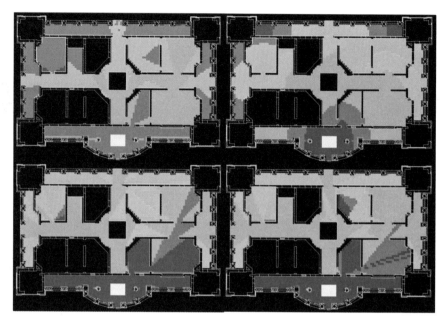

图 11-50　不同类型步长深度分析结果
（左上：视线；左下：角度；右上：距离加权米制；右下：角度加权米制）

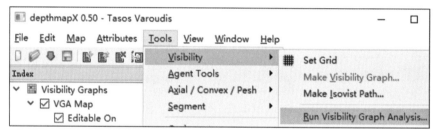

图 11-51　运行视线分析

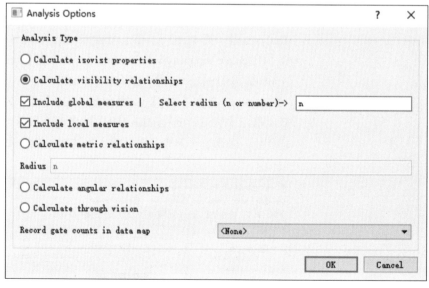

图 11-52　设置视线分析的全局整合度

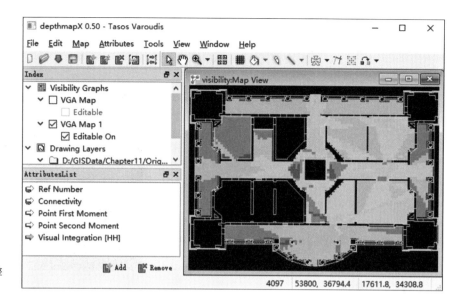

图 11-53 视线分析的全局整
合度运算结果

（8）单击菜单栏【Tools】→【Visibility】→【Run Visibility Graph Analysis】，在【Analysis Options】中的【Analysis Type】选择【Calculate visibility relationships】，并勾选【Include global measures】和【Include local measures】，在【Select radius（n or number）】中，输入【3】（图 11-54），单击【OK】，视线的局部整合度运算结果如图 11-55 所示。

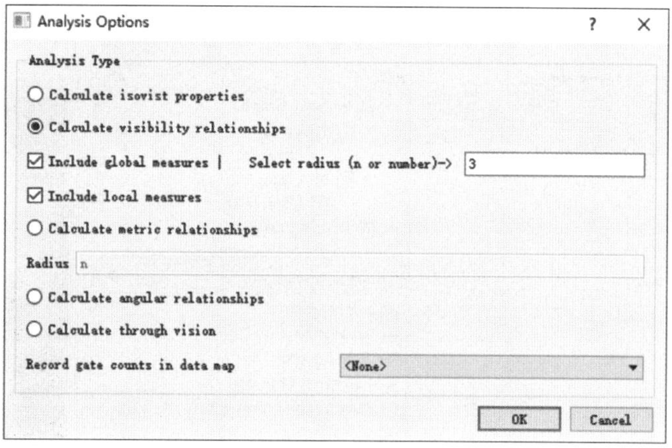

图 11-54 设置视线分析中的
局部整合度

11.2.6 代理人模拟分析

（1）代理人模拟分析前四步同视线分析，要先创建可见性图。若已经操作过上一节视线分析，可打开【\GISData\Chapter11\Result\Visibility.graph】进行代理人模拟分析，可以获得研究范围内的人流群聚模拟情况。

（2）单击【Tools】→【Agent Tools】→【Run Agent Analysis】（图 11-56），在【Agent Analysis Setup】中，点选【Release from any location】，其余按照默认设置（图 11-57），单击【OK】，即可生成代理人模拟分析图（图 11-58）。

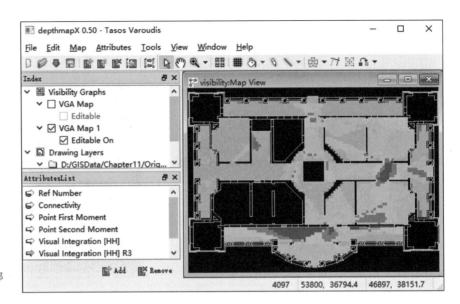

图 11-55 视线分析中的局部
整合度运算结果

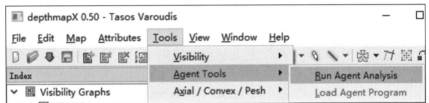

图 11-56 运行人流群聚模拟
分析

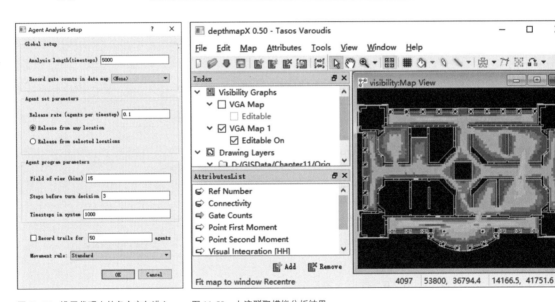

图 11-57 设置代理人从各个方向进入 图 11-58 人流群聚模拟分析结果
空间

（3）假设人流从入口处进入空间，即选中入口处的部分单元格
（图 11-59），单击【Tools】→【Agent Tools】→【Run Agent Analysis】，在
【Agent Analysis Setup】中，点选【Release from selected locations】，其余按
照默认设置（图 11-60），单击【OK】，即可生成指定位置释放的代理人模
拟分析图（图 11-61）。

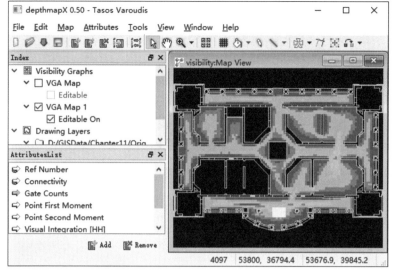

图 11-59　选中入口特定区域

图 11-60　设置代理人从特定区域进入空间

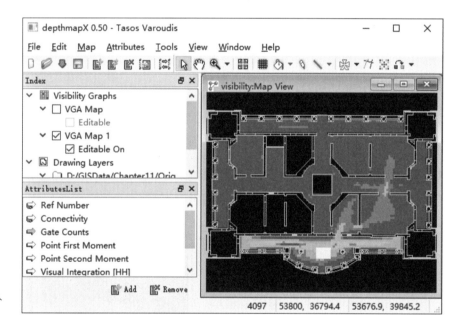

图 11-61　特定区域释放的人
　　　　　流群聚模拟结果

（4）单击【Window】→【3D View】，将视图切换至 3D 视图，点选工
具栏中的 图标可以添加代理人至图面中，点选工具栏中 图标，可以显示 3D
代理人行走轨迹（图 11-62），其他工具选项可以开始、暂停以及清除代理人。
当运行一段时间后，代理人走过的次数越多的单元格颜色越红（图 11-63），
该工具可以模拟人流在空间中的活动情况。

11.2.7　数据的管理与分析

（1）单击菜单栏【File】→【Open】，打开随书数据【\GISData\Chapter11\
Result\Segmentedanalysis.graph】，这一步可通过单击工具栏快捷键【Open】
图标实现。

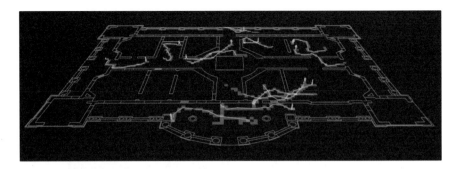

图 11-62 3D 视图下代理人
模拟场景

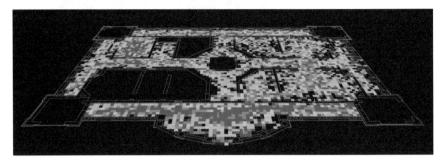

图 11-63 3D 视图下代理人
模拟运行结果

（2）单击【Window】下方的【Scatter Plot】和【Table】，可以查看分段轴线分析的统计散点图和统计表，工具栏中的【X=】可以将横坐标设置成全局整合度，【Y=】可以将纵坐标设置成局部整合度，进而求出智能度，意为局部参数可解释多少全局参数；单击工具栏中的 y=x 图标可以显示散点图的趋势线，单击 R² 图标可以显示趋势线的拟合优度，即为智能度（图 11-64）。

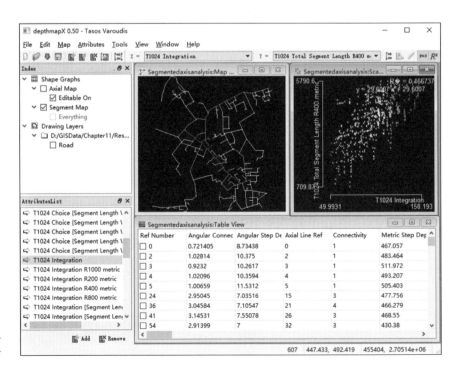

图 11-64 查看空间句法统计
结果散点图与表格

（3）单击菜单栏【Attributes】→【Add Column】可以新建指标，在【New Column】对话框中，可以输入【New column name】为【NACH】（图11-65），单击【OK】。此时该指标没有任何赋值，右键【NACH】图层【Update Column】（图11-66），在【Replace values for NACH】对话框中，【Formula】下，可以输入公式【log（value（"T1024 Choice"）+1）\log（value（"T1024 Total Depth"）+3）】（图11-67），单击【OK】。该指标为可理解度，反映标准化后的角度穿行度，可以用于对比不同结构的网络图（图11-68）。

（4）单击【Map】→【Export】，可以将统计表格以 txt 的格式导出，在 Excel 当中作进一步统计分析。单击【Map】→【Export】，在下拉选项当中，选择【保存类型】为【MapInfo file（".mif）】，可以将计算结果图形导出成 mif 格式，再通过转换软件，可进一步将空间句法分析结果导入 ArcGIS 进行进一步分析与出图。

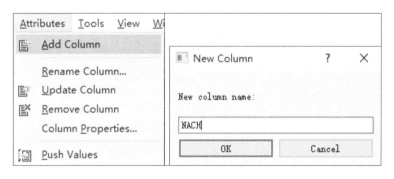

图 11-65　添加字段

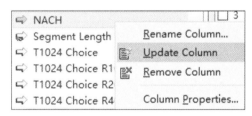

图 11-66　编辑字段

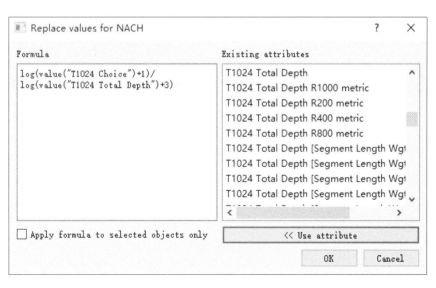

图 11-67　输入公式计算 NACH

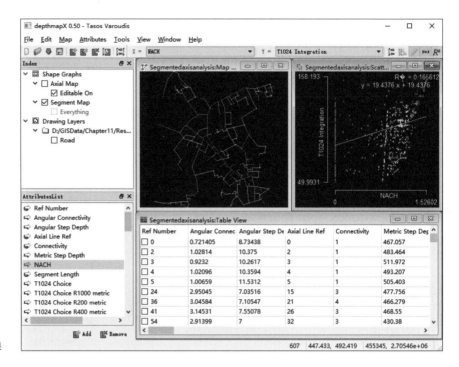

图 11-68 可理解度运算结果

11.3 基于 sDNA 的空间句法分析

基于 ArcGIS 的空间句法，主要在通过 sDNA 插件运行，该插件仅能在英文版 ArcGIS 环境中运行，若用户使用中文版，请先切换至英文版。

（1）首先进入官网 https：//sdna.cardiff.ac.uk/sdna/ 申请 sDNA 使用权限：单击【Software】→【Sign Up】（图 11-69），填写注册表，单击【Ok, give me my serial number!】，您将收到一封含有序列号和软件下载地址邮件，单击下载地址，下载 sDNA 插件并安装。

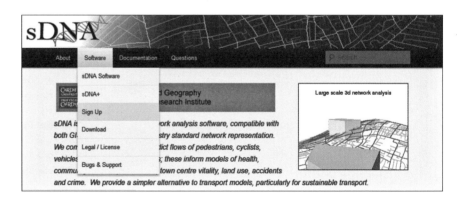

图 11-69　sDNA 官网

（2）在下载目录下找到【sDNA License Manager】，双击，在弹出的对话框中单击【Current user only】（图 11-70），在左侧方框中输入【序列号】（图 11-71），单击【Get Challenge URL】，再单击右侧【Copy URL to Clipboard】，复制一个网址在浏览器中粘贴打开，网址打开如图 11-72 所示。复制方框中的内容，回到【sDNA License Manager】，单击【Paste】，再单击【Give Response】（图 11-73），即可完成激活。

（3）打开 ArcMap，导入随书数据【\GISData\Chapter11\Road.shp】。在【Catalog】下右击【\Chapter11\Result】文件夹，单击【New】→【File Geodatabase】，将其重命名为【SDNA.gdb】，并在文件夹地理数据库下，新建要素数据集，命名为【Road】，设置投影坐标为【WGS 1984 UTM Zone 50N】，将【Road.shp】图层导入到【Road】要素数据集中，命名为【RoadSDNA】，

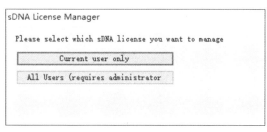

图 11-70　激活 sDNA 使用权限

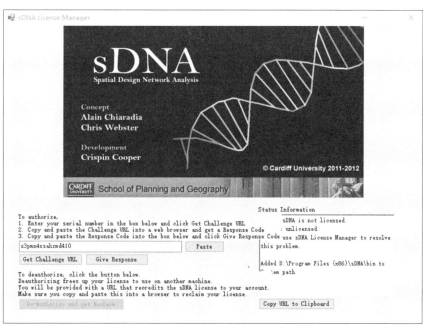

图 11-71　输入邮件里的序列号

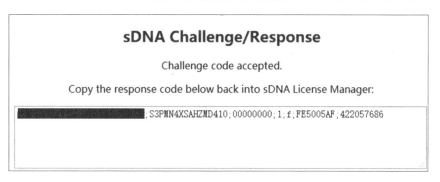

图 11-72　获得密钥

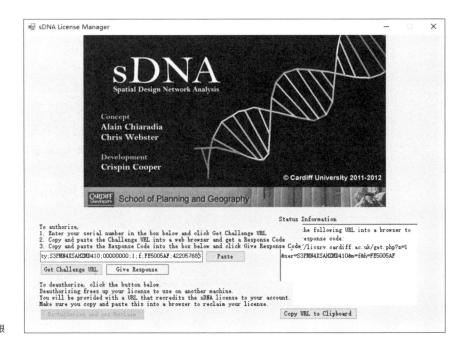

图 11-73 输入密钥获得权限

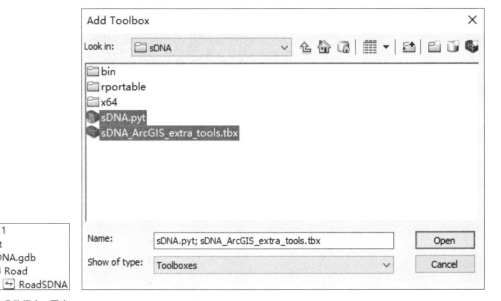

图 11-74 新建地理数据库、要素
数据集并导入要素

图 11-75 添加 sDNA 工具箱

文件组织结构如图 11-74 所示，导入要素后，在视图框中显示【RoadSDNA】图层。将路网导入数据库目的是防止 sDNA 运算出错，所有路径及名称使用英文或数字字符。

（4）在【ArcToolbox】空白处右击，单击【Add Toolbox】，找到 sDNA 安装路径，选中【sDNA.pyt】和【sDNA_ArcGIS_extra_tools.tbx】（图 11-75），单击【Open】，将这两个工具添加至工具箱。右键【ArcToolbox】空白处→【Save Settings】→【To Default】，即可将插件保存在工具箱的默认布局。

（5）单击【ArcToolbox】→【Spatial Design Network Analysis】→【Preparation】，打开【Prepare Network】，在【Prepare Network】对话框中，【Input polyline features】下拉选择【RoadSDNA】，【Output polyline features】设置为【\GISData\Chapter11\Result\SDNA.gdb\sDNAPrepare】（图11-76），其余选项保留默认即可，单击【OK】，即可生成准备好的路网（图11-77）。

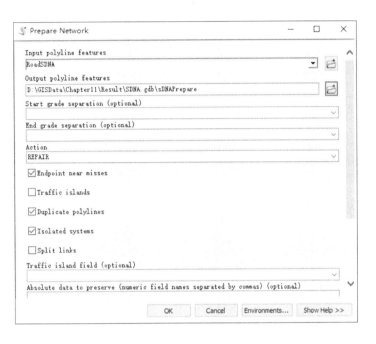

图 11-76　准备路网设置

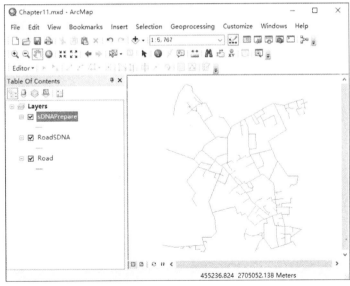

图 11-77　生成准备后的路网

（6）单击【ArcToolbox】→【Spatial Design Network Analysis】→【Analysis】→【Specific Origin Accessibility Maps】，在【Specific Origin Accessibility Maps】对话框中，设置输入要素为【sDNAPrepare】，输出路径为【\GISData\Chapter11\Result\SDNA.gdb\sDNAAccessibility】，【Routing and analysis metric】

设为【EUCLIDEAN】(图 11-78), 单击【OK】。即可生成基于路程权重的可达性(图 11-79)。

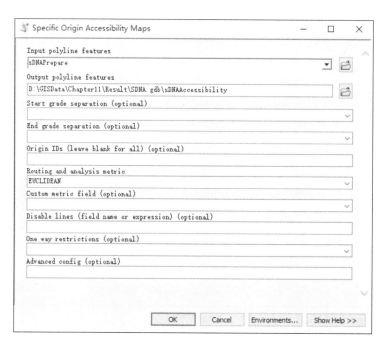

图 11-78　可达性运算设置

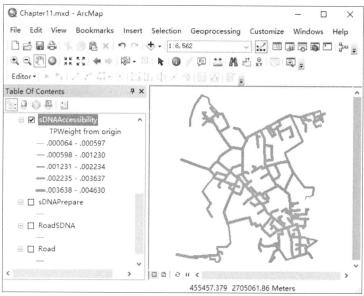

图 11-79　可达性运算结果

(7) 单击【ArcToolbox】→【Spatial Design Network Analysis】→【Analysis】→【Integral Analysis】, 在【Integral Analysis】对话框中,【Input polyline features】选择【sDNAPrepare】,【Output features】设置为【\GISData\Chapter11\Result\SDNA.gdb\sDNAIntegral】, 勾选【Compute betweenness (optional)】, 在【Routing and analysis metric】选择【ANGULAR】,【Radii】输入【n】(图 11-80), 单击【OK】, 生成 sDNA 的计算结果。

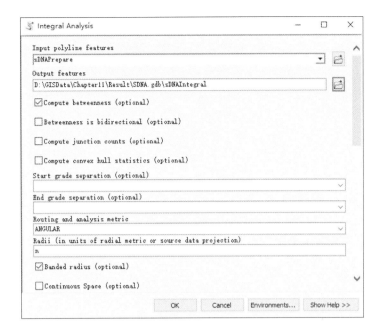

图 11-80 句法运算设置（全局整合度与全局穿行度）

（8）右击【sDNAIntegral】图层→【Properties】,在【Layer Properties】对话框中,【Symbology】→【Quantities】→【Graduated symbols】, 在【Fields】可以下拉选择字段值（图 11-81）, 若选择【NetQuantPD Ang Rn】,展现结果对应空间句法中全局整合度的概念（图 11-82）; 若选择【Betweenness Ang Rn】,展现结果对应空间句法中全局穿行度的概念（图 11-83）。

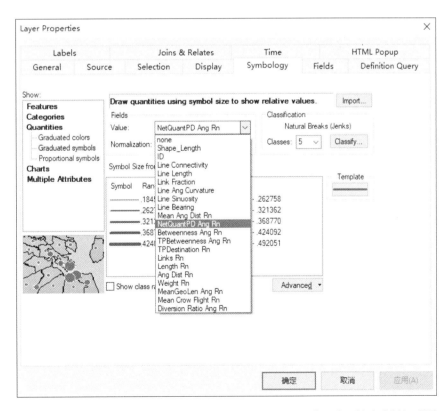

图 11-81 选择显示运算结果与符号化效果

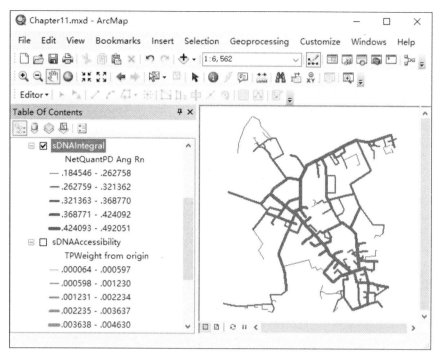

图 11-82 基于 sDNA 的全局
整合度运算结果

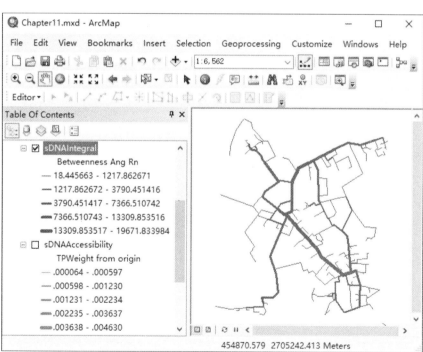

图 11-83 基于 sDNA 的全局
穿行度运算结果

（9）单击【ArcToolbox】→【Spatial Design Network Analysis】→【Analysis】
→【Integral Analysis】，在【Integral Analysis】对话框中，【Input polyline
features】选择【sDNAPrepare】，【Output features】设置为【\GISData\
Chapter11\Result\SDNA.gdb\sDNAIntegral1】，勾选【Compute betweenness
（optional）】，在【Routing and analysis metric】选择【ANGULAR】，【Radii】

输入【100，200，300，400，500】(图 11-84)，单击【OK】。

　　注：半径的设定可以根据实际情况作出调整（图 11-85）。即可生成不同半径下的局部整合度（图 11-86）和局部穿行度（图 11-87）。

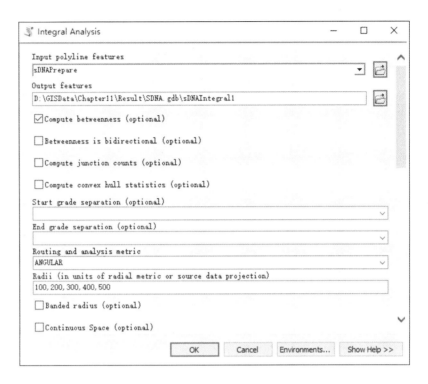

图 11-84　设置不同半径的句法运算（局部整合度与局部穿行度）

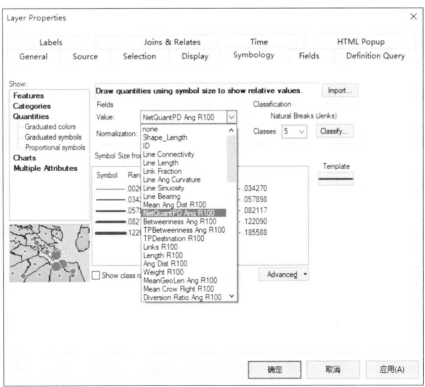

图 11-85　选择显示运算结果与符号化效果

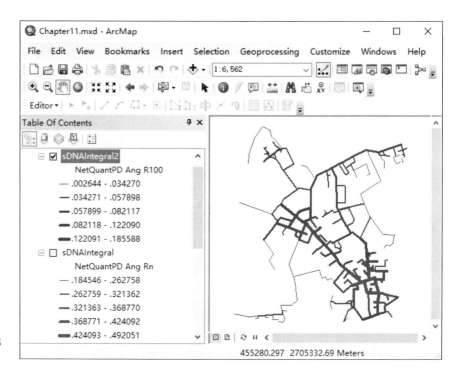

图 11-86　基于 sDNA 的局部
整合度运算结果

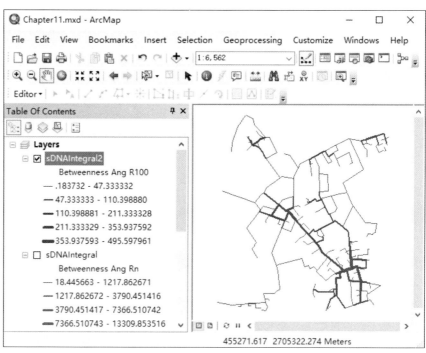

图 11-87　基于 sDNA 的局部
穿行度运算结果

第12章 空间统计分析

12.1 空间统计简介

空间统计与传统统计分析方法类似，两者都是在大量采样的基础上，通过对样本的属性值的频率分布、均值、方差等关系以及规则分析，确定其空间分布格局和相关关系。经典的统计分析模式是在观察结果相互独立的假设基础上建立的，但实际上地理现象之间大都不具有独立性。数据的空间统计学研究的基础是空间对象间的相关性和异质性，它们与距离有关，并随着距离的增加而变化。这些问题是传统统计学所忽略的，却成为空间统计分析的核心。

空间统计分析主要是通过空间数据和空间模型的联合分析来挖掘空间目标的潜在信息，再将空间信息（面积、长度、邻近关系、朝向和空间关系）整合到经典统计分析中，以研究与空间位置相关的事物和现象的空间关联和空间关系，从而揭示要素的空间分布规律。空间统计的目的是描述事物在空间上的分布特征（随机、聚集或规则），分析数据的空间自相关性、空间自相关对空间格局的影响以及如何利用这种关系构建模型。空间统计的应用有汇总空间分布的关键特征，识别具有统计显著性的空间聚类和空间异常值，评估聚集或离散的整体模式，根据属性相似性对要素进行分组和空间关系建模等。

12.2 空间点的分布格局

本节介绍空间点状要素分布格局的识别，通过对点要素的几何测度，识别点要素在空间的分布格局。该功能适用于集聚特征的空间数据，能够找出数据分布的几何重心和平均中心，多应用于开店地段的选择，仓库的选址等实际场景中。

12.2.1 空间点的方向分布与距离分布

（1）打开 ArcMap，导入随书数据【\GISData\Chapter12\Population.shp】和【Image.tif】（图 12-1）。

（2）单击【ArcToolbox】→【Spatial Statistics Tools】→【Measuring Geographic Distributions】→【Directional Distribution（Standard Deviational Ellipse）】，在【Directional Distribution（Standard Deviational Ellipse）】对话框中，输入要素设为【Population】，设置输出路径及名称（图 12-2），

其余按照默认，单击【OK】，即可生成人口在空间上的方向分布格局（图 12-3），以标准差椭圆呈现。

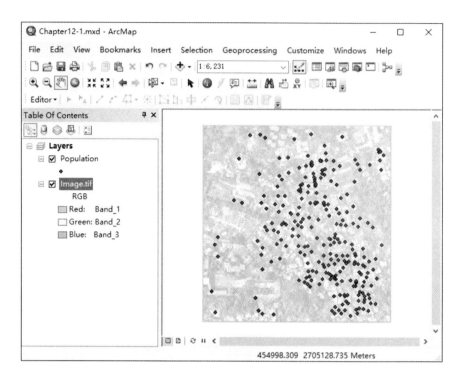

图 12-1　加载实验数据

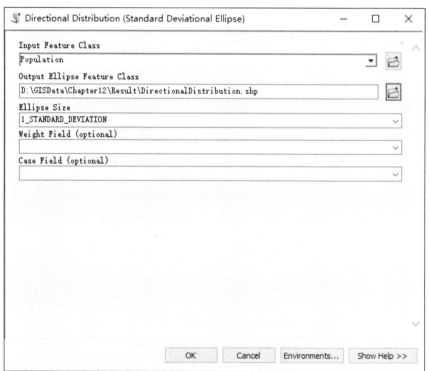

图 12-2　人口的方向分布运算
　　　　设置

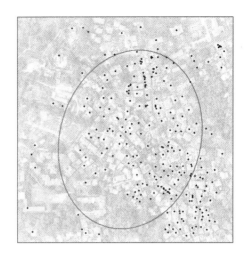

图 12-3　人口的空间分布方向

（3）单击【ArcToolbox】→【Spatial Statistics Tools】→【Measuring Geographic Distributions】→【Standard Distance】，在【Standard Distance】对话框中，输入要素设为【Population】，设置输出路径及名称（图 12-4），其余按照默认，单击【OK】，即可生成人口在空间上的距离分布格局（图 12-5）。

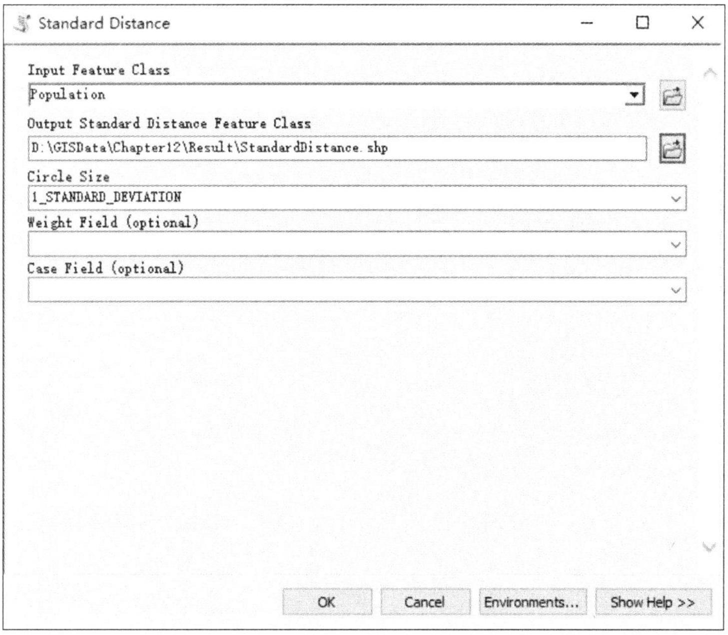

图 12-4　人口的标准距离分布
　　　　运算设置

12.2.2　平均最邻近距离分析

平均最邻近距离方法是通过比较计算最近邻点的对等的平均距离与随机发散模式中的最近邻点的平均距离，来判断空间点的格局，平均最邻近点随机分布时，二者值相等；若平均最邻近距离集聚，则数值小于随机发散模式的平均距离。

（1）在 ArcMap 中导入随书数据【\GISData\Chapter12\Population.shp】。

（2）在右侧【ArcToolbox】→【Spatial Statistics Tools】→【Analyzing

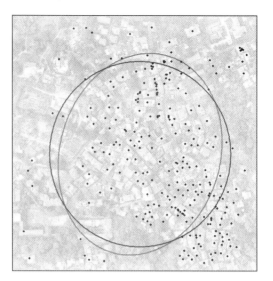

图 12-5 生成人口分布的标准
距离

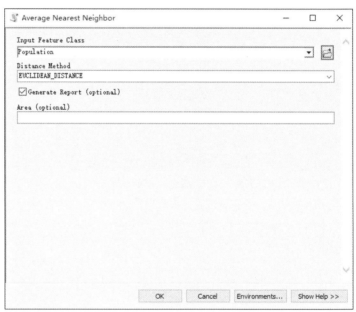

图 12-6 平均最邻近距离设置

Patterns 】→【Average Nearest Neighbor 】, 输入要素设为【Population 】,
【Distance Method 】为【EUCLIDEAN_DISTANCE 】, 勾选【Generate Report
(optional)】(图 12-6), 单击【OK 】计算平均最邻近距离。

（3）在菜单栏【Geoprocessing 】下拉选择【Results 】, 查看计算结果,
单击【Current Session 】→【Average Nearest Neighbor 】→【Messages 】前
面的加号, 可以查看计算结果（图 12-7),【Observed Mean Distance 】是观
测的平均距离,【Expected Mean Distance 】是期望的平均距离, 二者对比得
出【z-score 】,【p-value 】为显著性。Z 值代表空间聚类结果, P 值代表显著性。
双击计算结果第五行的【Report File: NearestNeighbor Result.html 】可以打
开查看计算结果报告（图 12-8), 计算结果落在蓝色的【Clustered 】集聚框
中, 结果说明人口要素在空间上显著集聚, 该结果在 99% 的水平上显著。

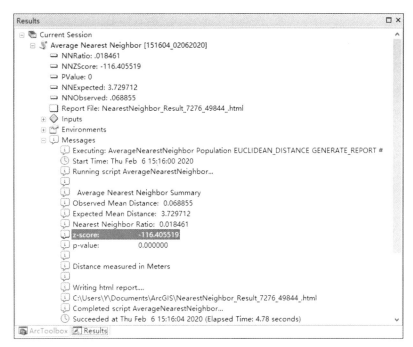

图 12-7 平均最邻近距离计算结果

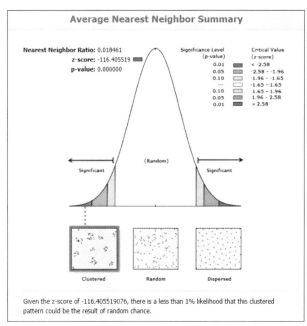

图 12-8 平均最邻近距离统计报告

12.2.3 多距离空间集聚分析

在不同的距离尺度下，空间点的集聚程度可能发生变化，在小尺度下可能呈现集聚，在大尺度下可能呈现发散或随机分布。

（1）导入随书数据【\GISData\Chapter12\Population.shp】。

（2）在右侧【ArcToolbox】→【Spatial Statistics Tools】→【Analyzing Patterns】→【Multi-Distance Spatial Cluster Analysis（Ripleys K Function）】，在对话框中，输入要素设为【Population】，【Output Table】设置输出路径

及名称,【Number of Distance Bands】输入【10】,意为用五个不同的距离
进行计算,设置起始距离【Beginning Distance (optional)】为【10】,增
量距离【Distance Increment (optional)】为【50】,勾选【Display Results
Graphically (optional)】(图 12-9),其余按照默认设置,单击【OK】生成
多距离空间聚类分析结果。

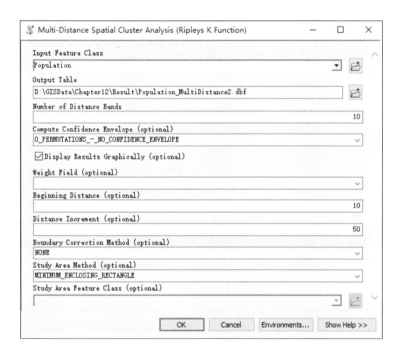

图 12-9 多距离聚类分析设置

(3) 计算完成,自动显示一张【K Function】统计图 (图 12-10)。帮助
文档中,说明了该图的含义 (图 12-11)。其中:蓝色线条为期望距离,红色
线条为观测距离,若观测距离在期望距离上方,说明空间点集聚;若观测距
离在期望距离下方,说明空间点呈现发散。该结果说明人口要素在 100m 距
离的小尺度下呈现集聚状态,在 100 ~ 500m 距离尺度下呈现发散状态的。

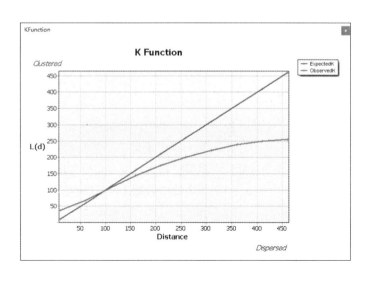

图 12-10 多距离聚类分析结果

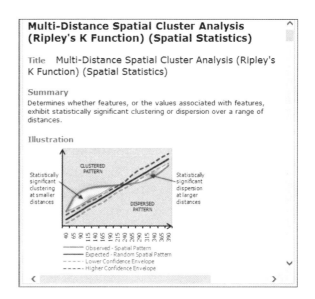

图 12-11　ArcGIS 帮助文档中
多距离聚类结果曲
线介绍

12.3　空间连接统计分析

本节介绍将多源空间数据统计到一张属性表中的方法。主要运用空间连接方式，并进行简单的空间运算。以研究区内的街区作为统计单元，统计每个街区内的微博发布数量、人口平均年龄、建筑面积和建筑密度等数据，并进行统计分析。

（1）加载实验数据：打开 ArcMap，导入随书数据【\GISData\Chapter12\Weibo.shp】、【Population.shp】、【Building.shp】和【Block.shp】（图 12-12）。

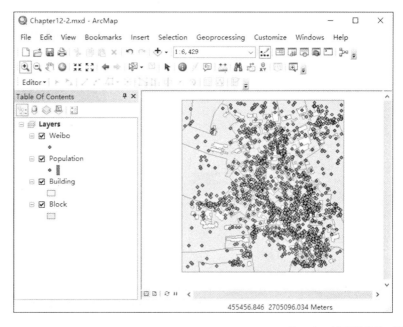

图 12-12　加载实验数据

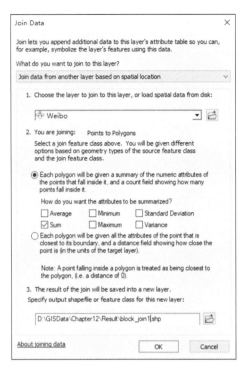

图 12-13　空间连接微博数据

（2）右键【Block】图层→【Joins and Relates】→【Join】，在【Join Data】对话框中，【What do you want to join to this layer？】下拉选择【Join data from another layer based on spatial location】，【Choose the layer to join to this layer，or load spatial data from disk】，选择【Weibo】图层，在【How do you want the attributes to be summarized？】，选择【Sum】，在【Specify output shapefile or feature class for this new layer】设置输出路径【\GISData\Chapter12\Result\block_join1.shp】（图12-13），单击【OK】。即可将微博点以汇总数量的方式统计到街区单元中。

（3）打开【block_join1】属性表，【Count_】字段即为微博点在每个街区内的数量总和，右键【block_join1】图层→【Properties】→【Symbology】→【Quantities】→【Graduated colors】，设置【Value】下拉为【Count_】字段，选择【Color Ramp】，即可分级符号化显示街区单元格内的微博发布数量（图12-14）。

（4）右键【block_join1】图层→【Joins and Relates】→【Join】，在【Join Data】对话框中，【What do you want to join to this layer？】下拉选择【Join data from another layer based on spatial location】，【Choose the layer to join to this layer，or load spatial data from disk】下拉菜单选择【Population】图层，在【How do you want the attributes to be summarized？】中选择【Average\Minimum\Standard Deviation\

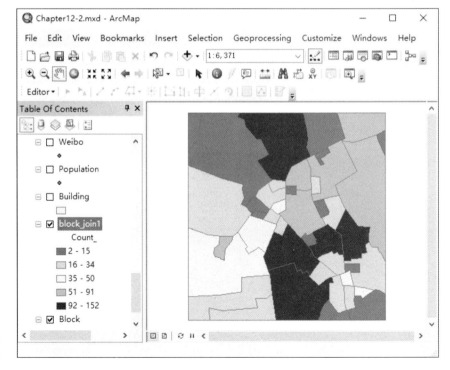

图 12-14　分级符号化显示不同街区微博发布量

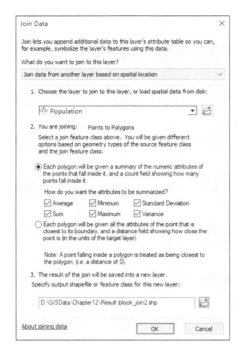

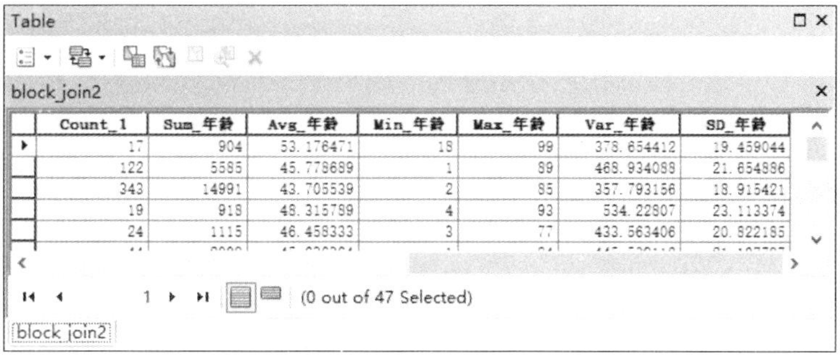

Sum\Maximum\Variance】，在【Specify output shapefile or feature class for this new layer】设置输出路径【\GISData\Chapter12\Result\block_join2.shp】(图 12-15)，单击【OK】。即可对人口数据中的【年龄】属性，进行求平均值、最小值、标准差、总和、最大值、方差操作，并将运算结果连接到人口所在的街区单元中(图 12-16)。

(5)打开【block_join2】属性表，发现新增了 6 个关于年龄的字段，其中【Avg_年龄】即为人口在每个街区内的平均年龄。右击【block_join2】，单击【Properties】→【Symbology】→【Quantities】→【Graduated colors】，设置【Value】下拉为【Avg_年龄】字段，选择【Color Ramp】，即可分级符号化显示街区单元格内的人口平均年龄(图 12-17)。

(6)右击【block_join2】图层→【Joins and Relates】→【Join】，在【Join Data】对话框中，【What do you want to join to this layer?】下拉选择【Join data from another layer

图 12-15 空间连接人口数据

Count_1	Sum_年龄	Avg_年龄	Min_年龄	Max_年龄	Var_年龄	SD_年龄
17	904	53.176471	18	99	378.654412	19.459044
122	5585	45.778689	1	89	468.934088	21.654886
343	14991	43.705539	2	85	357.793156	18.915421
19	918	48.315789	4	93	534.22807	23.113374
24	1115	46.458333	3	77	433.563406	20.822185

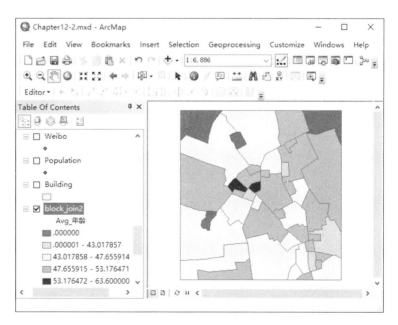

图 12-16 人口数据计算统计表

图 12-17 分级符号化显示不同街区人口平均年龄

based on spatial location】,【Choose the layer to join to this layer，or load spatial data from disk】，选择【Building】图层，在【How do you want the attributes to be summarized?】，选择【Average 和 Sum】，在【Specify output shapefile or feature class for this new layer】设置输出路径【\GISData\Chapter12\Result\block_join3.shp】（图 12-18），单击【OK】。即可对建筑数据中的【Area】属性，进行求平均值、求和，操作并将运算结果连接到建筑所在的街区单元中。

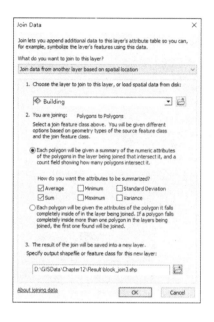

图 12-18　空间连接建筑数据

（7）计算街区内的建筑密度并符号化显示：打开【block_join3】图层属性表，下拉菜单【Add Field】，添加字段名称为【density】，类型为【Double】（图 12-19），单击【OK】。右键【density】字段→【Field Calculator】，输入计算公式【density=[Avg_Area]/[Area]】（图 12-20），单击【OK】。即可求出街区内的建筑密度，可将其符号化显示（图 12-21）。

图 12-19　新增建筑密度字段
图 12-20　计算建筑密度

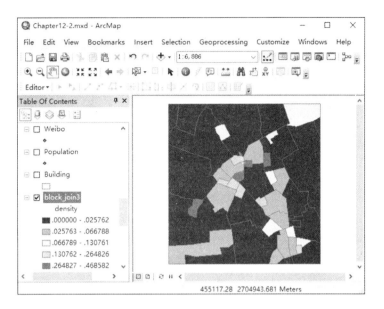

图 12-21　分级符号化显示不
　　　　　同街区建筑密度

12.4　空间自相关分析

空间自相关是检验某一要素的属性值是否显著地与其相邻空间点上的属性值相关联的重要指标，可以分为正相关和负相关。正相关表明某单元的属性值变化与其邻近空间单元具有相同变化趋势，负相关则相反。

空间自相关可进一步划分为全局自相关和局部自相关。全局空间自相关用于从总体上判断要素的分布状态（集聚、分散），判断此现象在空间中是否有聚集特性存在，但它并不能确切地指出聚集在哪些地区。局部空间自相关用于度量聚集空间单元相对于整体研究范围而言，要素聚类或分散的位置和程度（热点、冷点）。

本节数据来源于 12.3 空间连接统计分析的结果【block_join3.shp】，其属性表中汇总了每街区单元的多种属性（微博发布量、人口平均年龄、建筑密度等）。

12.4.1　全局空间自相关

全局空间自相关的统计工具主要为莫兰指数【Spatial Autocorrelation（Moran's I）】和高 / 低聚类【High\Low Clustering（Getis-Ord General G）】。

（1）打开 ArcMap，导入随书数据【\GISData\Chapter12\block_join3.shp】。

（2）单击【ArcToolbox】→【Spatial Statistics Tools】→【Analyzing Patterns】→【Spatial Autocorrelation（Morans I）】，在【Spatial Autocorrelation（Morans I）】对话框中，【Input Feature Class】下拉选择【block_join3】，【Input Field】选择【density】，勾选【Generate Report（optional）】，其余按照默认设置（图 12-22），单击【OK】。

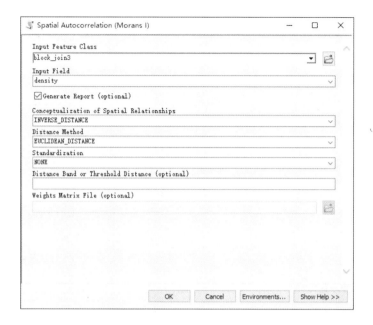

图 12-22 统计街区单元建筑
密度的全局空间自
相关

（3）查看莫兰指数统计结果：在菜单栏【Geoprocessing】下拉选择
【Results】，查看计算结果，单击【Current Session】→【Spatial Autocorrela-tion（Morans I）】→【Messages】，可以查看计算结果（图 12-23）。【Moran's Index：0.148243】是莫兰指数的值，【z-score：2.328162】z 值符号为正，说明正相关，【p-value：0.019903】p 值小于 0.05，说明显著性水平较高，在空间上是集聚的。双击打开计算报告【Report File：MoransI_Result.html】，结果如图 12-24 所示，显示每个街区的【建筑密度】属性在全局上是正向集聚的，并且该结果显著性水平大于 95%。

图 12-23 建筑密度全局空间自
相关莫兰指数结果

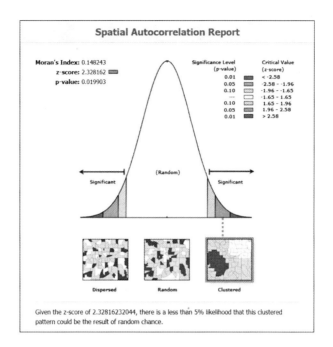

图 12-24　街区建筑密度莫兰
指数统计报告

（4）单击【ArcToolbox】→【Spatial Statistics Tools】→【Analyzing Patterns】→【High/Low Clustering（Getis-Ord General G）】，在【High/Low Clustering（Getis-Ord General G）】对话框中，【Input Feature Class】下拉选择【block_join3】，【Input Field】选择【Avg_年龄】，勾选【Generate Report（optional）】，其余按照默认设置（图 12-25），单击【OK】进行统计街区人口平均年龄的高 / 低聚类。

图 12-25　街区人口平均年龄
的高 / 低聚类设置

（5）在【Results】中，单击【Current Session】→【High\Low Clustering
（Getis-Ord General G）】→【Messages】，可以查看计算结果（图 12-26），
【z-score：3.622618】z 值前面的符号为正，说明正相关，【p-value：0.000292】
显示 p 值小于 0.01，说明显著性水平较高，在空间上是集聚的。双击打开
计算报告【Report File：MoransI_Result.html】，结果如图 12-27 所示，显示
每个街区内【人口平均年龄】属性在空间上呈现高 - 高集聚的特征，即存
在多个高龄街区的集聚，并且该结果的显著性水平大于 99%。

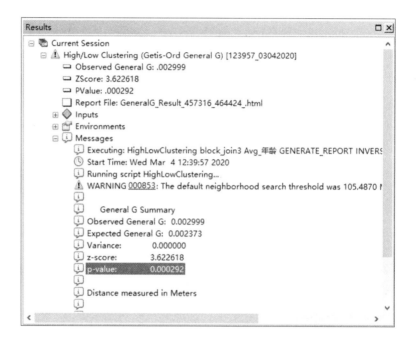

图 12-26 街区人口平均年龄
高 / 低聚类结果

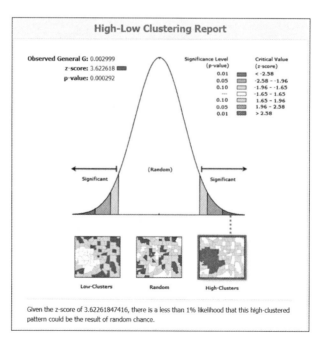

图 12-27 街区人口平均年龄
高 / 低聚类统计报告

12.4.2 局部空间自相关

局部空间自相关的统计工具主要运用【聚类和离群分析 Cluster and Outlier Analysis（Anselin Local Moran's I）】和【冷热点分析 Hot Spot（Getis-Ord Gi*）】。

（1）打开 ArcMap，导入随书数据【\GISData\Chapter12\block_join3.shp】。

（2）在全局空间相关分析中，我们已经初步判断建筑密度呈现集聚态势，局部自相关分析将进一步查看这些集聚的分布位置。

单击【ArcToolbox】→【Spatial Statistics Tools】→【Mapping Clusters】→【Cluster and Outlier Analysis（Anselin Local Morans I）】，在对话框中【Input Feature Class】下拉选择【block_join3】，【Input Field】选择【density】，【Output Feature Class】设置输出路径及名称（图 12-28），其余按照默认设置，单击【OK】。

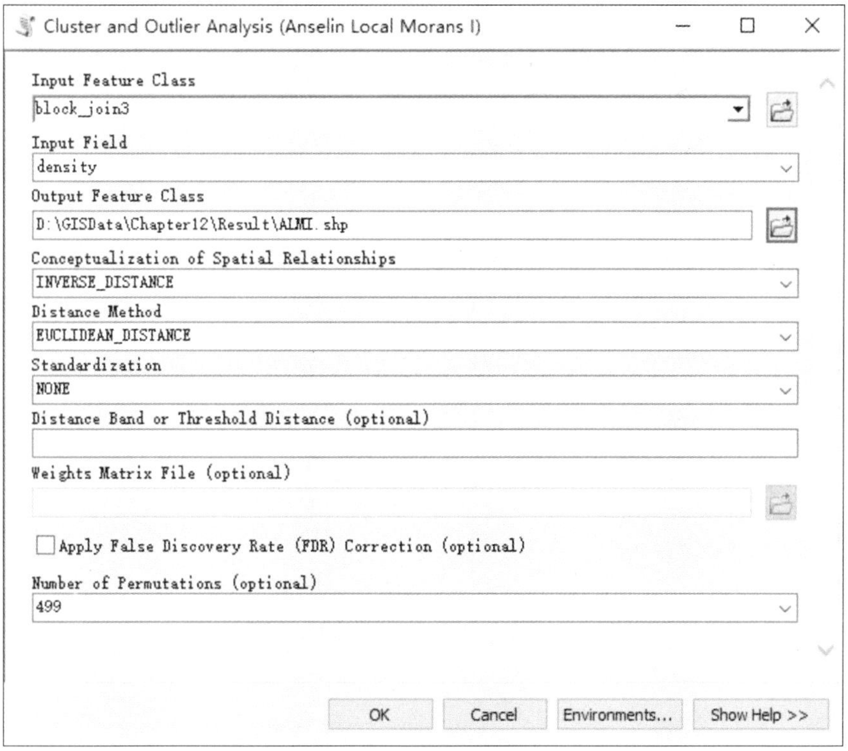

图 12-28 建筑密度的局部空间自相关统计设置

（3）在生成的结果图【ALMI】中（图 12-29），浅粉色【High-High Cluster】代表建筑密度高值 - 高值聚集区域；深蓝色【Low-High Outlier】代表低值 - 高值集聚（低值被高值包围），浅蓝色代表【Low-Low Cluster】建筑密度低值 - 低值集聚区域。区内没有高值 - 低值的集聚，空白处为异常值集聚不显著区域。

（4）在全局空间自相关分析中，我们已经初步判断街区人口平均年龄呈现集聚态势，冷热点分析将进一步查看这些集聚的分布位置。

在右侧【ArcToolbox】→【Spatial Statistics Tools】→【Mapping Clus-

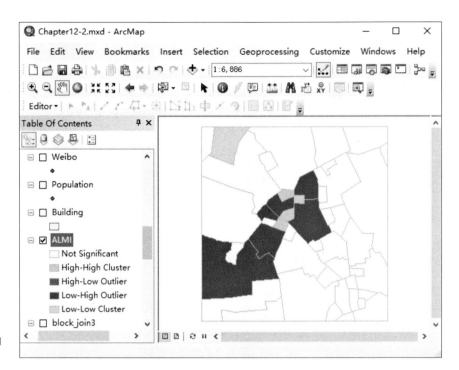

图 12-29　建筑密度局部空间
自相关统计结果

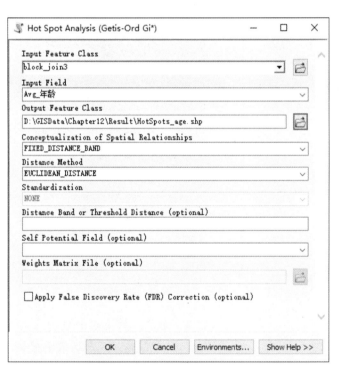

图 12-30　街区人口平均年龄
的冷热点分析设置

ters】→【Hot Spot Analysis（Getis-Ord Gi）】，在对话框中，【Input Feature Class】下拉选择【block_join3】，【Input Field】选择【Avg_ 年龄】，【Output Feature Class】设置输出路径及名称（图 12-30），其余按照默认设置，单击【OK】。

（5）在生成的结果图【HotSpots_age】（图 12-31），蓝色代表冷点，红色代表热点。图中冷点区均为深蓝色，即在 99% 的置信度上为显著的冷点区，这些区域内的人口平均年龄小于其他街区；红色的为热点区，图中热点区深橙色表示人口平均年龄大的集聚区，这个集聚区在 95% 的置信度上显著，浅橙色表示人口年龄大的集聚区，这个集聚区在 90% 的置信度上显著。

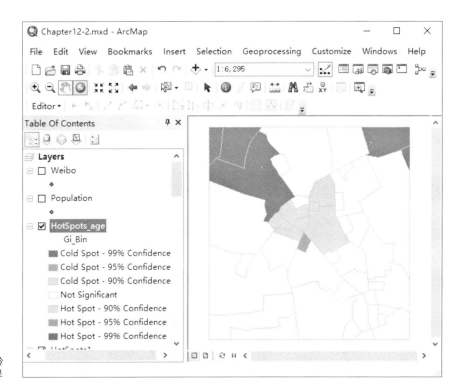

图 12-31　街区人口平均年龄
　　　　　的冷热点分析结果

第 13 章 建模流程分析

13.1 GIS 开发模式简介

GIS 开发的模式主要有 3 种:(1)利用高级语言进行独立开发。国内较为常见的做法是自主设计空间数据结构和数据库,利用 Visual C++ 等可视化高级编程语言开发地理信息系统软件。最基本的 GIS 系统包含管理空间坐标数据的矢量图形系统、管理特征数据的数据库管理系统以及实现矢量图形系统与数据库系统双向连接的连接系统。独立开发系统实质上就是把 GIS 的结构和数据几何关联进行重新构建。(2)借助现有 GIS 软件进行二次开发。用户可以借助 GIS 工具软件提供的开发语言,或利用二次开发的宏语言,如 ESRI Arc View 提供的 Avenue 语言等,以 GIS 工具软件为开发平台,开发针对不同应用对象的应用程序。开发程序通过现有的 GIS 平台进行功能实现,能够大大降低操作的难度。(3)组件式 GIS 软件开发。组件开发是指利用第三方组件,如:MapObject、Delphi、Visual C++、Visual Basic、Power Builder 等进行系统开发。采用该模式开发的几种典型的 GIS 组件包括:MapObject、MapX、ArcObject、SuperMap 等。这种开发模式需要使用者对组件基本功能具有比较完整的了解,同时还要具备应用可视化开发平台的开发能力。

除了上述 3 种开发模式之外,本节再介绍一种简洁易懂、易读、可扩展的开发语言——Python 语言。Python 是一种解释型、面向对象、动态数据类型的高级程序设计语言。从 20 世纪 90 年代初诞生至今,它逐渐被广泛应用于处理系统管理任务和 Web 编程。国外使用 Python 进行科学计算的研究机构日益增多,一些知名大学已经采用 Python 教授程序设计课程。Python 是掌握 ArcGIS 常规的应用过程中进行扩展设计和开发的首选语言。作为一种基本的程序语言,它的运用方式有 3 种:其一,在 ArcGIS 里通过使用 Field Calculator 时输入 Python 语言进行程序化操作,逐行计算的方式,使其更加易于上手。其二,用户可以将 Python 运用在小工具箱里,在解决特定问题时调用 ArcGIS 本身的一些功能、函数或命令,运用 Python 语言实现一系列的组合和程序化的操作,此时就可以通过创作 Script Tool 的描述性语句产生工具,进行封装,构建复杂的 GP 应用。其三,可以直接运用 Python 构建复杂的 GP 应用,但代码的数量较多,可以在 Python IDE 中直接构建代码运行。

13.2 Model Builder 创建工具

模型构建器是一种可视化编程语言，用于构建地理处理工作流，可对地理处理模型用于对空间分析和数据管理流程进行自动化处理并记录。模型构建器可创建并修改模型构建器中的地理处理模型，其中模型表示为将一系列流程和地理处理工具串联在一起的示意图，并将一个流程的输出用作另一个流程的输入。

Model Builder 工具，可以实现构建模型的 4 种用途：

（1）自动完成空间处理的工作流：这样可以方便我们分析数据、管理数据和转换数据等工作。

（2）记录和保存一种方法：在 Model Builder 中，保存了处理 GIS 工作流的问题，并提供专门的解决方案。

（3）共享空间处理的过程：形成容易交流的成果。

（4）创建定制的工具：将通用的操作集合到一个工具中。

本节介绍利用 ArcGIS 的模型构建器处理 GPS 轨迹数据的工作流程，包括将数据量庞大的 GPS 轨迹点自动基于 PersonID 生成每个游客的轨迹路线，进而识别该游客停留时间超过 30s 的停留单元等。

13.3 循环提取单条 GPS 轨迹

（1）打开 ArcMap，导入随书数据【\GISData\Chapter13\GPS.shp】和【Geographic_range.shp】（图 13-1）。

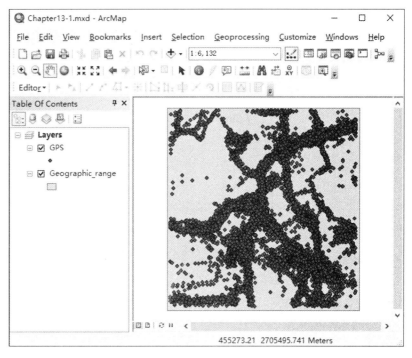

图 13-1 加载实验数据

（2）在右侧【ArcToolbox】→【Data Management Tools】→【Sampling】
→【Create Fishnet】，在【Create Fishnet】对话框中，设置【Output Feature
Class】输出路径为【\GISData\Chapter13\Result\Grid50.shp】，【Template
Extent（optional）】下拉选择【Same as layer GPS】，【Cell Size Width】输入
【50】，【Cell Size Height】输入【50】，下方的【Create Label Points（optional）】
可以不勾选（图13-2），单击【确定】，生成50×50渔网如图13-3所示。

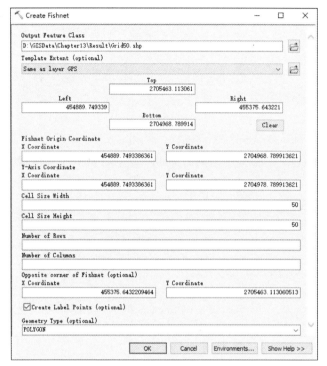

图 13-2　创建渔网设置

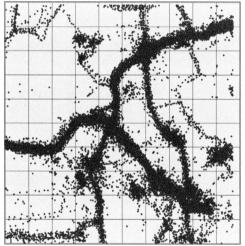

图 13-3　渔网生成效果

（3）在【Catalog】的【GISData\Chapter13\Result】目录下，右键→【New】
→【Toolbox】→命名为【GPS 处理 .tbx】，再右键【GPS 处理 .tbx】→【New】
→【Model】，即可新建一个模型构建器，将其命名为【循环提取单条 GPS】
（图 13-4）。

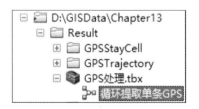

图 13-4　新建模型构建器

（4）打开【GPS】图层属性表观察，【Person_ID】代表每个游客的唯一
标识码，依据这个字段，提取每个游客单条 GPS 轨迹。在右侧【Catalog】
下，右键【循环提取单条 GPS】模型→【Edit】，在模型编辑框中，【Insert】

→【Iterators】→【Field Value】，意为插入一个基于字段值提取的迭代器（图 13-5），双击【Iterate Field Values】六边形框，在【Iterate Field Values】对话框中，【Input Table】选择【GPS】，【Field】选择【Person_ID】，【Data Type（optional）】为【String】（图 13-6），单击【OK】，完成迭代器设置（图 13-7）。

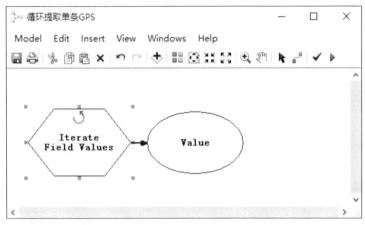

图 13-5 插入提取字段值的迭代器

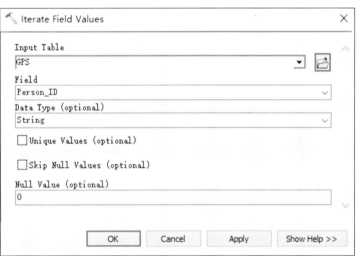

图 13-6 设置迭代器

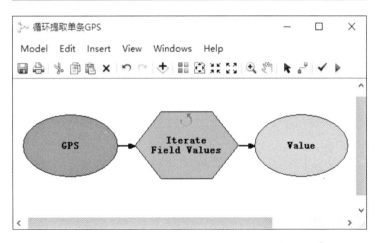

图 13-7 设置完成后的迭代器

（5）在右侧【ArcToolbox】→【Analysis Tools】→【Extract】→【Select】，将其拖动到模型构建器中（图13-8），双击【Select】矩形框。在【Select】对话框中，设置【Input Features】为【GPS】，【Output Feature Class】为【\GISData\Chapter13\Result\GPSTrajectory\T%Value%.shp】（图13-9），【Expression（optional）】单击右侧【SQL】图标，输入公式【"Person_ID"=%Value%】（图13-10），单击【OK】。

这一步骤目的是提取不同Person_ID游客的GPS轨迹点，由于迭代器已经生成的Value值即为每个游客的Person_ID，而循环提取过程，这个Person_ID数值是在不断变化的，因此要用%引用Value数值。

注：输出路径要新建一个名为GPSTrajectory的文件夹，便于管理生成的GPS轨迹链，输出的shp图层命名必须以英文字母开头，不可直接命名为%Value%，否则文件命名将是数字开头，在下一步运算中可能出错。

（6）单击工具栏中的 连接图标，将【Value】连接到【Select】，在弹出的提示连接类型框选择【Precondition】（图13-11），即将迭代器作为选择运行的前提条件。单击 工具可以将模型排列整齐（图13-12）。

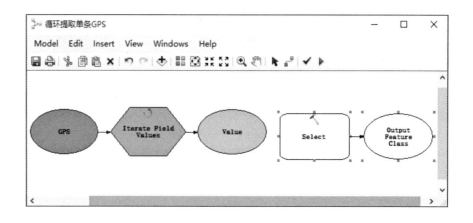

图13-8 添加选择工具

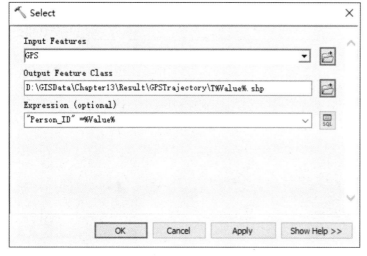

图13-9 设置选择工具属性

图13-10 设置查询生成器

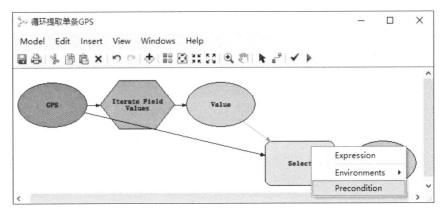

图 13-11 设置前提条件

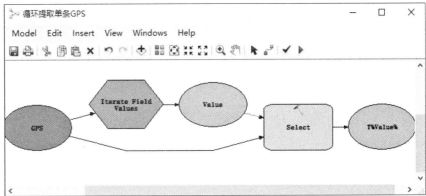

图 13-12 循环提取单条 GPS
链模型构建器结果

（7）先点选✔，验证模型是否正确，再单击▶运行按钮，即可显示模型运行过程，运行到的步骤，其模型框会变成红色（图 13-13）。运行完成后，所有的模型框均出现阴影，代表已运行过（图 13-14）。打开【Catalog】→【\GISData\Chapter13\Result\GPSTrajectory】文件夹，可以发现每个 Person_ID 的 GPS 轨迹链均已生成，可将其拖进视图框，显示结果（图 13-15）。

（8）运行完成后的模型，可以右击【GPS】和最后的【T%Value%.shp】→【Model Parameter】（图 13-16），保存模型。设置参数的意义是当更换数据源时，也可以确保模型仍然可用。

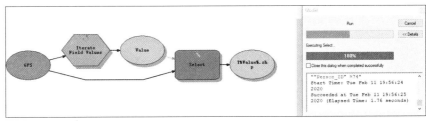

图 13-13 模型运行过程

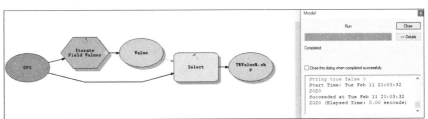

图 13-14 模型运行结果

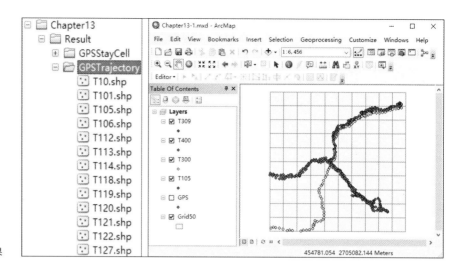

图 13-15　查看模型运行结果

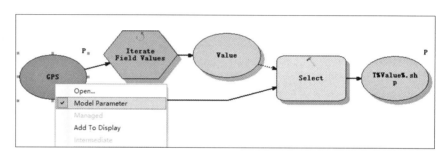

图 13-16　设置模型参数

13.4　循环提取 GPS 停留单元

本节操作建立在上节操作的基础上，因此，需要先完成 13.3。

循环提取 GPS 停留单元的基本思路是首先循环提取每一条 GPS 轨迹链，运用识别工具，识别出每个轨迹链在哪些渔网上停留，再运用汇总统计工具，汇总每个单元格的停留时长，并将停留时长属性连接到新的渔网中。最后运用选择工具，选择出渔网中停留时长超过 30s 的停留单元。移除连接，进入下一次循环。

注：应该在【\Chapter13\Result】文件夹下新增【GPSStayCell】文件夹用于管理输出文件，并在【GPSStayCell】下新增【Identity】、【Statistics】、【Select】三个文件夹，分别用于管理识别工具输出结果、统计工具输出结果以及选择工具输出结果。

（1）打开 ArcMap，导入 13.3 运算结果【\GISData\Chapter13\Result\Grid50.shp】。在【Catalog】中右击【\GISData\Chapter13\Result\GPS 处理 .tbx】，单击【New】→【Model】，即可新建一个模型构建器，将其重命名为【循环提取 GPS 停留单元】，再次右击点选【Edit...】（图 13-17）。

图 13-17 新建模型构建器

（2）在模型编辑框中，【Insert】→【Iterators】→【Feature Classes】，意为插入一个基于要素类提取的迭代器。双击【Iterate Feature Classes】六边形框，在【Iterate Feature Classes】对话框中，【Workspace or Feature Dataset】选择【\GISData\Chapter13\Result\GPSTrajectory】（图 13-18），单击【OK】，完成迭代器设置（图 13-19）。

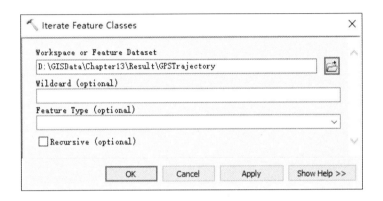

图 13-18 设置循环提取要素类迭代器

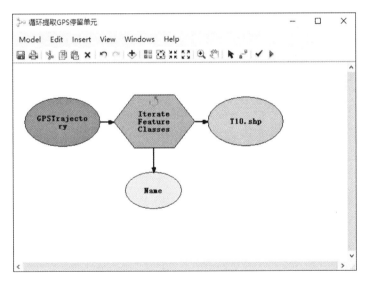

图 13-19 设置完成后的迭代器

（3）单击【ArcToolbox】→【Analysis Tools】→【Overlay】→【Identity】，将其拖动到模型编辑框中（图 13-20），使用工具栏中的连接工具，将【T10.shp】与【Identity】连接，在弹出的提示框中选择连接类型为【Input Features】（图 13-21）。

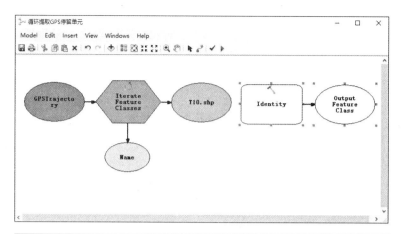

图 13-20 插入识别工具

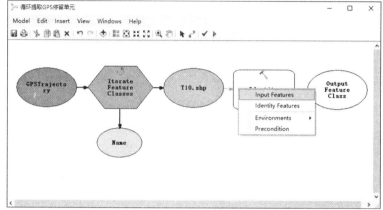

图 13-21 连接识别要素

（4）打开【Grid50】图层，下拉菜单栏【Add Field】，添加字段名称为【ZoneID】，【Type】设置为【Short Integer】（图 13-22），单击【OK】。右键新添加的【ZoneID】字段→【Field Calculator】，在【Field Calculator】对话框中，输入公式【ZoneID=[FID]】（图 13-23），单击【OK】。在【Catalog】中 右 击【\GISData\Chapter13\Result\Grid50.shp】，打 开【Properties】，在【Shapefile Properties】对话框中，【Indexes】→【Attribute Index】→勾选【ZoneID】（图 13-24），单击【确定】为渔网添加索引字段。

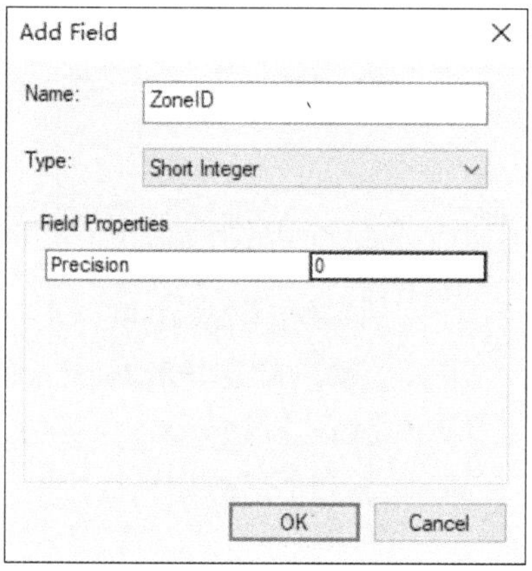

图 13-22 新增索引字段

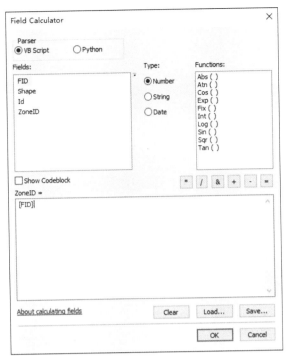

图 13-23 计算索引字段值

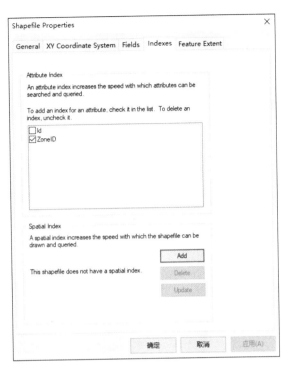

图 13-24 设置字段的索引属性

（5）拖动【Grid50】图层到模型编辑框中，使用工具栏中的 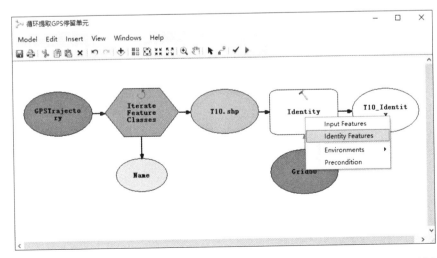 连接工具，连接【Grid50】图层与【Identity】矩形框，在弹出的提示框中选择连接类型为【Identity Features】（图 13-25）。设置完成后，识别工具框变色（图 13-26）。

（6）双击【Identity】矩形框，查看【Input Features】为【T10.shp】，【Identity Features】为【Grid50】，【Output Feature Class】为【\GISData\Chapter13\Result\GPSStayCell\Identity\%Name%I.shp】（图 13-27），单击【OK】。

注：这里用 % 引用的是迭代器循环提取的 GPS 轨迹链条生成的 Name，是每个轨迹链条的名称，如：提取第一个轨迹链条，生成【T10.shp】要素，同时生成【Name】=T10 常数，输出要素名称不宜过长。

图 13-25 连接识别要素

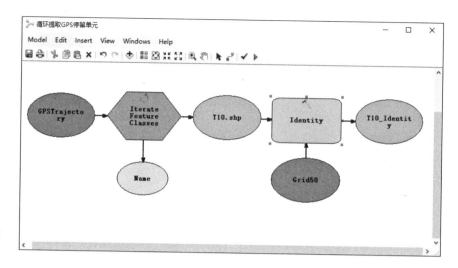

图 13-26 连接识别要素后的
结果

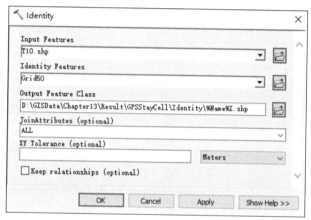

图 13-27 设置识别要素输出
路径

（7）单击【ArcToolbox】→【Analysis Tools】→【Statistics】→【Summary Statistics】，将其拖动到模型编辑框中（图 13-28），使用工具栏中的 连接工具，将【%Name%I.shp】与【Summary Statistics】连接，在弹出的提示框中选择连接类型为【Input Table】（图 13-29）。

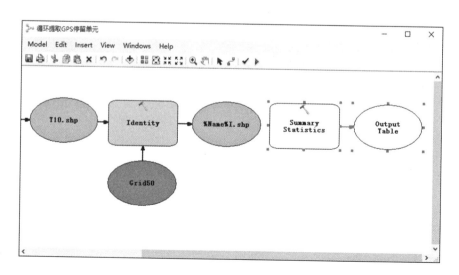

图 13-28 添加汇总统计工具

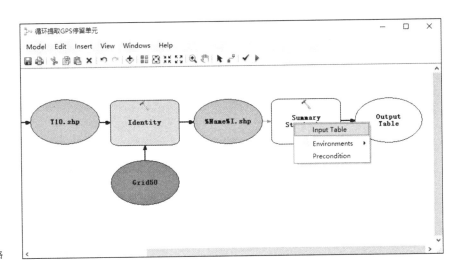

图 13-29　连接汇总统计表格

（8）双击【Summary Statistics】矩形框，查看【Input Table】为
【%Name%I.shp】，【Output Table】设为【\GISData\Chapter13\Result\GPSStayCell\
Statistics\%Name%S】，【Statistics Field（s）】下拉选择【PSecond】字段，
【Statistic Type】下拉选择【SUM】，【Case field（optional）】下拉选择
【ZoneID】（图 13-30），单击【OK】。

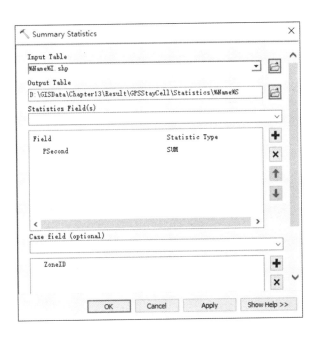

图 13-30　设置汇总统计工具

（9）在右侧【ArcToolbox】→【Data Management Tools】→【Joins】→
【Add Join】，将其拖动到模型编辑框中，并将【Grid50】再次拖动到模型编
辑框中（图 13-31），使用工具栏中的连接工具，将【%Name%S.shp】与
【Add Join】连接，在弹出的提示框中选择连接类型为【Join Table】（图 13-32），
将【Grid50（2）】与【Add Join】连接，在弹出的提示框中选择连接类型为
【Layer Name or Table View】（图 13-33）。

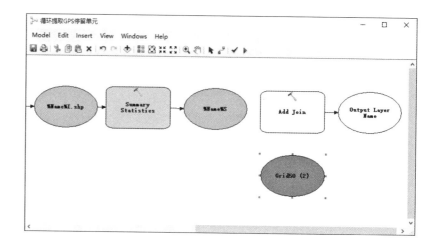

图 13-31 添加连接工具

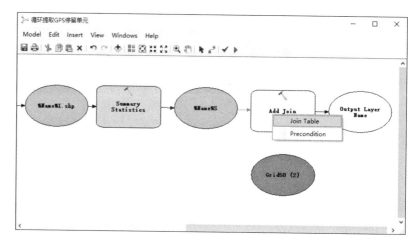

图 13-32 设置连接表格

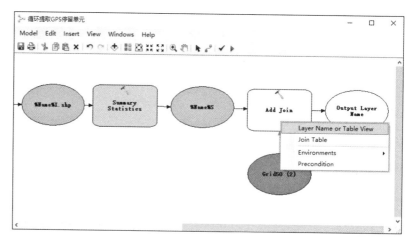

图 13-33 设置连接图层

（10）双击【Add Join】矩形框，查看【Layer Name or Table View】为
【Grid50（2）】，【Input Join Field】下拉选择【ZoneID】，【Join Table】为
【%Name%S】，【Output Join Field】下拉选择【ZoneID】，勾选【Keep All
Target Features（optional）】（图 13-34），单击【OK】，设置添加连接属性
结果如图 13-35 所示。

图 13-34　设置连接属性

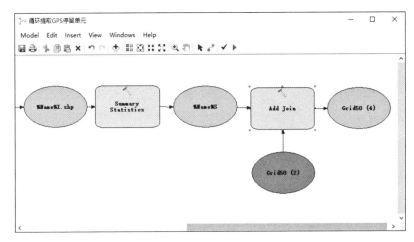

图 13-35　添加连接设置完成
　　　　　后的结果

（11）在右侧【ArcToolbox】→【Analysis Tools】→【Extract】→【Select】，
将其拖动到模型编辑框中，使用工具栏中的 连接工具，将【Grid50（4）】
与【Select】连接，在弹出的提示框中选择连接类型为【Input Features】
（图 13-36）。

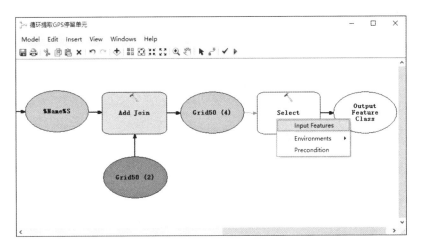

图 13-36　插入选择工具

（12）双击【Select】矩形框，查看【Input Table】为【Grid50（4）】，【Output Feature Class】为【\GISData\Chapter13\Result\GPSStayCell\Select\%Name%SE.shp】（图 13-37），【Expression（optional）】单击右侧【SQL】图标，输入公式【"SUM_PSecond">=30】（图 13-38），单击【OK】设置选择属性。

图 13-37　设置选择工具属性

图 13-38　设置选择条件

（13）在右侧【ArcToolbox】→【Data Management Tools】→【Joins】→【Remove Join】，将其拖动到模型编辑框中，使用工具栏中的 连接工具，将【Grid50（4）】与【Remove Join】连接，再次使用工具栏中的 连接工具，将【%Name%SE.shp】与【Remove Join】连接，在弹出的提示连接类型框选择【Precondition】（图 13-39）。

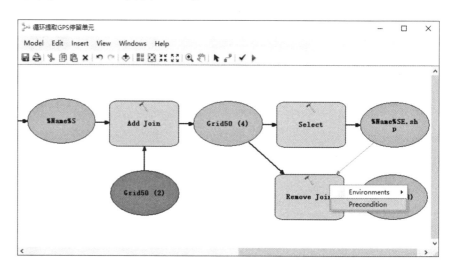

图 13-39　设置前提条件

（14）单击工具栏[⬚]图标，可以查看模型整体（图 13-40），单击[✔]验证
模型，分别双击查看所有工具的黄色矩形框内是否提示出错，若无错误，
单击[▶]运行按钮，即可运行该模型如图 13-41 所示。运行到哪个步骤，该
步骤显示红色，整个运行过程大约持续 30min。运行完成后可为模型添加
参数并保存模型。

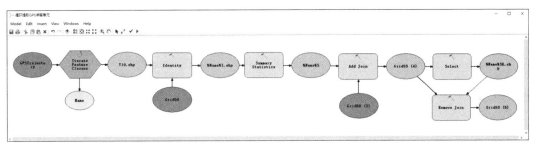

图 13-40　设置完成后的模型构建器

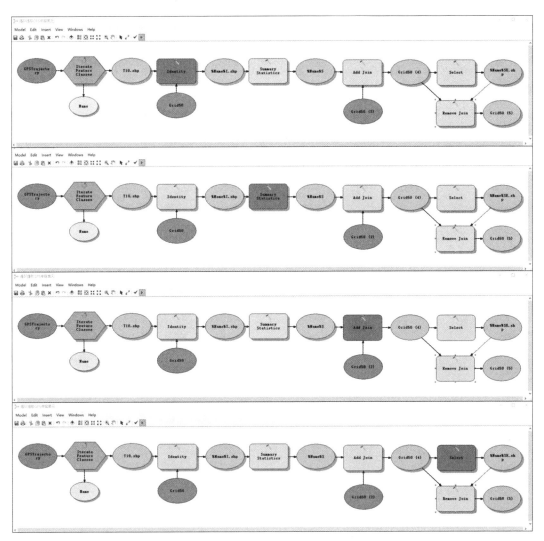

图 13-41　模型运算过程示意图

（15）在【Catalog】中的【\GISData\Chapter13\Result\GPSStayCell】下分别查看【Identity】、【Statistics】、【Select】三个文件夹下面新增内容（图 13-42），【Identity】是识别后的 GPS 轨迹链，【Statistics】是统计汇总停留时间的表格，【Select】是选择出停留时间大于 30s 的停留单元，选择【Select】下的结果，拖动至视图框，可以查看每个 GPS 轨迹停留超过 30s 的停留单元（图 13-43）。

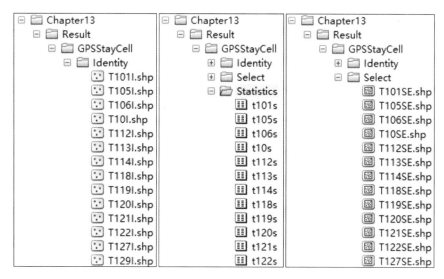

图 13-42　生成的识别、统计、选择三个文件夹下的内容

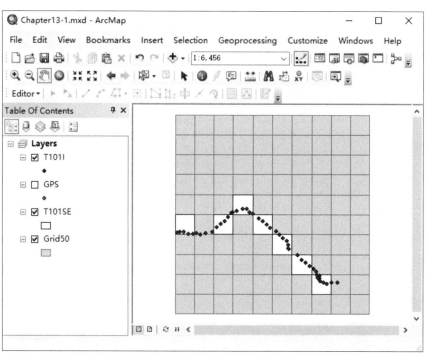

图 13-43　提取的游客停留单元

下篇　GIS 实践

　　本篇以鼓浪屿为例，介绍 ArcGIS 在具体课题中的应用实践，包括 4 章，主题涉及记忆场所、公厕配置、街道形态、行为选择，GIS 技术涉及叠加分析、网络分析、句法分析和机理分析。

第14章 空间与记忆：记忆场所的叠加分析*

14.1 问题缘起：记忆场所的认知与保护

记忆场所，是指保留和沿袭了当地居民集体记忆的场所空间，是基于群体记忆的不断延伸和丰富所形成的代表性场所。记忆场所在国内旧城更新和旅游业迅猛发展的背景下已明显出现碎片化、零散化的趋势，特别是旅游业被视为诸多历史城镇的重要发展途径之后，大量涌入的游客占据了原有的社区记忆场所，进而导致原有的记忆场所逐步消亡。因此，记忆场所的认识和保护的重要性逐步显现。

14.2 技术解决思路：GIS 叠加分析

传统上对于记忆场所的分析研究，往往采用社会学田野调查的模式，通过文献调研、基地勘察、深入访谈等手段进行。如今，地理信息系统（GIS）提供了将调研访谈所获得的场所认知地图进行叠合分析的可能，为研究社区记忆场所提供了量化分析平台。全球定位追踪（GPS Tracking）在游客行为实时分析方面的发展，为量化分析游客在原有社区记忆场所的行为和停留提供了可能。基于此，本研究试图在 GIS 平台上整合认知意向调研结果与 GPS 追踪分析，从而实现对社区记忆场所现状的展现与分类，并进一步提出优化途径，实现旅游与保护的可持续发展。

14.3 研究案例及分析框架：数据收集——分析——优化

鼓浪屿是著名的历史城镇和风景旅游地，面积不到 $2km^2$，常住人口约 2 万人，有"海上花园""万国建筑博览会""钢琴之岛"之美称。20 世纪 90 年代厦门市政府提出推进旅游业发展的政策以来，鼓浪屿的游客数量爆炸式增长。2013 年全年上岛游客已达 1100 多万人次，而且这一数字在 2014 年进一步增加到 1400 多万人次，平均每天上岛游客数量为岛上居

---

* 来源：李渊，叶宇 . 社区记忆场所的分类与优化——以鼓浪屿为例 [J]. 建筑学报，2016，7：22-25.

民的 2 倍。迅速涌入的游客虽然推动了厦门经济发展，但同时也对现有的社区空间和记忆场所产生了巨大压力。本研究以厦门鼓浪屿为研究案例有较强的代表性。

在分析框架上，本研究以当地居民的社区记忆场所采样和上岛游客的GPS 追踪数据为数据源。通过叠合两者来实现对于社区记忆场所和游客空间使用的量化分析，直观展现当前社区记忆场所面临的情况。从而实现对于社区记忆场所的特征分类，并依托以可达性为代表的建成环境特征进一步提出设计优化策略（图 14-1）。

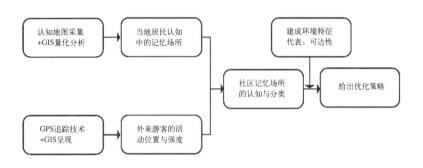

图 14-1　分析框架

14.4　数据采集与分析

14.4.1　数据采集——当地居民

（1）样本选择：选择各个年龄层次和不同男女比例的鼓浪屿居民。

（2）方法：通过问卷调查的方式进行记忆场所认知地图采样。

（3）过程：

1）通过邀请当地居民在鼓浪屿地图中勾画自己有印象且常去的场所空间。

2）并将采集到的社区记忆场所图纸转到 GIS 上进行叠合分析，可以实现对于社区记忆场所的直观展现（图 14-2）。

3）随后结合当地居民的社区记忆场所认知强度，即各区域被提及的百分比多少，来划定场所认知高、低强度。

14.4.2　数据采集——旅游者

（1）样本选择：随机选取有意愿参与的游客。

（2）方法：对游客进行 GPS 追踪分析（图 14-3）。

（3）过程：

1）使用 50 台美力高（Metrick）MT90 型 GPS 个人追踪器，通过让游客在早上 10 点至晚上 9 点的旅游期间携带该设备来记录游客活动，并通过问卷调查来收集游客的个人信息。

2）在游客必经的轮渡码头设有调研点，在游客上岛前发放设备，待游客返回时回收。

GPS 定位仪每隔 5 ~ 10s 会自动记录当下位置，通过对于相邻点位的

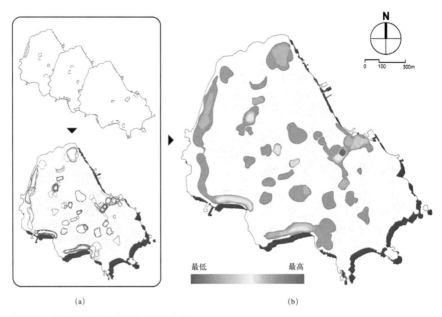

(a)　　　　　　　　　　　　　　　　　　　(b)

图 14-2　社区记忆空间认知强度采集与分析
(a) 居民记忆场所的采集与 GIS 平台上的转绘和叠合；　(b) 居民记忆场所的强度高低划分

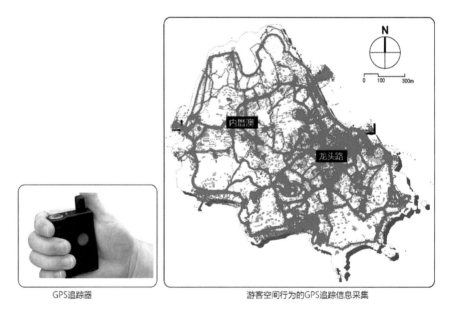

GPS追踪器　　　　　　　　　　　　　　游客空间行为的GPS追踪信息采集

图 14-3　游客空间行为的 GPS 追踪信息采集

分析还可以判断游客的实际运动速度，反映游客在若干区域的逗留和通行情况。

　　3）将游客行为分为高强度停留、高强度到访和低强度到访 3 种模式。高强度停留意味着到访游客在该区域停留休憩了较长时间，这种类型的游客活动范式对该区域冲击最强。高强度到访则是游客大量途经该地区，但不做停留。低强度到访则是游客较少途经该地区。

14.4.3 分析——记忆场所的分类

根据游客到访强度的 3 种分类和社区记忆空间认知强度的 2 种分类的叠合，将鼓浪屿的社区记忆空间分为 6 种（图 14-4 及表 14-1）。从类型 1 到类型 6，游客使用和社区记忆场所保护之间的矛盾逐步降低。类型 1、2 是社区记忆场所受到主要威胁的情况。

同时受到当地居民和外来游客的双重偏好的场所，更易导致社区生活和社区记忆场所逐步消亡。如表 14-1 所示，龙头商业区中的小公园和鼓浪屿钢琴广场分别是类型 1 和 2 的典型代表。与之相反，在当地居民与游客眼中都处于相对次要位置，则幽静许多。如类型 5、6 则是未被社区居民和游客同时高强度使用的地段，相对的冲突较少。

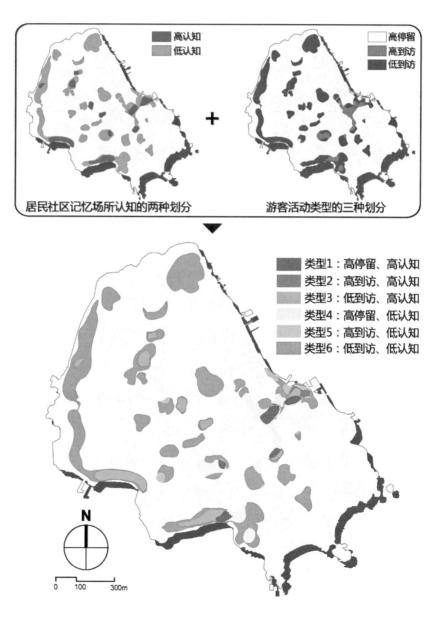

图 14-4 社区记忆场所的认知
强弱与游客活动强度
的叠合分析

各类型社区记忆场所情况示意表   表 14-1

场所类型	环境与行为			
	照片示例	基本环境	居民行为	游客行为
1		龙头商业区中的街中花园：闹中取静，位置通达	当地居民十分喜欢这种市井中的宁静，喜欢来此闲谈	游客在龙头商业区购物的同时也需要休憩场所，也会抢占此处
2		钢琴码头广场：面对厦门本岛，具有优良海景和宽阔空间	当地居民出入的主要码头，也是当地居民喜欢的休闲广场	也是大量游客的到达码头，大量游客产生了大量的交错人流
3		三一堂区域：有保存完好的厦门传统街巷空间	当地居民对此有强烈的归属感，也是他们日常闲坐、社交的主要空间之一	老街巷幽深，游客难以到达
4		日光岩区域：鸟瞰鼓浪屿的最佳位置	当地居民普遍仅在旅游淡季前往	被游客认为是鼓浪屿上的必去区域，最为火爆
5		岛上小径：连通诸多旅游区域，风景优美但缺乏驻足停留空间	当地居民不常前往热门旅游景点，因而较少使用	大量的游客每日经过，但少有长时间停留
6		安献堂：历史保护建筑，具有较大的绿地活动空间	安献堂前的大片绿地是很好的居民活动空间，但因为管制所限很少开放	该区域内部也不对游客开放，导致少有游客前来

14.5 优化

通过 GIS 整合码头的可达性权重与空间句法所计算的全局与小尺度街道网络可达性，鼓浪屿区域的整体可达性可以被清晰展示（图 14-5）。结合以可达性为代表的建成环境特征可以进一步给出具体优化策略。

类型 1 是具有高强度停留和高强度认知的记忆场所。

优化措施：在场所功能上采取合适的空间设计手法加以调整，逐步减少游客在此区域的停留时间。如：可考虑通过用地功能和路网上的调控来

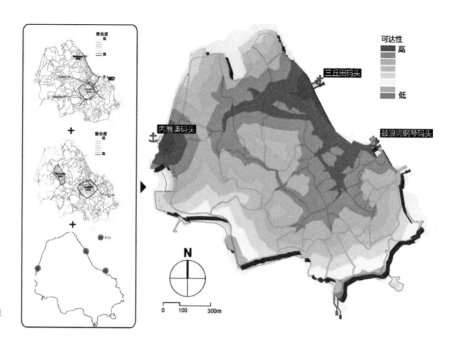

图 14-5 考虑码头加权的鼓浪
屿整体可达性分析

适度区分旅游路线与居民活动，通过对于休憩空间与场地的再安排，引导
游客与居民的分别使用。

类型 2 是具有高强度到访和高强度认知的记忆场所，这一区域虽然游
客会大量到访，但停留时间短，多为路过。

优化措施：通过合适的道路流线组织，适度降低游客对于社区记忆场
所的干扰，做到交而不乱，增建游客专用道路来舒缓大量游客无序通过所
带来的场所感损失。

类型 3 是低强度停留和高强度认知特性，代表了深入传统社区之中，
尚未被游客所知的空间。

优化措施：通过设立一些弹性的游客止步区来加以保护，减少游客闯入；
在未来的开发建设过程中也要注意保留该区域的低可达性特征。

类型 4 则是高强度停留和一般强度认知特性，代表了游客的主要活动
停留区而当地居民相对较少使用的区域。

优化措施：适当强化旅游接待功能，进一步提升该区域的全局可达性，
使得游客更容易到达和使用。

类型 5 则具有高强度到访和一般强度认知特性，该区域有游客大量前
来，而在当地居民的认知中相对不太重要。

优化措施：应鼓励该区域增加旅游功能和吸引点，延长游客的停留时间，
减缓其他地区压力。

类型 6 则为低强度到访和一般强度认知特性，属于游客和居民都不太
高频使用的区域。

优化措施：鼓励当地居民"再发现"这些区域，实现记忆场所的生长和
延续。鉴于该类型区域可达性普遍较低，可考虑通过合理的路网组织和引
导来实现这一目的。

第 15 章 需求与行为：公厕配置的网络分析*

15.1 问题缘起：公厕配置的需求与进展

公厕是城市公共服务设施的重要组成部分，其建设和管理水平的高低，在一定程度上体现出一个城市社会经济的发展水平。与此同时，在国内外旅游业快速发展的背景下，景区公厕规划也是"智慧景区"和"厕所革命"提出的新要求。景区公厕规划的任务是合理规划公厕的布局、用地和配置。

国外学者结合空间分析工具对公厕这类公共服务设施做了一系列研究，国内学者分析公厕规划的作用和特点，提出公厕规划应遵循的主要原则。综合来看，传统的公厕配置基于行为特征和人群密度的研究较少，对公厕的空间分布和需求量研究较为主观，缺乏量化和行为视角的研究作为支撑。

事实上，随着信息通信技术的迅猛发展，个人定位精度不断提高，人们开始利用 GPS 数据开展行为研究。GPS 比传统的问卷调查在揭示旅游者行为特征上更具有优势。目前，利用 GPS 数据对景区旅游者基本行为特征的可视化探索较多，但利用 GPS 数据构建旅游者对公厕等公共服务设施的优化选择的模型研究尚不多见。

15.2 技术解决思路：GIS 网络分析

针对现有问题，本案例从行为视角出发，通过现场观察和问卷调研获得现状公厕的分布特征和旅游者如厕行为特征，利用 GPS 数据对旅游者空间行为特征进行分析，结合 GIS 网络分析确定公厕的最优配置。在获取旅游者如厕行为基本特征和分布特征的基本资料后，从 3 个方面开展公厕的配置研究。首先，利用 GPS 数据和 GIS 的网络分析进行位置分配，得出各个公厕在一定的阻抗时间内所服务的人口数。其次，计算出各个公厕的理论蹲位数，对各个公厕的现状服务水平和理论服务水平进行评估。最后，对现状公厕服务水平偏离理论服务水平的公厕进行分类，结合公厕具体情况分析，通过探索性分析分别讨论新建 1 ~ 4 个公厕的情况，对鼓浪屿公厕的配置提出意见。研究框架如图 15-1 所示。

---

* 李渊，林晓云，江和洲，等．基于旅游者空间行为特征的景区公厕优化配置——以鼓浪屿为例 [J]. 地理与地理信息科学，2017，33（2）：121-126.

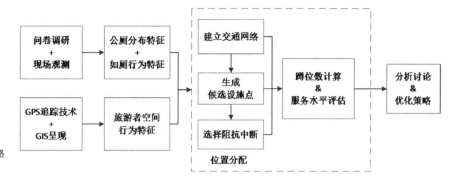

图 15-1 公厕配置优化技术路线图

15.3 案例背景与分析内容

15.3.1 案例特征

以厦门市鼓浪屿为例，对鼓浪屿景区公厕的问题进行全面的调研分析，通过探索性分析对鼓浪屿公厕的配置和改造提出可行性建议。该研究将同时提升旅游者的旅游体验和鼓浪屿旅游品质。岛上现有公厕 21 座，总蹲位数 208 个，其中，男蹲位 85 个，女蹲位 96 个，残疾人蹲位 27 个，同时设有小便池 91 个。案例地特征及公厕空间分布，如图 15-2 所示。

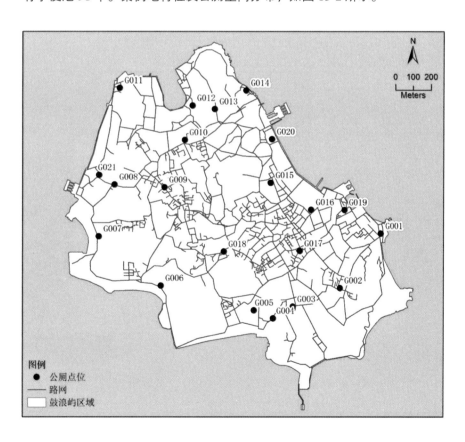

图 15-2 鼓浪屿公厕分布图

15.3.2　旅游者如厕行为调查

通过发放问卷获取鼓浪屿用厕的男女比例、日平均游玩时间及用厕次数，通过实地观测计数获取单次用厕时间。见表 15-1 所示，根据上述问卷调查与观测结果，获得如下基本数据：（1）旅游者的日平均游玩逗留时间为 9.5h。（2）旅游者在岛的时间分布为 7：10 ～ 24：00，共计 17h。（3）旅游者在岛的人均小便频次为 2.81 次 / 人。（4）旅游者在岛的人均大便时间为 5min/ 次。

问卷调查结果统计表　　　　　　　　　　　　　表 15-1

性别	人数（人）	日平均游玩时(h)	大便次数	小便次数
男	79	约 9	17	199
女	104	约 10	28	322

15.3.3　旅游者 GPS 行为调查

为了进一步获取旅游者在鼓浪屿的空间分布特征，使用 100 台 GPS 个人追踪器，通过随机发放方式，记录旅游者的全程游览轨迹。共采集了 312 条有效的 GPS 调查数据，并根据同时在岛 15000 人的观测统计值，将 312 条 GPS 轨迹的分布密度进行放样处理，模拟得到 15000 人在空间的分布点。模拟出的 15000 人分布作为后续旅游者需求点输入数据，在 GIS 中的可视化效果，如图 15-3 所示。

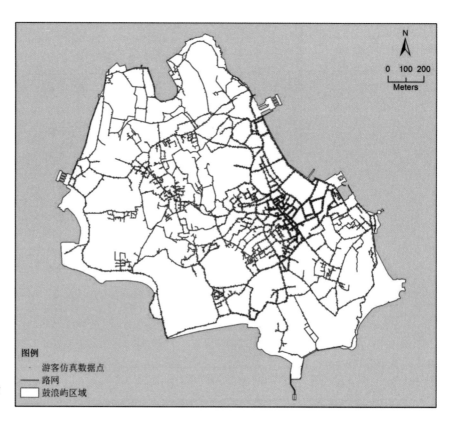

图 15-3　鼓浪屿 1.5 万旅游者的空间分布图

15.3.4　现状公厕服务能力分析

如图 15-4 所示，通过 21 个公厕的现状蹲位数与理论蹲位数的对比，可以发现共有 6 个公厕的蹲位数是不满足现状需求的，分别是 G009、G015、G016、G017、G018、G020。

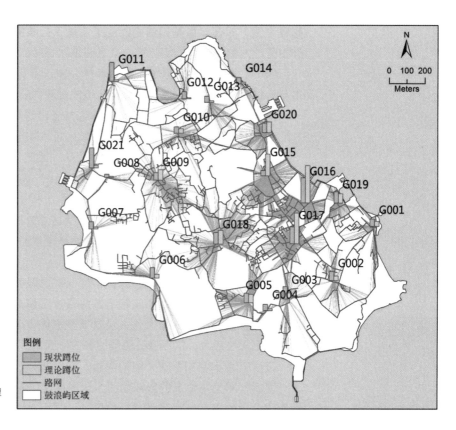

图 15-4　公厕现状蹲位数与理论蹲位数对比图

从图 15-5 可以直观看出，大多数公厕的实际服务能力都高于理论服务能力，其中，有一些服务能力远高于理论服务能力，如 G011、G021；有 6 个公厕的服务能力是无法满足现状的，它们是 G009、G015、G016、G017、G018、G020。接下来将这几个公厕分成三类来讨论现状公厕的服务能力。

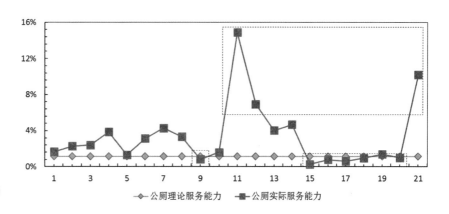

图 15-5　公厕服务能力分析折线图

（1）G015、G016、G017、G018、G020 号公厕

G015 ~ G020 号公厕主要分布在龙头社区，该区域的公厕承担着非常高的服务压力，公厕的服务能力不足，严重影响旅游者的体验。

（2）G011、G012、G021 号公厕

从分析图表看出，G011、G012、G021 这 3 个公厕的实际服务能力远超理论值，即在年最高日最高时的人流量下公厕的容量与实际服务人数都是相差很大的，公厕的实际蹲位数远超现状公厕的理论服务人数。

G011、G012 所处区域为自然森林公园，平日客流量较小，其维护成本与其可产生的使用价值相差甚远，造成资源的较大浪费。

对于 G021 号公厕，其实际服务能力超出理论值约 10 倍，所处区位靠近岛西端的内厝澳码头。这个码头未来将承担新航线服务，在此处新建一个大容量的公厕可以为日后规划做准备，因此认为 G021 的现状蹲位数合理。

（3）G009 号公厕

G009 号公厕是在龙头路周边人流密集区之外的公厕中唯一无法满足理论服务能力的公厕，服务能力与理论值相差了 0.33%。

15.3.5 新建公厕服务能力分析

通过现状公厕服务能力的分析，可以发现服务能力不足的公厕基本分布于龙头社区，因此可以初步判定龙头路片区最需要新增或扩建公厕。接下来选用位置分配中的最大化人流量模型来优化公厕的布局，使得设施被使用的可能性最大，从而使公厕的服务效率最高。

该研究逐步增加新建公厕的数量，并以此分析在新建不同数量的公厕下对现状公厕使用情况的影响如何。运用最大化人流量法，ArcGIS 将计算出新建公厕的潜在使用密度最高的区域，并根据路网计算出新建公厕的具体位置。

计算新建 1 ~ 4 个公厕时，ArcGIS 给出如图 15-6 所示结果：

（1）新建一个公厕

当新建一个公厕时，ArcGIS 计算显示该新建公厕将满足 3601 人的使用需求，理论分配蹲位数为 41 个。与现状的 G015、G016、G017、G018、G020 公厕相比，新建一个公厕后，该 5 个公厕的使用能力都获得较明显的改观与提升。

（2）新建两个公厕

当计算两个新建公厕时，ArcGIS 计算显示上一步中的新建公厕依然保留，其计算服务人数减为 2701 人，理论蹲位数减为 30 个；新建第二个公厕后，现状公厕的服务能力基本已经达到理想的使用水平。

（3）新建三或四个公厕

由图 15-7 可以清晰地发现，第三个新建公厕远离之前人流高密度的区域，被分配到岛的南端。说明在 ArcGIS 的计算过程中，认为之前的区域已经完全达到理想的使用密度。相反，其认为相比于其他区域，第三个与第四个新建公厕所处区位的潜在公厕使用密度更大。

至于第三、第四个新建公厕所处的区位，考虑到虽然该区域拥有较高的潜在使用密度，但该处的公厕容量与服务能力已经能够满足使用的要求，故新建这二者的必要性有待考究。

　　总体而言，本案例对鼓浪屿现状公厕的使用效率进行了较为准确的评估，结合旅游者行为规律对 GIS 的分析结果进行了理性的探讨和分析，为鼓浪屿新建公厕提供可行的策略，从而改善旅游者的旅游体验和提升鼓浪屿旅游品质。

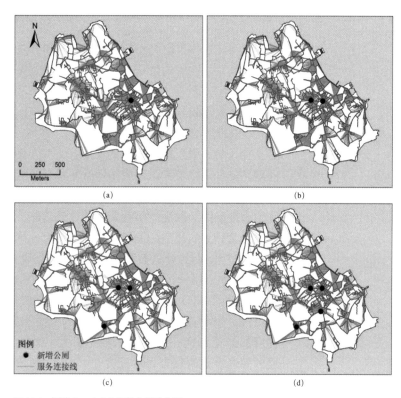

图 15-6　新建 1 ～ 4 个公厕的位置分布图

（a）新建1个公厕；（b）新建2个公厕；（c）新建3个公厕；（d）新建4个公厕

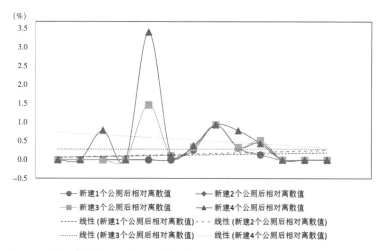

图 15-7　新建不同数量公厕后的公厕优化离散程度示意图

第16章　位移与匹配：街道形态的句法分析*

16.1　问题缘起：空间句法与旅游者行为

空间句法作为研究空间模式的理论和方法，关注空间形态和人类行为之间的关系。空间句法从空间构型出发，首先研究空间形态自身的几何规律，以此为依据，定量分析特定空间中的人、活动等时空事件，把人的行为、事件等主观逻辑与客观的空间关系连接起来，探讨空间形态对人类运动和行为模式的影响。

空间句法引入旅游领域的优势：（1）空间句法理论研究理性和法则的问题，前者是旅游者识别旅游地空间秩序的能力，后者是真实世界空间的客观法则，兼具理论视角和量化方法。（2）空间句法研究尺度灵活，从宏观的城市空间到微观的街巷场所和建筑内部，有利于多层次旅游空间系统对旅游者行为的研究。（3）空间句法作为一种抽象的空间法则，将具体的空间模型化、参数化，有利于多案例地实证研究。

空间句法用于分析空间形态对旅游者影响的相关研究主要着眼于两方面内容：（1）对旅游者的行为轨迹的影响。Edwards 通过 GPS 记录游客路线，发现在深度大、智能度低的孤立空间中旅游者容易迷路而重复同样的游览路径；王浩锋以丽江古城为案例，发现空间整合度与游客密度的关联度随着城市尺度而变化，在 2000m 半径的尺度关联度表现最为明显。（2）优化旅游者线路设计。Mohareb 以开罗古城堡历史遗迹为案例，选取 6 处常见旅游路线起点，通过计算街道选择度、深度值等参数及 VGA 分析，比较得出最优旅游路线起点。

从研究趋势来看，由于空间系统是一个多变量的复杂系统，因此除了考虑空间句法参数，还应综合考虑其他属性，如：用地大小、地块属性、观光吸引力、街道业态等，综合把握空间形态对旅游者行为的影响。

16.2　技术解决思路：GIS 空间句法分析

16.2.1　技术路线：取样—叠加分析—结论及优化

该研究包含两个研究问题：（1）分析空间句法与游客行为的匹配度，

---

* 引用格式：Li Y, Xiao L, Ye Y, et al. Understanding tourist space at a historic site through space syntax analysis: The case of Gulangyu, China[J]. Tourism Management, 2016, 52: 30-43.

探讨空间句法分析结果能否反映旅游者的行为偏好。（2）基于旅游者分布空间特征，讨论如何提升历史遗迹的空间结构和优化游客人流分布。

针对上述研究问题，我们提出研究设计思路：首先，运用空间句法中的轴线法和线段法，提取具体形态的路网，组构可供分析的抽象空间结构，计算得到空间句法集成度值；通过大数据获取游客实时行为轨迹，该研究采用百度公司热力图数据，其主要数据来源为手机 GPS 定位和移动基站定位，数据采集时间为国庆节假期白天 12h 内每隔 1h 采集热力图数据，将单位时间的样本数据叠加，获得游客人流活动与强度分布图。其次，将空间句法分析图和游客人流分布图在 GIS 中进行叠加分析，并计算 Pearson 系数，探讨空间句法分析结果能否反映游客的行为偏好。最后，基于游客空间分布特征，以鼓浪屿 53 处遗产核心要素为例，讨论如何提升历史遗迹的空间结构和优化游客人流分布。空间句法与旅游者空间行为匹配的技术路线，如图 16-1 所示。

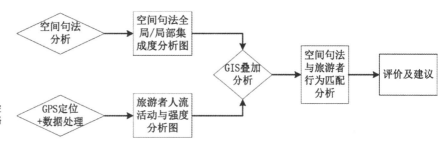

图 16-1　空间句法与旅游者空间行为匹配的技术路线

16.2.2　空间句法的分析指标

（1）集成度

在空间句法中，其核心概念是"空间组构"，即空间系统中各元素的相互关联，关联的程度由它自身与其他所有元素之间的关系决定。集成度的计算公式如下：

$$C_c(p_i) = \left(\sum_k d_{ik} \right)^{-1} \tag{16-1}$$

上式中 d_{ik} 表示单元空间 p_i 到 p_k 的最短路径。集成度反映了单元空间与系统中其他单元空间的集聚和离散程度。单元空间的集成度越高，则说明该单元空间的可达性和便捷度越高，与整个系统的联系越紧密。反之，则空间单元可达性较低。集成度分为全局集成度和局部集成度，全局集成度表示单元节点与系统其他所有节点的关联性，局部集成度表示单元节点与直接相交和一定范围内单元节点的关联性。

（2）选择度

选择度表示单元空间在整个系统中任意两个空间最短路径出现的频率，其表述的是空间的穿行度，描述空间元素在交通穿行中的潜力。计算公式如下：

$$C_B(p_i) = \sum_j \cdot \sum_k g_{jk}(p_i)/g_{jk} \qquad (j < k)$$

（16-2）

上式中 $g_{jk}(p_i)$ 表示从单元空间 p_j 到 p_k 包含节点 p_i 的路径，g_{jk} 表示从单元空间 p_j 到 p_i 的所有路径。选择度的算法并不是说明空间的必然关系，而是衡量空间吸引交通穿行的潜力，空间的选择度越高，其出行收益越高。

（3）智能度

智能度表示局部空间和整体空间的关联度，它既表示单元空间局部控制和整体结合的整合关系，又表示行为主体区别局部空间和整体空间格局的难易程度。全局集成度高的单元空间同时也具有较高的局部集成度，说明该空间是清晰且易于理解的，是智能的。智能度高意味着观察者可以由局部空间的结构洞悉出整个空间系统的全景图。智能度大于 0.5 表示空间结构的可识别性好，结构合理，否则空间结构欠合理。

16.3 案例背景与分析内容

16.3.1 案例特征

研究以鼓浪屿为案例地，运用空间句法分析鼓浪屿空间结构，通过手机 GPS 定位记录旅游者的时空行为轨迹，分析空间句法与游客行为的匹配度，探讨如何提升历史遗迹空间结构和优化旅游者人流分布。

16.3.2 集成度分析结果与解读

空间句法计算了全局集成度和局部集成度，如图 16-2 所示。结果显示：

（1）三丘田码头区域拥有很高的全局集成度，该区域拥有游客使用中心，同时也是游客出入岛屿的主要通道，游客使用空间的便捷性高；

（2）龙头路街区和内厝澳街区具有很高的局部集成度和较高的全局集成度，龙头路街区作为游客聚集区具有较好的空间识别性。

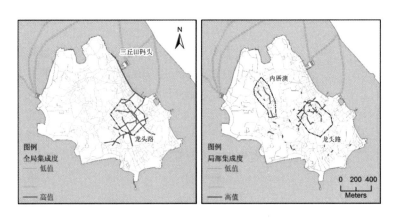

图 16-2 鼓浪屿路网全局集成度和局部集成度分析图

此外，从智能度结果来看，鼓浪屿全局整合度和局部整合度回归系数 R^2=0.38，可见鼓浪屿的整体空间结构清晰度不佳，游客很难从局部空间把握全局空间的特征，容易"迷失鼓浪屿"中。

16.3.3 空间句法与行为分布匹配分析

数据收集：百度热力图表达旅游者空间行为分布，如图 16-3 所示。旅游者人流数据采用百度热力图数据，百度热力图基于手机 GPS 定位和移动基站定位数据，运用数据挖掘技术计算景区人流热点数量、热点密度等时空行为特征。

研究时间选取国庆长假期间（2014 年 10 月 4 日 8：00 ～ 19：00），考虑到国庆长假期间游客数量大大超过居民数量，热力图数据用于反映游客分布是合理的。在此期间，每隔 1h 采样热力图数据，一天 12h，旨在获得常规的旅游者行为指标，尽量避免因时间或天气等其他因素干扰导致的样本偏差。

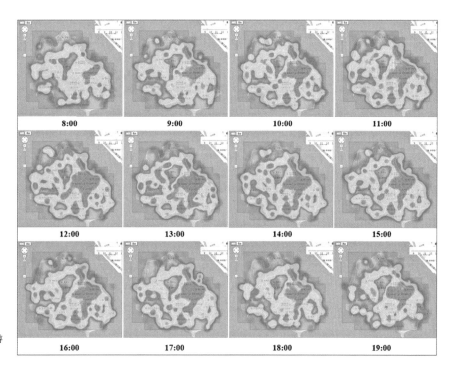

图 16-3 百度热力图表达旅游者空间行为分布

叠加分析：将集成度分析图与人流分布热力图转换为 50m×50m 的网格密度图，并运用 GIS 进行叠加分析，为空间句法集成度与游客人流分布比较提供依据，如图 16-4 所示。

结论：空间集成度密度图与游客分布热力图相关性分析，如图 16-5 所示。从 Pearson 相关系数可以看到，空间集成度与游客人流强度具有强正相关性（0.72），集成度高的地方也是游客高集聚的地方，高通达性区域也是游客人流量大的区域。可以观察到少数集成度高的地方，游客人流却呈现非常低值。通过田野调查得知，这些地方不向游客开放，因而呈现如此大的差异。因此，可以推断，在类似鼓浪屿尺度的历史遗产地研究中，空间句法可以在很大程度上反映活动者人流分布及行为偏好。

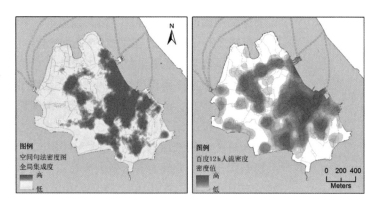

图 16-4 空间集成度密度图与
        游客分布热力图

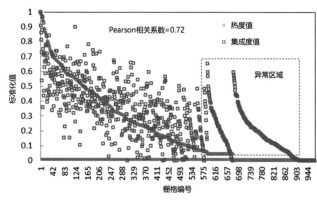

图 16-5 空间集成度密度图与
        游客分布热力图相关
        性分析

16.3.4 申遗点的评价及建议

根据《鼓浪屿保护管理规划》（2011 年），岛上分布有 53 处遗产核心要素。对其进行智能度分析，如图 16-6 所示。其中红色的点代表 53 处遗产核心要素。大多数遗产核心要素的智能度处于中值，意味着这些地方并不会有非常大的游客人流强度，有利于文化遗产的保护。然而，也存在一些遗产核心要素具有非常高的智能度，也就是说全局与局部集成度都相当高，如①～④：中南银行旧址、圣教书局、黄氏小宗、亚细亚火油公司，这些地方会成为"过热"的景点，超负荷的游客流量会对文化遗产的保护造成负面影响。

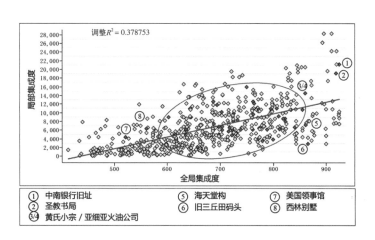

图 16-6 鼓浪屿路网空间智能
        度图

优化建议：对岛屿整体功能布局进行调整，避免游客人流过分集中于53 个遗产核心要素，如激活岛屿西北部的环卫码头和内厝澳码头，可以很大程度地平衡东西部岛屿游客分布，同时进行一些局部调整，针对某些集成度不高的遗产核心要素（如⑦美国领事馆旧址、⑧西林别墅）可以建设更多的道路连接提高其连通性，将旅游者分流到这类人流较少的景点，缓解"过热"景点的压力。

第17章 行为与偏好：景区选择的机理分析*

17.1 问题缘起：景区选择的影响因素

17.1.1 因子选择的原则

影响旅游者对景区单元空间选择的潜在因素（或称为解释变量）有很多，该研究最终考虑选取与规划设计关系较紧密的影响因素，纳入模型中。因素的选取以特征性（Characteristic）、可控性（Controllable）、简约性（Concise）为主要原则（简称 3C 原则）。影响因素选择的 3C 原则的关系，如图 17-1 所示。具体的变量选择依据主要包括 2 个方面：（1）相关行为研究文献中的因子，即个体空间行为的相关理论和研究文献中可能用到的因子。（2）鼓浪屿实地访谈和调研发现的因子，即具有地域性和景区旅游地特殊性的因子。

图 17-1 影响因素选择的 3C 原则

现有文献中，因子来源较广，但主要从现有的两个案例地研究文献中提取，分别是上海世博园和是青岛世园会。在现有的景区、展馆等人的步行行为研究文献中，常常涉及的关键因子有：场馆区位、场馆面积、场馆距离、场馆特色、场馆类型、参观经历等，如图 17-2 所示。

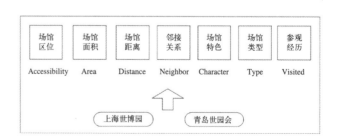

图 17-2 景区选择的文献因子

---

* 引用格式：Li Y，Yang L, Shen H，et al. Modeling intra-destination travel behavior of tourists through spatio-temporal analysis[J]. Journal of destination marketing & management, 2019，11：260-269.

除了文献中涉及的影响因子，该研究还考虑到景区旅游者行为的特殊性，通过抽样访谈和现场观察的方式，提出了若干可能的影响因子。从心理学和旅游学所关注的要点来看，整理出 7 类可能的影响因子，分别是景区人流量、景区联票、景区指示牌、餐饮 POI、住宿 POI、店铺 POI、厕所 POI 等，如图 17-3 所示。

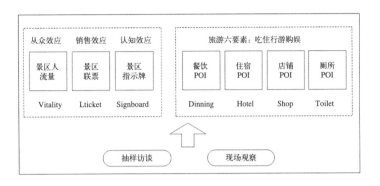

图 17-3　访谈调研因子

17.1.2　因子综合分析

综合考虑现有文献的因子和访问及调研发现的因子，并且本着 3C 原则，提出了鼓浪屿景区的三组旅游者行为影响因子，如图 17-4 所示。第一组为基本空间选择因子，解释了空间选择行为中"就近"原则和"不重复"原则。第二组为心理学相关因子，分别表达旅游者倾向于人流量大、联票景区和指示牌景区的正效应。第三组为空间设施布局相关因子，从旅游六要素（吃、住、行、游、购、娱）的维度来表达。

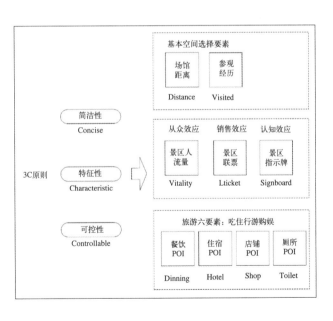

图 17-4　景区选择的综合因子

在综合因子的描述方式上，该研究采用定性和定量结合的方式。对于是否参观过、景区人流量、景区联票、景区指示牌等因素采用定性的表达方式。对于其他因子，采用定量的表达方式。

17.2　技术解决思路：GIS 计量模型

为了进一步揭示旅游者空间行为的作用机理和作用强度，需要借助量化分析模型。20 世纪 70 年代末，McFadden 等学者提出离散选择模型后，基于随机效用理论的方法迅速成为空间行为研究的主导工具。离散选择模型（或称非集计模型、个体选择模型）能够较为准确、全面地描述个人的出行决策过程。其理论基础坚实，调查工作简单易行，软件实现成熟可靠，种种优势使其得到广泛应用。确定选择项和行为的影响因素是离散选择模型重要的两个内容。

（1）选择项确定：Bekhor、Ben-Akiva、Ramming 分析了几种基本的景区备选路径确定方法，包括：K 最短路径法、路段消除法、分支和限制法、标记法、仿真方法，并利用仿真方法和 Path-size Logit 模型与 Cross-Nested Logit 模型估计参数。学者非常关注选择项的确定，也在探索不同的选项确定方法，而选项包括景点选项、路径选项、景区单元选项、出行模式选项等。

（2）影响因素确定：旅游者的空间行为影响因素比较复杂，纳入的因素可能包括：可达性因素、历史因素（如：是否已走过）、建成环境因素（如：土地利用、街道宽度等）、视觉因素等。其他因素包括社会环境因素（如：安全因素）、个体因素（如：目的、熟悉度）、城市设计因素（如：灯光、植被）等，个案差异也可能会加以考虑。

总的来看，离散选择模型在揭示建成环境和个体行为作用机理方面得到普遍认可，但在景区微观尺度旅游者行为研究中还比较少见。从趋势来看，在信息技术背景下，通过 GPS 数据有助于提升离散选择行为建模的精度。另外，微观景区尺度的行为建模需要纳入的影响因素日趋多元化，与空间认知密切相关的因素（如：网络评论、导航方式、参观经验等）还需要深入挖掘，客观因素与主观认知因素对行为的作用差异性研究还有待加强。

基于收集的 GPS 轨迹及配套的问卷数据，进而开展旅游者对景区单元选择的模型设计。模型设计包括整体模型和分人群模型，关系如图 17-5 所示。整体模型是不考虑人群属性差异，利用多项 Logit 模型和景区选择影响因子进行参数标定，分析人群整体的行为选择与因子的作用机理。在总人群模型分析基础上，为进一步探讨深层机制，采用分人群模型的划分是根据关注点取舍和后期政策讨论的便利性，包括：联票模型、航线调整模型、是否第一次模型、上岛码头模型、是否过夜模型 5 类。

在操作方式上，分人群模型首先建立 GPS 样本编号与配套问卷的一对一关联，然后将总体样本按照分人群的特征进行查询，创建子样本，开展子样本的对照分析。总人群模型的目的是为了探索不考虑人群属性差异情况下的景区选择影响因子的作用机理，分人群模型的目的是为了通过比较的方式检验人群属性差异及其反映在行为特征上的差异。

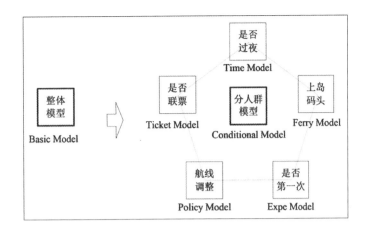

图 17-5　行为机理的模型设计

行为机理分析的技术路线，如图 17-6 所示。将旅游者在景区内的活动抽象为对一系列"景区选择"和"离开"这一特殊选项的选择，其选择结果依据选项的效用确定，且选择效用是由相关的一系列影响因素来评估的。在采用多项 Logit 模型框架基础上，一个重要的问题是选定评估选项效用的影响因素，而选项与效用——对应，选项效用与影响因素则是一对多的关系。

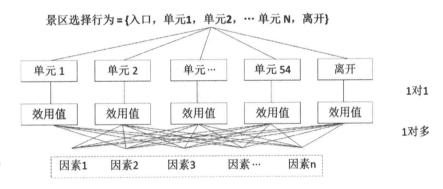

图 17-6　行为机理分析的技术路线

17.3　案例背景与分析内容

17.3.1　案例特征

以鼓浪屿为例，在明确综合因子后，需要依据观察数据和空间现状调查数据来量化和表达综合因子。是否参观过、景区间距离、累积距离是一类动态调整的属性。其他因素重点是描述静态的空间属性特征，这对空间布局调整更具有可控性，具体如下：

（1）景区人流量

景区人流量是表现景区单元活力特征的空间影响因子。各个景区单元人流量的数值虽然呈现动态性，但从整体来看，还是可以判断出景区的一般活力特征的。如图 17-7 所示，采用百度热力图（http://spotshot.baidu.com/），可以看到 2015 年国庆节期间（2015 年 10 月 1 日～5 日），下午

3 点和凌晨 6 点鼓浪屿人流量分布的情况。虽然图中存在明显的日间差异和时间差异，但整体还是可以感受到某些区域具有长期稳定的相对较高人流量。

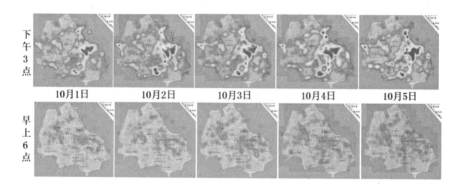

图 17-7　鼓浪屿景区人流量

（2）景区联票

景区联票政策的提出是为了打包旅游景点，在旅游营销和旅游管理上具有很好的效益。鼓浪屿的景区联票包含 5 个景点，景区联票样本如图 17-8 所示。可游览景点包括日光岩（含琴园）、菽庄花园、皓月园、风琴博物馆（八卦楼）及国际刻字艺术馆，联票售价目前为 100 元，而单独购买 5 个景点的门票加在一起则需要花费 135 元。捆绑销售可能会对旅游者的行游带来积极影响，如：旅游者会综合考虑时间成本、最优路线和联票景点的分布来制定参观的路线。

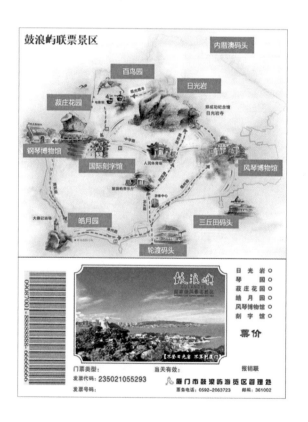

图 17-8　鼓浪屿景区联票样本

图 17-9　鼓浪屿景区指示牌及导览图

（3）景区指示牌

鼓浪屿景区指示牌按照设计的形式、分布区位和功能差异，可以大概分为 3 类，如图 17-9 所示。其一是沿街的指示牌，形式简洁、指向明确，目的是为了增强某个参观景点的空间认知性。其二是街道交叉口处的指示牌，具有多个指向，主要目的是为了帮助旅游者确定行游的方位。其三是景区导览图，以景区的地图为基础，目的是为了对旅游者的全局旅游行为规划提供决策支撑。景区导览图是进入景区的第一信息源，因此对旅游者行为决策的全局影响意义非常大。

（4）景区商业密度

鼓浪屿景区的商业建筑主要集中在龙头路片区和内厝澳片区，从建筑分布的位置和体量来看，可以大致判断商业的活力分布特征。在量度景区商业密度的时候，可以用商业建筑的面积和景区单元面积比值量度，也可以直接用商业 POI 点的数量与景区单元面积比值量度，二者反映出来的基本特征应该差异不大。

景区商业密度的控制对景区规划非常重要，高密度商业街区可能带来较大的人群量。鼓浪屿商业分布的建筑板块如图 17-10 所示。

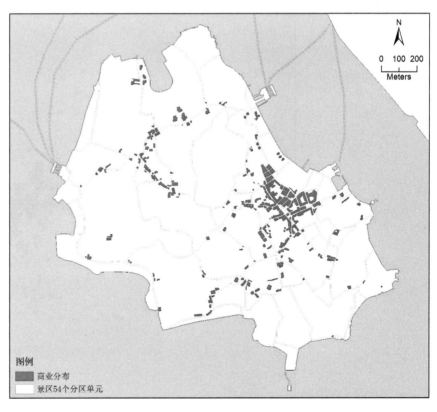

图 17-10　鼓浪屿商业分布图

图例

■ 商业分布

□ 景区54个分区单元

（5）景区餐饮 POI 数

鼓浪屿上的餐饮 POI 具体包括咖啡店、餐馆、饮品店等，为旅游者提供了生活便利。餐饮 POI 的分布和数量在景区规划中备受关注，市场导向下的分布规律理论上跟人流分布一致，即人流量大的区域有较大的餐饮需求，会呈现较多的餐饮 POI 点，然后景区规划具有自上而下的调控机制，可以通过调整餐饮 POI 分布和数量来起到调控人流牵引的目的。鼓浪屿餐饮点分布，如图 17-11 所示。

（6）景区住宿 POI 数

早在 20 世纪 80 年代，鼓浪屿就出现了民宿。鼓浪屿民宿现状分布，如图 17-12 所示。民宿不仅仅提供传统的酒店住宿功能，也因其多改建于传统的历史建筑和风貌建筑，还成为旅游者广泛青睐的参访地点。鼓浪屿的民宿主要分布在内厝澳和龙头路片区，知名的民宿和密集的 POI 分布可能会对旅游者的行为选择起到正效应。

（7）景区厕所 POI 数

现代景区的发展离不开对公厕的关注，公厕也是游人使用频率较高的场所，已成为景区公共服务必需的配套设施。鼓浪屿公厕分布，如图 17-13 所示。旅游者在鼓浪屿上的空间停留和景区选择，除了具备纯粹景区参观、餐饮消费等基本行为需求外，对公厕的需求也影响着旅游者实际的行为决策。因此，景区厕所的空间分布可能对旅游者的行为选择具有正效应，并用景区厕所 POI 在景区单位内的个数来表征。

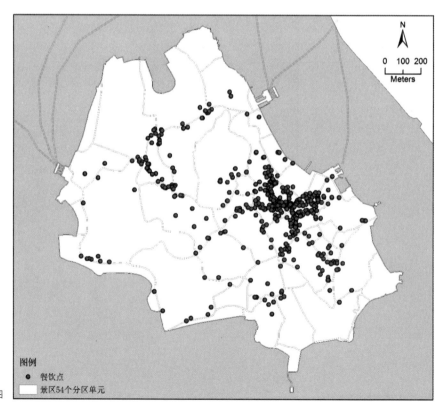

图 17-11　鼓浪屿餐饮点分布图

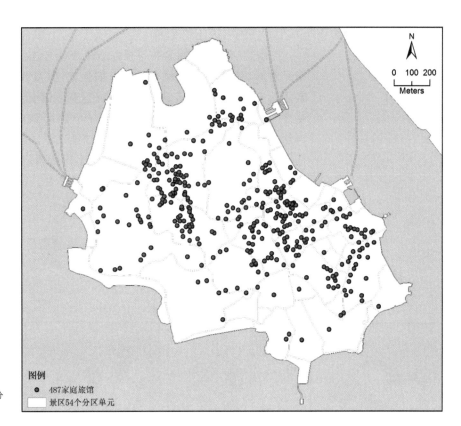

图 17-12　鼓浪屿家庭旅馆分
　　　　　布图

图例
●　487家庭旅馆
□　景区54个分区单元

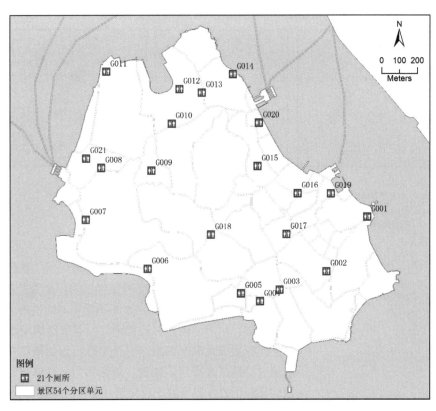

图例
🚻　21个厕所
□　景区54个分区单元

图 17-13　鼓浪屿厕所分布图

（8）因子空间分布汇总

在确定空间影响因素并寻求到量化表征方法后，采用标准的空间分析单元对影响因素进行可视化分析。如图 17-14 所示，在 54 个景区单元中，景区人流量分布、景区联票分布、景区指示牌分布、商业 POI 密度分布、餐饮 POI 个数分布、住宿 POI 个数分布、厕所 POI 个数分布从白色到黄色再到红色按照数值大小渐变显示。从结果来看，这 7 个空间因素的分布特征不完全一致，从可视化角度可以排除后期因素分析的共线性问题。商业、餐饮、住宿的 POI 分布具有一定程度的关联性，特别是在龙头路片区，都呈现出较高的数值，反映出综合的吸引效应。

17.3.2 总人群模型分析结果

总人群模型分析结果如表 17-1 所示。模型采用最大似然法在 Stata 中进行拟合。一般认为，McFadden's LRI（R^2）达到 0.2 ~ 0.4 就是离散选择模型优度的理想范围。

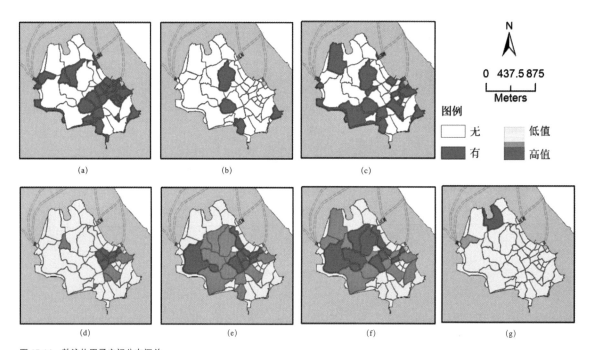

图 17-14 鼓浪屿因子空间分布汇总

（a）景区人流量；（b）景区联票；（c）景区指示牌；（d）商业POI密度；
（e）餐饮POI个数；（f）住宿POI个数；（g）厕所POI个数

具体来看，是否参观和景区间距离对于"景区选择"行为而言呈现负效应。由于采取的量度标准不完全相同，是否参观选项为 0 和 1，景区间距离为实际的观测值（m），因此不能简单地进行参数的比对来判断作用机理的强弱。对于"离开"行为而言，累积距离呈现正效应，意味着当距离在不断积累增大时，回家这一个特殊行为的概率在不断增大，直到总体效应超过"景区选择"的效应。景区活力、联票景区、景区指示牌这 3 个参数均呈现正效应，且由于都采用 0 和 1 的标度方式，其参数可以横向比较。

总人群模型分析结果			表 17-1
参数	参数估计	模型 -Basic Model	$P>|Z|$
拟合优度	R^2	0.2258	—
样本量	Number of obs	135300	—
是否参观	Visited	−2.552498	0.000
景区间距离	Distance	−0.0033388	0.000
参观累积距离	VDistance	0.0003342	0.000
景区活力	Vitality	0.1348671	0.014
联票景区	LinkTicket	0.7776371	0.000
景区指示牌	Signboard	0.6012075	0.000
商店密度	D_ShopPOI	0.0003313	0.000
餐厅数量	N_DinnPOI	0.0281097	0.000
家庭旅馆数量	N_AccomPOI	0.0319678	0.000
厕所数量	N_ToilPOI	0.447859	0.000

17.3.3 分人群模型分析结果

分人群模型便于横向比较参数的差异，由此可以讨论出人群特征的差异在行为作用机理的差异。

（1）是否联票

通过观测购置联票和非购置联票人群模型分析结果，及联票人群和非联票人群的比值，从具体各个因子的参数值来对比，发现一些重要区别：1）购置联票景区的人群对联票景区这一因子的依赖更强，说明这类人群行为的主导因素在实际购置联票后，变得坚定且和行为一致。2）未购置联票的人群对景区指示牌的依赖程度是其行为的主要因子，说明这类人群的信息和指导行为主要来源于景区导览牌，也客观说明景区导览牌在无目的旅游中的重要性。

（2）航线调整

通过航线调整前后人群模型分析的结果，判断鼓浪屿针对旅游者的码头和航线的调整是否会影响旅游者的选择行为。在航线调整后人们对景区活力的认识虽然没有变化，但实际选择行为有变化，反映出航线调整后对人群的景区分散选择起到了有效作用。

（3）是否第一次

通过研究是否第一次到访的人群模型分析的结果，得出第一次与非第一次人群样本的比例，判断第一次来鼓浪屿的人群和非第一次人群的数据关系。从模拟优度比较来看，两种人群的模型优度相当。

（4）上岛码头

通过对鼓浪屿两个码头的人群模型进行分析，航线调整后，旅游者从原来的鹭江道轮渡码头日间往鼓浪屿钢琴码头运送游客的任务，调整到由东渡邮轮中心码头和海沧嵩屿码头到鼓浪屿的三丘田码头和内厝澳码头。

目前旅游者上岛的两个码头存在空间上的分隔，在样本量上三丘田码头上岛游客量较大，跟实际的人流量分布一致。

（5）是否过夜

通过分析是否过夜人群模型分析。鼓浪屿旅游者按照旅游行程的时间长短可以划分为不过夜和过夜人群，样本量比值为 87010 ： 30415，不过夜人群所占比例较大，多为一天或半天旅游者。通过模型优度来判断两种人群的拟合程度。

17.3.4 模型的参数比较

为了更为直观地分析总人群模型和分人群模型的参数关系，对 11 个模型的拟合优度 R^2、虚拟变量（0 和 1）、连续变量（个数、米和密度）进行横向比较，拟合优度的参数比较如图 17-15 所示。

对于拟合优度，11 个模型的拟合优度整体波动不大，平均水平为 0.229，拟合结果较好，且模型较为稳定。拟合优度最好的两个模型为联票人群模型和航线调整前模型，体现出联票政策和航线政策的有效性及现实影响仍然存在。

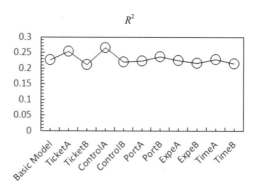

图 17-15　拟合优度的参数比较

模型采用了虚拟变量来描述定性因子的影响效用，虚拟变量包括是否访问、景区活力、联票和指示牌。虚拟变量的参数比较，如图 17-16 所示。模型中的餐饮、住宿和厕所单位一致，采用的都是连续性变量描述，如图 17-17 所示。

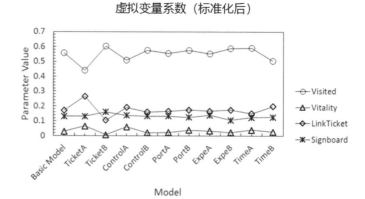

图 17-16　虚拟变量的参数比较

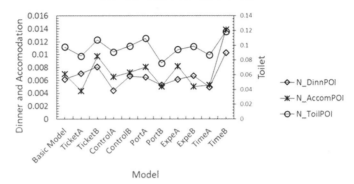

图 17-17 餐饮、住宿和厕所
连续变量的参数比
较

距离、累积距离、商业密度 3 个连续变量的参数比较，如图 17-18 所示。模型中的距离与累积距离采用的单位为 "m"，但是针对的旅游行为刚好相异。距离是针对景区选择，一般为负效应，表达旅游者倾向于近的参观景点。累积距离是表达旅游者在行游过程中参观了若干景点，然后随着时间和身体能量的消耗，产生希望回家的意愿。从对比结果来看，累积距离在不同模型中的效应发挥得比较稳定。另外，联票人群、航线调整人群、过夜人群对距离、累积距离和商业密度的敏感性波动加大。

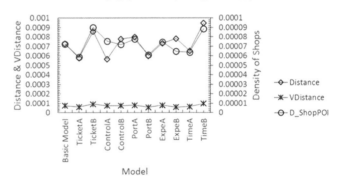

图 17-18 距离、累积距离和
商业密度连续变量
的参数比较

图目录

上篇　GIS 基础和操作

下篇　GIS 实践

表目录

上篇 GIS 基础和操作

下篇 GIS 实践

参考文献

[1] De Smith M J，Goodchild M F，Longley P.Geospatial analysis：a comprehensive guide to principles，techniques and software tools[M]. Troubador publishing ltd，2007.

[2] Goodchild M F，Steyaert L T，Parks B O，Johnston C，Maidment D，et al.GIS and environmental modeling：progress and research issues[M]. John Wiley & Sons，1996.

[3] Goodchild M F，Donald G J.Spatially integrated social science[M].Oxford University Press，2004.

[4] Longley P A，Goodchild M F，Maguire D J，et al.Geographic information systems and science[M].John Wiley & Sons，2005.

[5] Zhang J-X，Atkinson P M，Goodchild M F.Scale in Spatial Information and Analysis[M]. Boca Raton：CRC Press.2014.

[6] 党安荣，贾海峰，易善桢，等 .ArcGIS 8 Desktop 地理信息系统应用指南 [M]. 北京：清华大学出版社，2003.

[7] 李成 . 自媒体时代高校地理信息系统课程教学改革探索 [J]. 教育教学论坛，2020，（7）：88-89.

[8] 李渊 . 基于 GIS 的景区环境量化分析 - 以鼓浪屿为例 [M]. 北京：科学出版社，2017.

[9] 李渊 . 基于 GPS 的景区旅游者行为分析 - 以鼓浪屿为例 [M]. 北京：科学出版社，2016.

[10] 李渊，林晓云，邱鲤鲤 . 创新实践背景下的城市规划专业地理信息系统课程的教学改革与思考 [J]. 城市建筑，2018，（15）：120-122.

[11] 牟乃夏，刘文宝，王海银，等 .ArcGIS10 地理信息系统教程：从初学到精通 [M]. 北京：测绘出版社，2012.

[12] 牟乃夏，王海银，李丹，等 .ArcGIS Engine 地理信息系统开发教程 [M]. 北京：测绘出版社，2015.

[13] 牟乃夏，赵雨琪，孙久虎，等 .CityEngine 城市三维建模 [M]. 北京：测绘出版社，2016.

[14] 牛强 . 城市规划 GIS 技术应用指南 [M]. 北京：中国建筑工业出版社，2012.

[15] 牛强 . 城乡规划 GIS 技术应用指南 •GIS 方法和经典分析 [M]. 北京：中国建筑工业出版社，2017.

[16] 乔雪，邓琳，刘姝，等 . 地理信息系统翻转课堂教学改革与实践 [J].

绿色科技，2019，(17): 278-280.

[17]　汤国安,陈正江,赵牡丹,等.ArcView 地理信息系统空间分析方法 [M].
北京: 科学出版社，2002.

[18]　汤国安，刘学军，闾国年，等.地理信息系统教程 [M] 北京: 高等教
育出版社，2007.

[19]　汤国安，闾国年，龙毅.基于精品化战略的地理信息系统专业课程与
教材一体化建设 [J].中国大学教学，2008，(5): 44-45.

[20]　汤国安,钱柯健,熊礼阳.地理信息系统基础实验操作100例[M].北京:
科学出版社，2021.

[21]　汤国安，杨昕，等.ArcGIS 地理信息系统空间分析实验教程（第二
版）.北京: 科学出版社，2021.

[22]　汤国安,赵牡丹,杨昕.地理信息系统(第二版)[M].北京:科学出版社,
2021.

[23]　王德,朱玮,王灿,等.空间行为分析方法 [M].北京:科学出版社.2021.

[24]　王成芳.提升学生创新能力的 GIS 教学改革与实践 [J].高等建筑教育,
2020，29(5): 89-95.

[25]　汪洋.高校城市规划专业 GIS 教学改革方案设计 [J].山西建筑,
2011，37(21): 226-227.

[26]　吴红波.基于雨课堂模式下的 GIS 实践教学改革初探 [J].测绘地理信
息，2019，44(5): 113-116.

[27]　肖洪,代翔宇.地理信息系统专业实践教学模式改革研究——以"GIS
软件及其应用"课程为例 [J].测绘与空间地理信息,2012,35(2):1-3

[28]　张梅.非 GIS 专业地理信息系统课程教学改革探讨 [J].高师理科学刊,
2016，36(9): 98-100.

[29]　赵玲，邹滨.大类招生模式下《地理信息系统原理与应用》课程教学
改革与实践 [J].教育现代化，2019，6(96): 105-107.

[30]　周婕，牛强.城乡规划 GIS 实践教程 [M].北京:中国建筑工业出版社,
2016.